大紫蛱蝶

柑橘凤蝶

鹤顶粉蝶

红锯蛱蝶

虎斑蝶

蛱蝶

绿带翠凤蝶

绿鸟翼凤蝶

木兰青凤蝶

塞浦路斯闪蝶

阿波罗绢蝶

白绢蝶

君主绢蝶

黎明豆粉蝶

橙翅襟粉蝶

慈母斑粉蝶

红灰蝶

扣靛灰蝶

红襟粉蝶

亮灰蝶

摩来彩灰蝶

珍珠绢蝶

北李褐枯叶蛾

波纹杂毛虫

侧柏毛虫

赤松毛虫

大白禾螟、红带脊斑螟

黄野螟

栗黄枯叶蛾

黄螟

落叶松毛虫

苹毛虫

油松毛虫

云南松毛虫

鬼脸天蛾

华素刺蛾

黄刺蛾

黄二星舟蛾

锯齿星舟蛾

剑心银斑舟蛾

杧果天蛾

天全弥尺蛾

舞毒蛾

中国巨青尺蛾

大丽灯蛾

葡萄天蛾

粉蝶灯蛾

嘴壶夜蛾

棉铃虫

木叶夜蛾

豆天蛾

闪光玫灯蛾

斜纹天蛾

银纹夜蛾

步甲

东方蝼蛄

桃金吉丁

锹甲

长足竹大象

天牛

云斑白条天牛

栉角萤属

粗颚宽喙象

蓝绿象

蝗虫发育过程

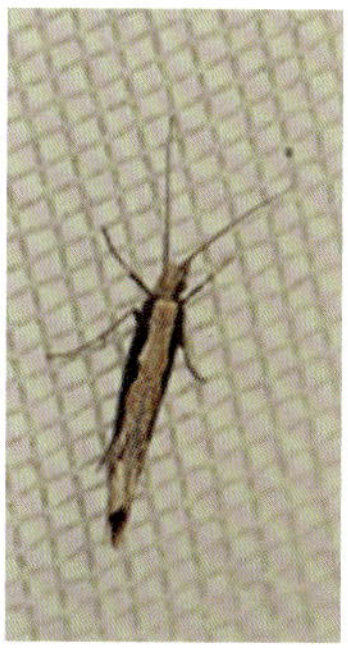

小菜蛾成虫

小菜蛾蛹

小菜蛾卵

小菜蛾幼虫

玉带凤蝶成虫

玉带凤蝶卵

玉带凤蝶幼虫(一)

玉带凤蝶幼虫(二)

白菜霜霉病正面

白菜霜霉病反面

梨锈病

葡萄霜霉病正面

葡萄霜霉病反面

生菜灰霉病

小麦白粉病

小麦赤霉病

油菜菌核病(一)

油菜菌核病(二)

高等职业教育“十四五”规划教材

现代植物病虫害防治技术

XIANDAI ZHIWU BINGCHONGHAI FANGZHI JISHU

陈　定　张求东　主编

中国农业大学出版社
·北京·

内容简介

本教材是由行业、企业植保专家和高等职业院校病虫害防治课程教师共同编写完成的。编写内容按照病虫害防治所需基础知识和田间防治基本流程进行，力求精简。主要内容有虫害识别与诊断、生物学习性及常见昆虫目、科特征；病害识别与诊断、病害循环及常见病害所属属特征；病虫害防治措施及综合防治方案的制订；常见病虫害的识别特征、发生特点及综合防治方法；农药的识别与应用；常见植物易发病虫害和综合防治方案。

图书在版编目(CIP)数据

现代植物病虫害防治技术 / 陈定，张求东主编. -- 北京：中国农业大学出版社，2024.4
ISBN 978-7-5655-3193-4

Ⅰ.①现… Ⅱ.①陈…②张… Ⅲ.①植物-病虫害防治 Ⅳ.①S43

中国国家版本馆 CIP 数据核字(2024)第 055014 号

书　　名 现代植物病虫害防治技术
作　　者 陈　定　张求东　主编

策划编辑 张　玉　　**责任编辑** 张　玉　贾梦婕
封面设计 郑　川　李尘工作室
出版发行 中国农业大学出版社
社　　址 北京市海淀区圆明园西路 2 号　　**邮政编码** 100193
电　　话 发行部 010-62733489,1190　　编辑部 010-62732617,2618
出版部 010-62733440　　读者服务部 010-62732336
网　　址 http://www.caupress.cn　　**E-mail** cbsszs@cau.edu.cn
经　　销 新华书店
印　　刷 河北朗祥印刷有限公司
版　　次 2024 年 4 月第 1 版　　2024 年 4 月第 1 次印刷
规　　格 185 mm×260 mm　　16 开本　　11.5 印张　　287 千字　　彩插 4
定　　价 37.00 元

图书如有质量问题本社发行部负责调换

编审人员

主　编　陈　定（湖北生物科技职业学院）

　　　　张求东（湖北省植物保护总站）

副主编　杨辉德（黄冈职业技术学院）

　　　　孙世顺［湖北十堰职业技术（集团）学校］

　　　　谢原利（湖北省植物保护总站）

　　　　王　曦（湖北省耕地质量与肥料工作总站）

　　　　李庆忠（湖北省老河口市孟楼镇农业技术推广服务中心）

　　　　许　林（湖北省沙洋县农业农村局）

参　编　王海萍（湖北生物科技职业学院）

　　　　张露萍（荆州职业技术学院）

　　　　伍丽丽［湖北十堰职业技术（集团）学校］

　　　　曾亚菲（黄冈职业技术学院）

　　　　吴黎明（湖北省农业科学院果树茶叶研究所）

　　　　龚林忠（湖北省农业科学院果树茶叶研究所）

　　　　王志静（湖北省农业科学院果树茶叶研究所）

主　审　谭明谱（南京农业大学）

前 言

根据《中华人民共和国职业教育法》(2022年5月1日)、《国家职业教育改革实施方案》(国发〔2019〕4号)、《教育部关于职业院校专业人才培养方案制订与实施工作的指导意见》(教职成〔2019〕13号)、《农业部关于打好农业面源污染防治攻坚战的实施意见》(农科教发〔2015〕1号)等有关法律和文件精神,本教材在中国农业大学出版社的组织下,由高等职业院校教师和行业、企业一线专家等共同编写完成。习近平总书记在党的二十大报告中指出,“我们必须坚持解放思想、实事求是、与时俱进、求真务实,一切从实际出发”。本教材旨在通过介绍必要的病虫害基础知识和病虫害实际发生情况,让学习者既能学习和掌握实际操作的技术和技能,又能理解操作的原理,切实提高劳动者素质和病虫害防治技术技能水平。

病虫害在植物生长过程中是不可避免的,只是发生种类和程度不同。由于病虫害种类多,不同地区或同一地区不同植物危害种类都会不同,这也导致在有限的篇幅内把常见植物或常见病虫害都进行阐述是很困难的。防治病虫害的策略和步骤都是相似的,即危害植物的是什么种类(诊断),防治有哪些方法,这些方法如何使用,等等。故本教材按照病虫害诊断(病虫害基础知识)、有害生物综合治理(防治方法)、常见病虫害防治(应用)、农药基础知识及湖北主要植物防治方案等几个模块进行编写。同时,受篇幅限制,本教材只对部分常见植物的病虫害进行阐述。

本教材编写具体分工如下:李庆忠负责编写第1章;杨辉德负责编写第2章,曾亚菲参与本章相应编写工作;孙世顺负责编写第3章,伍丽丽参与本章相应编写工作;王曦负责编写第4章,张露萍参与本章相应编写工作;谢原利负责编写第5章;陈定负责编写第6章,王海萍和龚林忠参与本章相应编写工作;张求东负责编写第7章,许林、吴黎明和王志静参与本章相应编写工作。谭明谱对本教材进行了审核。

本教材的编写得到了中国农业大学出版社和各参编单位的大力支持,教材参考并引用了大量文献和图片资料,在此一并表示衷心感谢!

由于编者水平有限,书中错漏和不足之处在所难免,敬请读者批评指正。

编 者

2023年2月

目　录

第1章

绪　论

植物病虫害防治从植物生产就已经开始，只是古代对其认识有限，大多是一些经验性的办法，有时甚至带有一些迷信色彩。随着经验的积累和对其认识的不断深入，逐渐形成了一些有效的方法，如轮作、间作、有益生物、植物源药剂等防治病虫害的方法。中国人对病虫害防治的文字记载已有 3 000 多年，公元前 707 年就有较详细的蝗灾发生的记载；战国时期采用耕作技术来防治害虫；2 000 多年前使用砷剂或汞剂防治害虫；大约在宋代，已初步形成法规防治、农业防治、生物防治、物理防治等措施的蝗虫综合治理体系。到了近代，由于化学工业的发展，病虫害防治发生了巨大变化。20 世纪 40 年代 DDT 的出现，导致害虫防治发生了一次革命性的改变，它极大地提高了防治效果，后来又发现了许多高效的有机氯杀虫剂。

由于 DDT 等杀虫剂防治效果显著，因此人们长期使用这些化学农药来防治害虫，导致了许多不良后果，如人畜中毒、“3R”问题、环境污染等，因此现在已被禁用。20 世纪 60—70 年代重新提出了综合防治策略，由于植物病虫害的防治方法很多，每种方法各有其优势和局限性，依靠某一种措施往往不能达到防治目的，我国提出在综合防治中要以农业防治为基础，因地因时制宜，合理运用化学防治、农业防治、生物防治、物理防治等措施，达到经济、安全、有效地控制病虫为害的目的。

1.1　植物病虫害防治的重要性

人类的生存与植物的关系密不可分，植物健康地生长，才能向人类提供更多、更好的粮食、蔬菜、水果等农产品。植物在生长发育时需要一定的环境条件，才能保证其生长发育正常进行，如适宜的土壤和水分条件，合适的温度、湿度及光照等气候环境等。只有满足其生长条件，细胞才能正常分裂，生理活动才能顺利进行，最终获得我们希望的高产与优质。

植物的生长发育会遇到各种各样的问题。不适宜的土壤、养分、水分及各种有害生物的攻击与破坏等，都可能导致植物不能正常生长发育，严重时绝收甚至死亡。一方面，病虫害的为害降低了植物的产量和品质，另一方面，对其认识不足，防治不当，常会引起药害、污染环境、破坏生态平衡及人畜中毒等不良问题。

在历史上，由于病虫害造成植物损失的例子很多，如我国历史上蝗灾频繁发生而得不到有效治理,导致人们流离失所,哀鸿遍野。1845—1846 年,发生在爱尔兰的马铃薯晚疫病,由于爱尔兰岛上 600 万居民的主要粮食是马铃薯,但连续两年都发生了严重的晚疫病而导致马铃薯几乎绝收,加上英国政府未采取救济措施,因此几十万人饿死,150 万人被迫逃离。1860 年,葡萄根瘤蚜由美国传入法国,二十几年后使法国超过 70%的葡萄死于根瘤蚜,酿酒业遭受严重冲击。据联合国粮农组织估计,每年有多达 40%的全球作物产量因虫害而损失;每年植物病害给全球经济造成的损失超过 2200 亿美元,而入侵昆虫造成的损失超过 700 亿美元。

在植物生长发育过程中,病虫害会对植物造成很大威胁,但这种威胁并不是不可控或不能预防的,在中国古代就已形成很多对病虫害防治的办法。在新中国成立后,我国对植物有害生物防治投入了大量的人力、物力和财力,使人们对其发生规律与为害特点有了更全面的认识,取得了显著成果,如历史上蝗灾频繁发生的情况已不再出现。对病虫害发生规律与发生特点有了更清楚的认识后,就能进行科学、有效的防治,把病虫害控制在可接受的范围,使其造成的损失更小。

1.2 本课程的性质和任务

植物病虫害防治技术是阐述植物病虫害及其防治基础知识、基本理论的一门技术学科,是直接为植物生产服务的一门基础应用性学科。它是高等职业院校农业种植类专业的一门专业核心课程。本课程从植物病虫害识别入手,阐述植物病虫害的发生、发展规律,防治策略和措施,防治措施的应用及合理用药等内容。本课程是在学习《植物学基础》《土壤肥料与施肥技术》《植物生产与养护》等课程,具备了植物生产基础知识,具备一定生产与养护植物技能的基础上,主要面向植物病虫害防治、生产与管理及农药销售与服务等工作,培养学生具备植物病虫害诊断与识别、病虫害防治方案制订、病虫害治理等能力的专业核心课程。

通过对本课程的学习,能运用病虫害识别知识对常见植物病虫害进行识别与诊断;能根据植物病虫害发生、发展规律制订科学、有效的防治方案;能根据防治方案组织、开展植物病虫害防治工作。结合植物生产技术相关岗位作业要求,培养学生植保员、园艺工、果树工等相关的植物保护岗位的知识与实际应用能力。

1.3 本课程的学习方法

1. 理论联系实际

植物病虫害防治是一门实践性较强的课程,学习本课程一定要养成随时将课程知识与身边相关事物联系起来的习惯,比如,学习了昆虫识别方法,当发现一种不认识的害虫时,能够根据所学知识进行识别,识别后能够运用所学的病虫害防治知识根据其发生、发展规律来进行防治方案的制订,有条件还可组织实施。通过这样的思考与学习,逐渐学会举一反三、融会贯通。

2. 观察与记录

植物病虫害种类繁多，为害方式多样，同一种病虫害在不同的地区和不同植物上的为害特点和发生、发展规律不尽相同，这就要求在学习植物病虫害防治相关知识时，要学会调整，比如，某一害虫出现在一个地区的时间会是一个大致范围，在不同乡镇出现的时间会相差几天，甚至更多。要想得到确切时间，就要养成勤于观察与记录的习惯，只有得到的数据越精确，防治的时期才会越准确，具体的防治工作才能做得更好。

3. 多实践，多创新

“实践出真知”，只有通过自己的思考与实践检验，才能把书本上的知识认知得更加清楚，才能把书上的知识转化为自己的知识与认识。同时，实践也是获得生产经验的重要途径。要达到能够通过植物为害特点来诊断病虫害的类别或种类，通过植物病虫害发生、发展规律制订科学、有效的防治方案，通过防治方案组织开展植物病虫害防治工作的目的，就需要在学习时积极参加病虫害防治的实践活动，努力训练实践操作技能。要在实践的基础上敢于创新，根据现实具体条件、病虫害防治特点，结合当地情况，大胆创新防治手段，因地制宜，做好植物病虫害防治工作，使病虫害得到持续、有效的控制。

1.4 植物病虫害防治的不足与发展趋势

植物病虫害防治是一门应用科学，是植物生产必须面对和解决的一个问题，同时它又和其他科学和技术有着密切联系，例如，要比较成功地解决一个害虫防治问题，就需要知道它的地理分布、植物受害后的反应、生物学特性、发生与环境关系、预测预报及防治方法等内容。这些内容的获得就需要其他科学和技术的支持。反过来讲，对于一般的植物生产者来说，关注更多的是哪种防治方法效果好，而不是专业内容。不去关注每种防治方法不利的一面，就会出现相应的问题。

1.4.1 不足

1. 观念问题

在植物病虫害防治的历史长河中，人们一直在努力寻找非常有效又方便的防治方法，特别是在化学工业出现以后。由于化学防治的有效性与便利性，因此当出现植物病虫害防治问题时，人们第一个想到的就是它。就像西医进入中国后，人们逐渐偏向西医，其中重要的原因就是西医有立竿见影的效果，而忽略了它也有不利的一面，只是这一面不易察觉或者需要很长时间才会有所体现。所以在很多植物生产者的观念里，现代植物病虫害防治技术主要就是化学防治措施，不管什么情况，用农药都可解决。

2. 防治理念问题

病虫害对于植物生产来讲，是一个非常不利的因素，对于这些不利因素，不同的人或不同时期所采用的理念就会不同，比如在化学农药出现后，防治的理念就倾向于消灭病虫或灭绝不利生物，导致在大量使用化学农药二十年后，出现了“3R”及环境污染等一系列问题。即使到现在，学者还在争论是彻底消灭好，还是控制在合理范围好。不同的理念就会导致防治策略的差异，这是需要关注的方面。

3. 缺乏整体看待病虫害防治意识

对于植物生产者来讲，他们会更多关注某一种方法的效果，不会去关注这种方法对整个生态系统的影响；会关注能不能解决问题，不会关注这种方法的不利影响。通俗地讲，就是“头疼医头、脚疼医脚”，也就是对我国植保方针“预防为主、综合防治”理解不够。

4. 对化学防治措施认识不足

化学防治是一种防治植物病虫害比较有效的措施，但它自身的缺陷会导致在使用不当时，加重不利因素的发展，如农药有毒和选择性不强，就会导致在防治病虫时，任意加大用药量就会杀死更多有益生物并污染环境；防治时期的不恰当，不光防治效果不好，也会增加用药次数和剂量；没有做到对症用药，就会导致有害生物没解决等不利因素。所以在采用化学防治措施时，一定要做到合理用药、科学用药，要去全面了解和认识化学防治。

1.4.2 发展趋势

社会在科技的推动下，不断地向前发展，人们的认知水平也在不断提高，这会使人们行为发生改变，同时，理念和观念也会变化。正如习近平总书记在党的二十大报告中提出，“明确我国社会主要矛盾是人民日益增长的美好生活需要和不平衡不充分的发展之间的矛盾，并紧紧围绕这个社会主要矛盾推进各项工作”。作为植物生产者要深刻理解这种变化，今后消费者对农产品的关注不光是能不能吃的问题，而是好不好吃、安不安全的问题。这就会使人们对植物病虫害防治的认知、行为及观念发生改变。

1. 关注安全问题

以前对防治方法的关注点主要在效果和便利性方面，今后会越来越关注它是否安全，如对收获的产品在安全方面有什么影响，会不会影响人类健康或导致环境被污染等。

2. 关注现代病虫害防治技术与生态环境之间的问题

今后对植物病虫害防治措施的采用相关问题，会从关注眼前逐渐转变到长远及可持续性方面。正如习近平总书记于2005年8月15日，在考察浙江省安吉县余村时首次提出“绿水青山就是金山银山”科学论断。总书记用简洁、易懂的话语从根本上更新了关于自然资源的传统认识，打破了发展与保护对立的束缚，树立了保护自然环境就是保护人类、建立生态文明就是造福人类的新理念。

3. 关注化学防治措施合理使用问题

虽然化学防治措施有较多不利因素，但它有自己突出的优点，所以在今后较长一段时间内，它仍然是一种重要的现代植物病虫害防治措施。人们会去认识、分析它，农药会向毒性更低、选择性更强的方向发展，化学农药使用量会逐渐减少，会更多发挥生物防治、农业防治及物理防治等措施的作用，达到既能有效防治病虫害，又不破坏生态环境，将病虫害控制在经济允许损失水平之下的目的。

第2章

昆虫识别

2.1 昆虫的外部形态

二维码 2-1
昆虫外部形态特征

如图 2-1 所示，昆虫成虫的体躯一般由头、胸、腹 3 个体段组成。头部是感觉和取食中心，着生 1 个口器、1 对触角、1 对复眼，通常有 2～3 个单眼或无。胸部是运动中心，由前胸、中胸和后胸 3 个体节组成，每体节着生 1 对足，共 3 对足，通常中胸和后胸各生 1 对翅，共 2 对翅。腹部是代谢和生殖中心，昆虫的内脏器官大都在腹腔内。常见的昆虫外部形态特征见二维码 2-1。

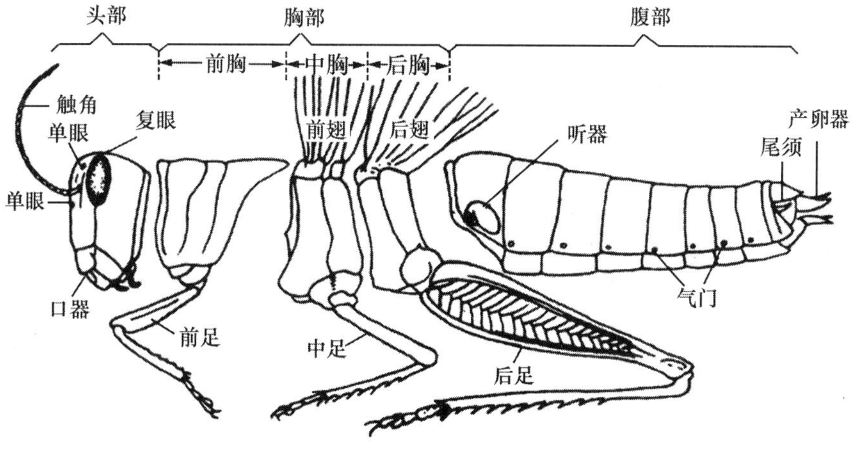

图 2-1 昆虫外部形态的一般构造

2.1.1 昆虫的头部

1. 头壳的分区

昆虫的头壳通常高度骨化，并由内陷的沟划分为若干区域，这些沟、缝、区都有专门的名称。东亚蝗虫头壳的分区如图 2-2 所示。

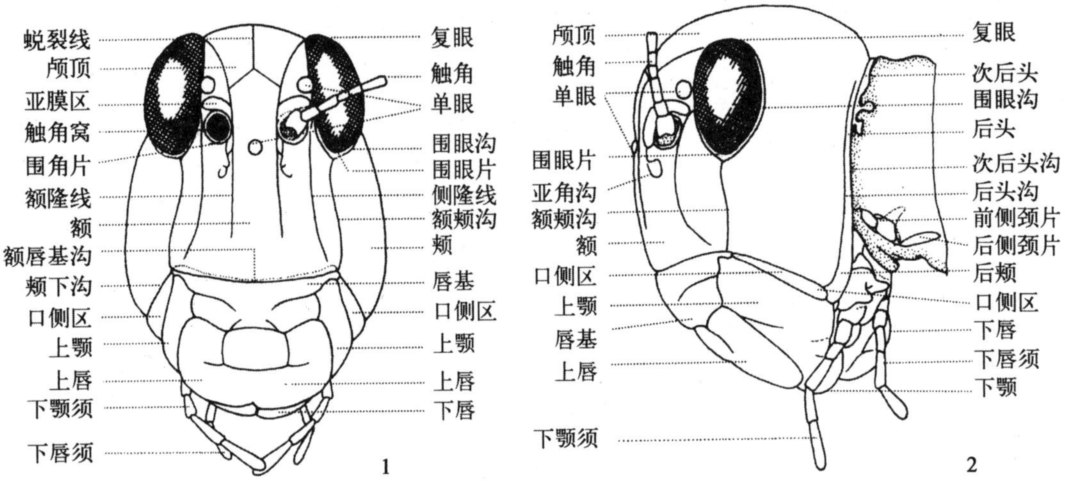

1. 正面观;2. 侧面观

图 2-2　东亚蝗虫头壳的分区

(引自《普通昆虫学》彩万志等,2 版)

2. 头部的形式

昆虫头部的形式简称头式,包括下口式、前口式、后口式三种类型,如图 2-3 所示。

下口式昆虫口器向下,其轴线与体躯的纵轴垂直,如蝗虫、螽斯和鳞翅目的幼虫等,一般为植食性昆虫。

前口式昆虫口器前伸,其轴线与体躯的纵轴成一钝角或近于平行,如步甲和蚜狮等,一般为肉食性昆虫。

后口式昆虫口器向腹面后方倾斜,轴线与体躯的纵轴成一个锐角,口器可紧贴腹面,适于刺吸植物或动物的汁液,如蝉、蚜虫等。

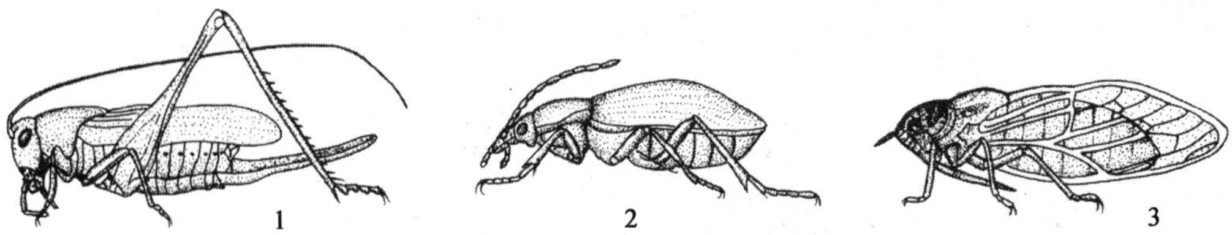

1. 下口式(螽斯);2. 前口式(步甲);3. 后口式(蝉)

图 2-3　昆虫的头式

(引自《园林植物病虫害防治》孙斌,3 版)

3. 触角

(1)触角的构造　如图 2-4 所示,触角是昆虫头部的第 1 对附肢,着生在额区的触角窝内,可自由活动,分柄节、梗节和鞭节 3 部分。鞭节可分若干亚节,变异特别大。

(2)触角的类型　如图 2-5 所示,触角类型包括刚毛状(蜻蜓、蝉);丝状(蟋蟀、天牛);念珠状(白蚁);锯齿状(蓝翅距甲);栉齿状(雄绿豆象);羽毛状(大蚕蛾);膝状(蜜蜂、象甲);具芒状(蝇类);环毛状(雄蚊);球杆状(蝶类);锤状(郭公甲);鳃叶状(金龟甲)。

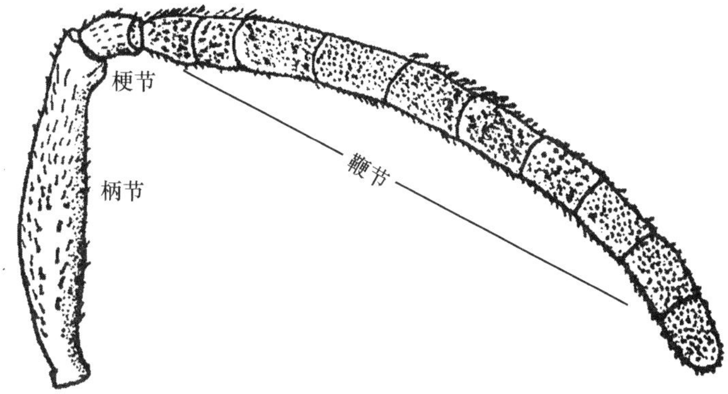

图 2-4　触角的构造

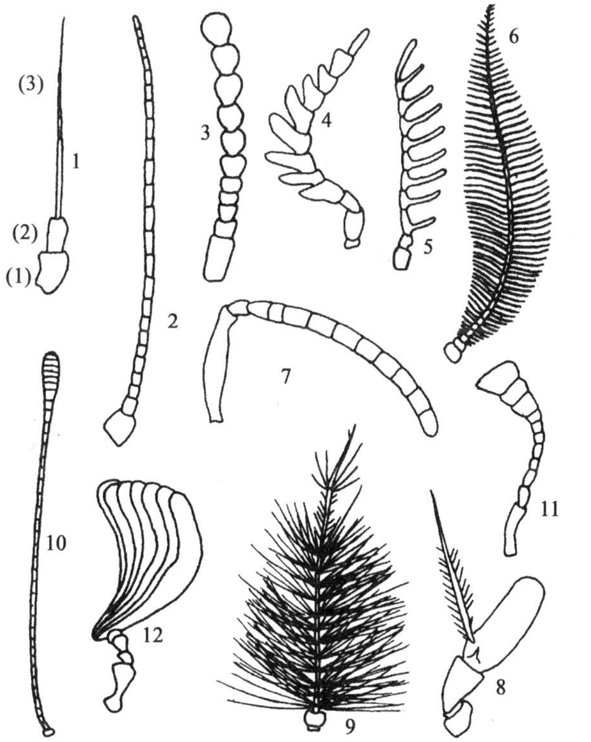

1. 刚毛状:(1)柄节(2)梗节(3)鞭节;2. 丝状;3. 念珠状;4. 锯齿状;5. 栉齿状;
6. 羽毛状;7. 膝状;8. 具芒状;9. 环毛状;10. 球杆状;11. 锤状;12. 鳃片状

图 2-5　触角的类型

(引自《园林植物病虫害防治》孙斌,3 版)

(3)触角的功能　昆虫的触角鞭节上有着非常丰富的感觉器,其功能主要是在觅食、聚集、求偶和寻找适当产卵场所时起嗅觉、触觉和听觉的作用。

(4)了解触角的意义　触角是鉴别昆虫种类的重要依据,也是鉴别某些种类昆虫雌、雄的主要依据,生产中可根据嗅觉的不同来诱集或驱避虫体,一般应用于害虫的绿色防控。

4. 眼

(1)复眼　如图 2-6 所示,昆虫的 1 对复眼位于额上方两侧,较大,多为圆形或椭圆形,凸出于体壁。复眼由许多六角形柱状的小眼组成,类似于蜂窝状,复眼越大,小眼越多,视力越强。昆虫主要用复眼观察物体的形象和色彩,对运动中的物体较敏感。

(2)单眼　昆虫的单眼是由单独的 1 个小眼构成,它又有背单眼和侧单眼之分。背单眼多见于昆虫成虫,可有 1～3 个,如蜻蜓,在额部上方 2 个复眼之间有 3 个单眼(图 2-7),而侧单眼多见于幼虫。昆虫的成虫——有翅善飞的昆虫在复眼间常有背单眼 2～3 个,也有许多只有复眼而没有单眼。单眼虽有感光功能,但不能调节,也不能成像。它能协助复眼辨别物体的距离及移动,尤其是一些社会性昆虫(蚁和蜜蜂等),会在黑暗环境中利用单眼辨别明暗和物体位置。

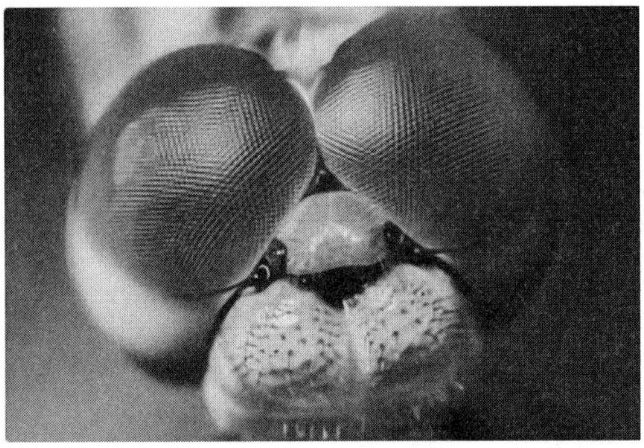

图 2-6　复眼

图 2-7　单眼

5. 口器

昆虫的口器是由头部后面的 3 对附肢和一部分头部结构联合组成的,主要有取食、感觉等功能。其典型构造由上唇、上颚、下颚、下唇和舌 5 部分组成,上唇和舌属头壳的构造,上颚、下颚和下唇是 3 对附肢。

因食性和取食方式不同,构造和类型发生很多变异:取食固体食物的为咀嚼式口器,取食液体食物的为刺吸式口器,还有锉吸式口器、虹吸式口器、嚼吸式口器等,其中,咀嚼式口器是最原始的,其他类型均由咀嚼式口器演化而来。

(1)咀嚼式口器　咀嚼式口器是最原始的口器类型,适合取食固体食物。咀嚼式口器由 1 片上唇、1 片上颚、2 片下颚、2 片下唇、1 片舌 5 部分组成。把口腔分成食窦和唾窦,唾腺开口于舌基部,一对上颚尤为发达,为主要取食器官,用以咀咬固体食物,典型代表如直翅目昆虫的口器。图 2-8 是蝗虫的咀嚼式口器。

(2)刺吸式口器　刺吸式口器由咀嚼式口器演变而成,下唇延伸成喙,3～4 节,前方中央纵裂开口称中沟。上、下颚均延长成颚针,嵌合一体藏于中沟,1 对上颚针对合成细管,针的端部常有倒刺,1 对下颚针则对合于上颚针管内,每个下颚针的内壁具有 2 条纵槽,左右合成两细微管道,前方的称食物道,后方的称唾液道。上唇进化成为一狭长的三角形小片,覆于喙基前。刺吸式口器害虫取食时,先以喙接触食物表面,接着上、下颚针交替刺入寄主组织中,喙则弯曲以托持口针。取食过程是先由唾液道分泌唾液注入寄主,唾液中的酶类消解寄主组织,再由食物道将消解的寄主组织及汁液吸入体内,该生理过程常被称为体外消化。刺吸破坏了植物细胞以及正常的生理生化代谢过程，受害的叶片呈现褪色的斑点、卷曲、皱缩、畸形，最终枯萎，或因部分组织受唾液酶类的刺激，而致细胞增生，形成局部膨大的虫瘿。口针在刺伤植物细胞的过程中，还会传播植物病毒，大多数植物的病毒病就是由刺吸式口器害虫传播的。具有刺吸式口器的昆虫有同翅目和半翅目的成、若虫等，图 2-9 是蚱蝉的刺吸式口器。

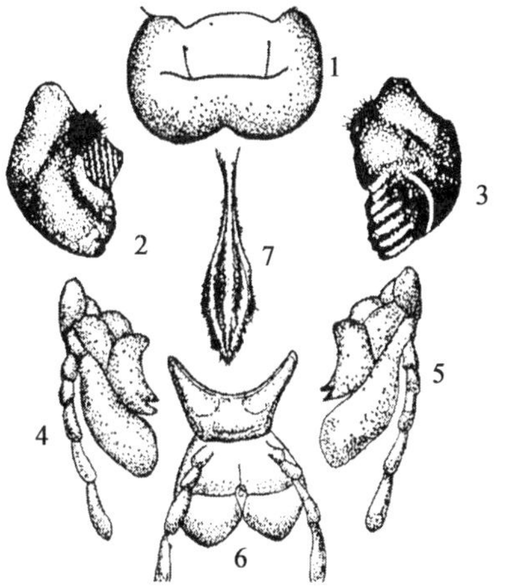

1. 上唇；2～3. 上颚；4～5. 下颚；6. 下唇；7. 舌

图 2-8 蝗虫的咀嚼式口器

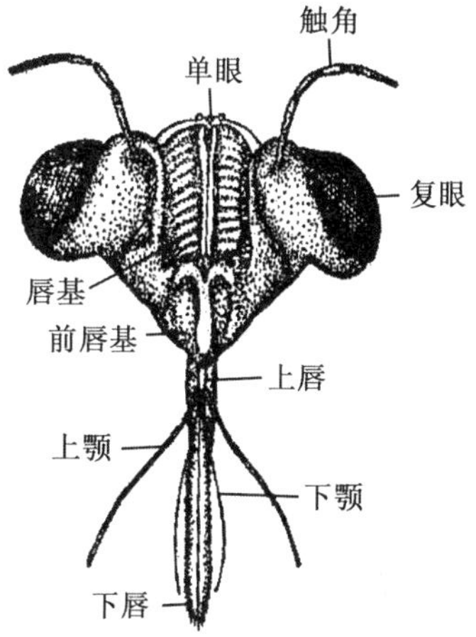

图 2-9 蚱蝉的刺吸式口器

（引自《园林植物病虫害防治》孙斌，3 版）

(3)锉吸式口器 锉吸式口器为蓟马类特有，头短喙状，左上颚和 1 对下颚形成口针，两下颚针组成食物道，舌与下唇组成唾液道。取食时，先以上颚针锉破寄主表皮，然后以喙端密接伤口吸食。

(4)虹吸式口器 虹吸式口器的构造为两下颚的外颚叶延长，形成能卷曲并富有弹性的长喙。外颚叶的横切面呈弦月形，腔内充满血液，其中有气管、神经和沿着外颚叶壁斜伸的短肌。左右两外颚叶在背腹面衔接合成喙，形成食物道，口位于喙基部，下唇须发达，其余部分退化，如鳞翅目成虫。

(5)了解口器的意义 口器类型不同，为害方式也不同，对寄主造成的损害也不同。咀嚼式口器害虫以上颚咬食植物，造成寄主机械损伤，残缺不全，有的甚至将作物吃成光秆，造成颗粒无收；刺吸式口器害虫，主要对寄主造成生理伤害和传播病害，植物在受害后，出现斑点、变色、皱缩、卷曲、萎蔫、畸形或形成虫瘿等，严重时会导致植物死亡。

了解口器类型和为害特点，有助于选择科学、有效的防治方法和措施。

2.1.2 昆虫的胸部

胸部是昆虫的第 2 个体段，由 3 个体节组成，依次叫作前胸、中胸和后胸。每个胸节上各有 1 对足，分别称为前足、中足和后足。中、后胸称为具翅胸节，通常各有 1 对翅，分别叫作前翅和后翅。

1. 胸节的构造

胸部 3 节肌肉发达，体壁较坚硬，连接紧密，支持着足和翅的活动。每个胸节均由 4 块骨板构成，背面的称背板，腹面的称腹板，两侧的称侧板。前胸的构造一般较简单，无明显的特化现象。具翅胸节较复杂,各骨板被若干沟、缝划分成不同的骨片。

2. 足、足的基本构造及类型

足着生于胸部,通常有3对胸足,依次为前足、中足和后足。1对足着生于前胸,1对足着生于中胸,1对足着生于后胸下部。若前、后胸退化,3对足则位于中胸。

足的基本构造包括(每足5～7节):基、转、腿节各1～2节,胫和跗节各1～5节。节之间由关节和发达的肌肉连接,足末端有爪和爪垫,足上着生有毛、刺及鳞片。昆虫足在种类的鉴定中具有重要的意义,它们的特点是基节粗、短,与侧基突形成关节;转节短小,少数为2节;腿节强大,与胫节以关节相连;胫节细长,边缘有刺,末端有距;跗节1～5个亚节,常有跗垫;前跗节多退化为侧爪,或有爪间突。

胸足类型通常有8种(图2-10),步行足(蚜虫、步甲的足)、跳跃足(蝗虫、蟋蟀的后足)、捕

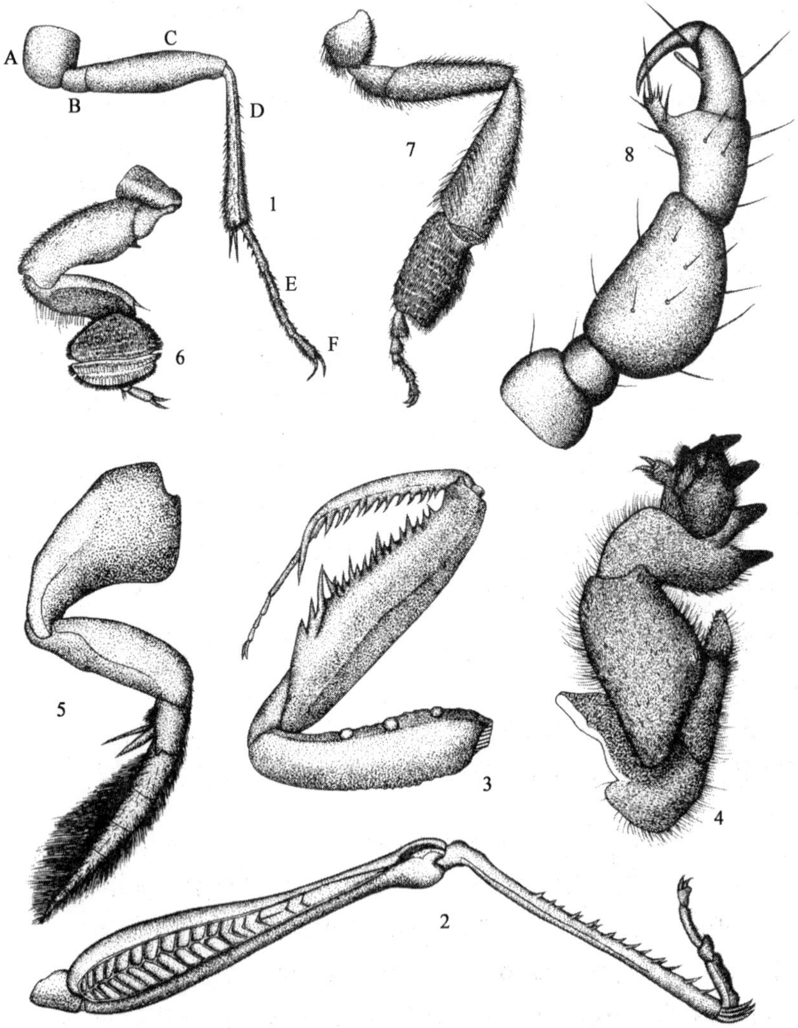

1. 步行足(A. 基节;B. 转节;C. 腿节;D. 胫节;E. 跗节;F. 前跗节)
2. 跳跃足;3. 捕捉足;4. 开掘足;5. 游泳足;6. 抱握足;7. 携粉足;8. 攀握足

图2-10 昆虫胸足的基本类型

(引自《园林植物病虫害防治》孙斌,3版)

捉足(螳螂、猎蝽的前足)、开掘足(蝼蛄、金龟甲的前足)、游泳足(龙虱、水龟虫的足)、抱握足(雄龙虱前足)、携粉足(蜜蜂的后足)、攀握足(虱类)。

3. 翅、翅的构造、翅脉、翅的类型及翅的连锁

昆虫是地球上最早开始具有飞行构造的动物,翅是昆虫的飞行依靠。昆虫的翅是由胸部的横截面形变来的,不像脊椎动物的翅有骨骼和肌肉。下面介绍翅的构造、翅脉、翅的类型及翅的连锁等知识。

翅的构造(图 2-11)翅多呈三角形,展开时朝向前面的边缘叫作前缘,朝向后面的边缘叫作后缘或内缘,外面的边缘叫作外缘;与体躯相连的角叫作肩角或基角,翅尖的角叫作顶角,外缘与后缘所成的角叫作臀角。整个翅分为臀前区、臀区、轭区和腋区。

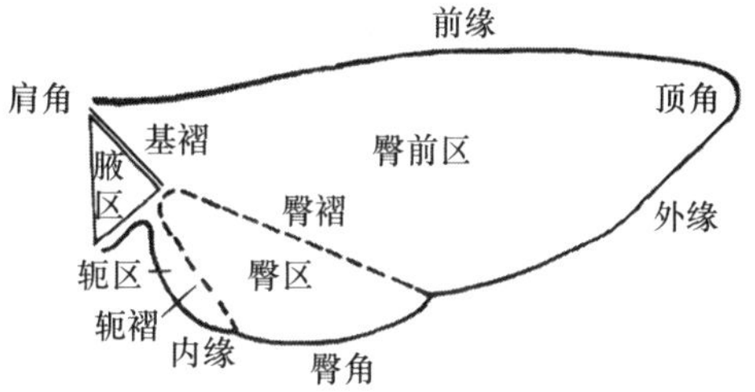

图 2-11　翅的构造

昆虫的翅脉由气管伸入双层翅面形成,翅脉的排列形式称脉序,为便于分析、比较,人们抽象归纳出了假象脉序。此外,有的还在翅面上形成翅痣和翅室。

昆虫翅的基本类型(图 2-12)是昆虫分类的主要依据,类型和特点如下:

膜翅:翅为膜质,透明,翅脉明显,如蚜虫、蜂类等。

鳞翅:翅为膜质,翅面上有一层鳞片,如蛾、蝶的翅。

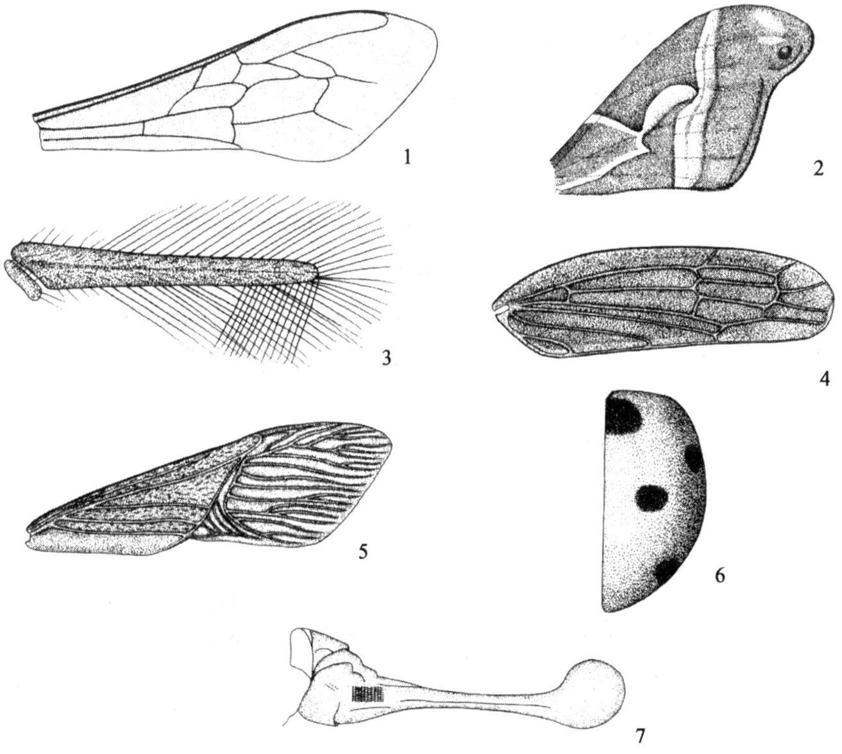

1. 膜翅;2. 鳞翅;3. 缨翅;4. 覆翅;5. 半鞘翅;6. 鞘翅;7. 棒翅

图 2-12　昆虫翅的基本类型

缨翅：翅为膜质，狭长，边缘着生很多细长的缨毛，如蓟马的翅。

覆翅：翅为质加厚，呈革质，半透明，仍然保留翅脉，兼有飞翔和保护的作用，如蝗虫、蝼蛄、蟋蟀的翅。

半鞘翅：翅的基部为革质，端部为膜质，如蝽的前翅。

鞘翅：翅角质坚硬，翅脉消失，仅有保护身体的作用，如金龟甲、叶甲、天牛等甲虫的前翅。

棒翅：翅退化成很小的棒状体，飞翔时用以平衡身体。

毛翅：翅为膜质，翅面密生细毛，如石蛾的翅。

翅的连锁是指有的昆虫后翅通常以各种形式的连锁器与前翅挂在一起，行动起来成为一个整体，使飞行更为有效。

2.1.3 昆虫的腹部

腹部是昆虫的第3个体段，前面与胸部紧密相连，末端有尾须及外生殖器，两侧有气门，部分内脏器官在腹腔内。一般由9～11个体节组成，大部分体节的附肢已消失，仅有末几节的附肢特化成外生殖器和尾须。第1～8个腹节两侧常有气门1对，腹节的构造较简单，每腹节只有背板和腹板，侧板退化为侧膜，节与节之间由节间膜相连，附肢多退化，唯生殖节保留外生殖器附肢。原始类群第11节上生有尾须，背板成为肛上板，侧板成为肛侧板。内脏器官大部分位于这一体段，所以腹部是内脏活动和生殖的中心。

1. 腹部的附肢与附器

腹部的附肢与附器是昆虫交配或产卵的器官，由生殖节上的附肢特化而成。雌虫的为产卵器，雄虫的为交配器。

(1)产卵器构造　产卵器位于第8、第9节的腹面，由3对产卵瓣组成。第8腹节的附肢演变成1对腹产卵瓣，第9腹节的附肢则变成了1对背产卵瓣，从背产卵瓣的基部再生出1对内产卵瓣。生殖孔开口位于第8或第9腹节的腹面。雌虫产卵器基本构造如图2-13所示。

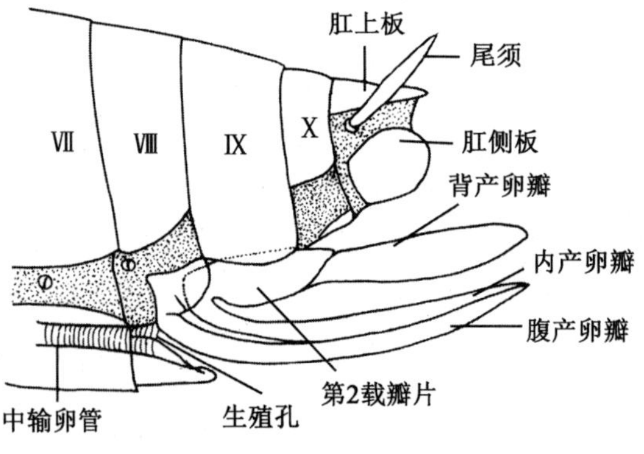

图2-13　雌虫产卵器基本构造

(2)交配器构造　雄虫交配器一般位于第9节，构造比较复杂，主要包括1个将精子输入雌虫体内的交配器，以及1对抱握雌虫的抱握器。交配器是由第9腹节腹板后的节间膜内陷而成的，呈锥状或管状，一般可分为阳茎基和阳茎两部分。抱握器多由第 9 腹节的 1 对附肢特化而成。雄虫交配器基本构造如图 2-14 所示。

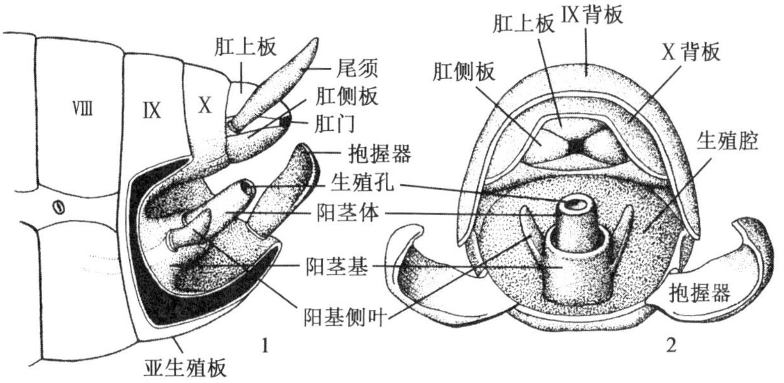

1. 侧面观；2. 后面观

图 2-14　雄虫交配器基本构造

（引自《园林植物病虫害防治》孙斌，3 版）

扩展阅读【昆虫的产卵器举例】

A. 直翅目昆虫的产卵器

主要由第 1 产卵瓣和第 3 产卵瓣组成，第 2 产卵瓣退化，不同类群的构造有所不同，如蝗虫为凿状，螽斯为刀、剑状，蟋蟀为矛状等。

B. 同翅目昆虫的产卵器

多数都具有发达的产卵器，主要由腹产卵瓣和内产卵瓣嵌合组成，背产卵瓣宽，内面凹，形成产卵器鞘。在产卵时，产卵器从鞘中脱出，将卵产于寄主组织。如蝉、叶蝉等，通常会造成产卵为害。

C. 膜翅目昆虫的产卵器

与同翅目昆虫的相似，也由腹瓣和内瓣组成，背瓣形成产卵器鞘，但功能上有所分化，叶蜂类产卵瓣宽、扁，末端尖，侧面生有横脊，为锯状；胡蜂、蜜蜂等的产卵瓣呈短锥状，特化成螯针；姬蜂类产卵瓣为长针状。

D. 鳞翅目、鞘翅目、双翅目昆虫的产卵器

雌虫均无由附肢特化的产卵器，但通常腹部最末几节变细，平时套缩在体内，只有产卵时伸出，故称为伪产卵器。该类产卵器只能将卵产在物体的表面或寄主的缝隙内。

2.1.4　昆虫的体壁

昆虫的体壁是昆虫体躯（包括附肢）最外层的组织，它的功能归纳起来主要有以下几点：它构成昆虫身体外形，并供肌肉着生，起着高等动物的骨骼作用，因此有“外骨骼”之称；它对昆虫起着保护作用，一方面防止体内水分过度蒸发，这点对陆生昆虫维持体内水分平衡是十分重要的，另一方面防止外来物的侵入，如病原微生物和杀虫剂等的侵入等；它还起着一定的呼吸和

排泄作用。

1. 体壁的结构

昆虫的体壁是由胚胎发育时期的外胚层发育而成的，它由三层组成。由里向外看，包括底膜、皮细胞层和表皮层。皮细胞层和表皮层是体壁的主要组成部分，皮细胞层是一层活细胞，而表皮层又是皮细胞层分泌的，是非细胞性物质。体壁的保护作用和特性大都来自表皮层。

2. 体壁的衍生物

昆虫的体壁常向外凸出形成许多外长物，向内陷入形成各种腺体。这些衍生物按其结构可分为非细胞性突起、多细胞性突起、单细胞性突起、皮细胞腺 4 种类型。

非细胞性突起是指突起物单纯由表皮层形成，无皮细胞层参与，如刻点、脊纹、皱褶、小瘤、小毛和小刺等。

多细胞性突起是指突起物有皮细胞层参与，形成中空的刺状结构，内壁含有 1 层皮细胞。固着在表皮上不能活动的基部称为刺，如蝗虫、叶蝉足胫节上着生的刺；围有膜区，可以活动的基部称为距，如飞虱后足胫节末端着生的距。

单细胞性突起是指突起物由 1 个皮细胞特化而成，如刚毛、毒毛、感觉毛和鳞片等。刚毛与毒腺细胞相连就形成毒毛。当毒毛折断时，毒液就从折口流出。鳞片的构造与刚毛相似，但形状扁平，表面有脊纹及色素。

皮细胞腺是指昆虫体壁中的皮细胞向内能够形成多种腺体，可向外分泌某些特殊物质，按其功能可分为唾腺、丝腺、蜡腺、胶腺、臭腺、毒腺和防御腺等。

3. 与药剂防治的关系

昆虫的体壁具有延展性、坚硬性和不透性等。在化学防治中，许多杀虫剂需接触并透过体壁才能毒杀昆虫。一般来说，厚硬的体壁较柔软的体壁更难穿透，上表皮的蜡质层密切关系着药液的展布和穿透。蜡质越厚，熔点越高，药滴的接触角越大，则展布力越小。蜡层的不透水性，使许多水溶性药剂无法进入，而易被脂溶性的部分药剂透过。同一种昆虫，幼龄（1～3 龄）幼虫体壁较薄，易于毒杀；高龄幼虫体壁加厚，抗药性相应增强。同一虫体，体壁各部的厚度、化学组成等理化性质不一，药剂易从膜质区透过而进入虫体。触杀性药剂一旦透过体壁，就会直接破坏神经而杀死昆虫。如有机磷杀虫剂、拟除虫菊酯类等，都对昆虫体壁具有强烈的亲和力，能很好地附着于体壁上，使药剂的毒效成分溶解蜡质，为药剂进入虫体打开通道，从而很快杀死害虫。人工合成的灭幼脲类药剂具有抗蜕皮激素的作用，当幼虫吃下这类药物后，体内几丁质的合成受到阻碍，导致不能生出新的表皮，因而使幼虫蜕皮受阻而死。

扩展阅读【体壁的色彩】

昆虫的体壁具有不同的色彩，体色也是分类的依据之一。色彩有色素色、结构色、混合色三种。

色素色也称化学色，是由某些色素沉积于体壁而形成的，这些色素大多是次生代谢产物。

结构色也称物理色，是由体表特殊的结构对光的反射和衍射而产生的色彩，是物理作用的结果。

混合色由上述化学色与物理色两种色彩综合而成，昆虫的体色大都属于此类。

2.2 昆虫生物学习性

昆虫的生物学研究昆虫的个体发育史，包括昆虫的繁殖、发育、变态，以及从卵开始到成虫为止的生活史等方面的生物特性。通过研究昆虫生物学，可以进一步了解昆虫各自的活动规律，对害虫的防治和益虫的利用都有极其重要的意义。

2.2.1 昆虫的生殖方式

大多数昆虫为雌雄异体，一般进行两性生殖，也有一些其他种类的生殖方式，如孤雌生殖、多胚生殖、幼体生殖等。

1. 两性生殖(卵生)

绝大多数昆虫经过雌雄交配后，产下的受精卵直接发育成新个体的生殖方式，称为两性生殖，又称卵生。如豆娘、瓢虫、螳螂、蛾、蝶等昆虫的生殖方式，均为两性生殖(图 2-15)。

图 2-15　两性生殖(从左至右分别为豆娘、瓢虫、螳螂)

2. 孤雌生殖

雌虫所产生的卵不经过受精就发育成新个体的现象，称为孤雌生殖，又称单性生殖。可分偶发性的孤雌生殖、经常性的孤雌生殖、周期性的孤雌生殖三种类型。

偶发性的孤雌生殖是指在正常情况下行两性生殖，偶尔出现卵未经受精就发育成新个体的现象，如家蚕。

经常性的孤雌生殖是指正常情况下行孤雌生殖，偶尔发生两性生殖。在膜翅目蜜蜂、蚂蚁等昆虫中，受精卵发育成雌虫，未受精卵发育成雄虫。

周期性的孤雌生殖是指孤雌生殖和两性生殖随季节变迁而交替进行，这种现象也称世代交替。如图 2-16

图 2-16　蚜虫的周期性孤雌生殖

所示，最常见的例子是蚜虫，蚜虫从春季到秋季连续若干代都以孤雌生殖的方式繁殖后代，只在冬季将要来临时才产生雄蚜，进行两性生殖，雌雄交配产卵越冬。

3. 多胚生殖

一个成熟的卵可以发育成两个或两个以上的个体的生殖方式，称为多胚生殖。常见于膜翅目的小蜂、细蜂等寄生性昆虫。

4. 幼体生殖

少数昆虫在母体尚未达到成虫阶段，还处于幼虫期就进行生殖的生殖方式，称为幼体生殖。实际上是一种孤雌生殖，如某些瘿蚊。

2.2.2 昆虫的变态及类型

昆虫的个体发育可分为胚胎发育和胚后发育两个阶段。胚胎发育是指从卵受精开始到幼虫破开卵壳孵化为止，是在卵内进行的；胚后发育是指幼虫自卵中孵出到成虫性成熟为止。

如图 2-17 所示，从幼虫孵化到成虫羽化为止，一般经过一系列形态和内部器官的变化，称为变态。有翅昆虫在发育中经过卵、幼虫（若虫）、成虫三个发育阶段的为不完全变态，如蝗虫、蟋蟀、蝉、椿象、蚜虫等。另一些有翅昆虫在发育中经过卵、幼虫、蛹和成虫四个发育阶段的为完全变态。由于幼虫和成虫形态特征差异大，生活习性也不相同，因此必须经过一个不吃不动的蛹期完成发育历程。

完全变态幼虫根据足的有、无分为无足型、寡足型、多足型三种类型，蛹根据翅、触角和足等附肢是否紧贴于蛹体上及蛹的形态分为离蛹、被蛹、围蛹。

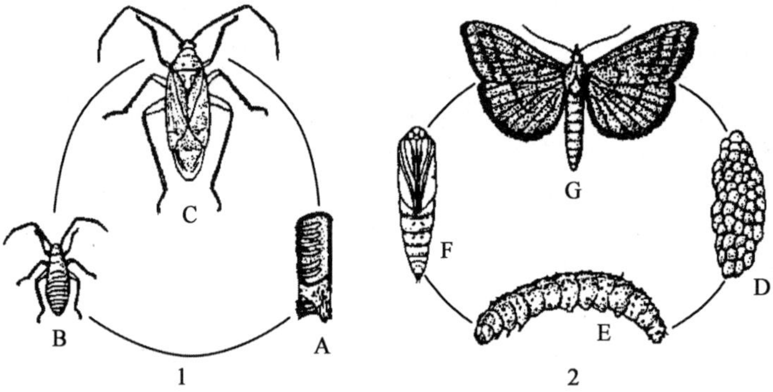

1. 不完全变态（椿象）：A. 产在植物组织内的卵；B. 若虫；C. 成虫

2. 完全变态（螟蛾）：D. 卵块；E. 幼虫；F. 蛹；G. 成虫

图 2-17 昆虫主要的变态类型

1. 不完全变态

昆虫一生经过卵、幼虫（若虫）、成虫三个虫态。不完全变态主要有下面两个类型：

（1）渐变态　如蝗虫、椿象、蝉等昆虫的幼体与成虫形态、习性和生活环境相似，仅体小、翅和附肢短，性器官不成熟，这类变态被称为渐变态，其幼虫被称为“若虫”。

（2）半变态　蜻蜓的成虫陆生，幼虫水生，幼虫在形态和生活习性上与成虫明显不同，这类变态被称为半变态，其幼虫被称为“稚虫”。

2. 完全变态

昆虫一生经过卵、幼虫、蛹、成虫四个虫态，如甲虫、蛾、蝶、蜂、蚊、蝇等。完全变态类的幼虫不仅外部形态和内部器官与成虫有很大不同，而且生活习性也不尽相同。

在从幼虫变为成虫的过程中，口器、触角、足等附肢都需经过重新分化，因此，在幼虫、成虫之间要历经“蛹”来完成剧烈的体型变化。

3. 不完全变态与完全变态的区别

不完全变态的发育过程分为卵期、幼虫期和成虫期三个时期，如蝗虫、蟋蟀、蝼蛄、螳螂、蝉、豆娘、蜻蜓等。而完全变态的发育过程分为四个时期，卵期、幼虫期、蛹期和成虫期，如家蚕、蜜蜂、菜粉蝶、蛾、蝇、蚊、蚂蚁等昆虫均属完全变态类型。

不完全变态与完全变态的发育特点也不同，不完全变态幼虫与成虫的形态结构和生活习性相似，没有羽化现象；完全变态幼虫与成虫的形态结构和生活习性有明显差异，有羽化现象。

2.2.3　各虫期的特点

1. 卵期、卵的构造、大小形状与产卵方式

卵期是昆虫个体发育的第一个时期，是指卵从母体产下后到孵化出幼虫为止所经过的时期。卵是一个不活动的虫态，所以昆虫对产卵和卵的构造本身都有特殊的保护性适应。

卵是一个大型细胞，构造包括外面坚硬的卵壳，卵壳里面有一层薄膜，被称为卵黄膜，包围着原生质和丰富的卵黄。

昆虫的卵都比较小，一般为 1～2 mm，较大的如蝗虫卵，为 6～7 mm，螽斯卵为 9～10 mm，小的如寄生蜂卵，仅 0.02～0.03 mm。

昆虫卵的形状是多种多样的(图 2-18)。常见的卵是球形或肾形的，如直翅目蝗虫的卵，此外，还有桶形的(椿象等)、半球形的(夜蛾类等)、有柄形的(草蛉等)等。

卵的表面有的平滑，有的具有华丽的饰纹。

昆虫的产卵方式随种类而异，有的散产(图 2-19)，如天牛、凤蝶等；有的块产(图 2-20)，如螳螂、荔枝椿象等；有的裸产，如松毛虫等；有的隐产，如蝉、蝗虫等。

2. 幼虫期

昆虫的卵孵化后，即进入幼虫期。幼虫期是昆虫取食、生长的时期。幼虫成长到一定程度后，受躯壳外骨骼的限制，必须蜕去旧皮，每一次蜕皮后，身体再继续长大。幼虫期的蜕皮次数因种类而异，一般为 3～5 次。同一种昆虫的蜕皮次数一般比较固定，但也可受环境的影响而改变。昆虫每蜕皮一次增加 1 龄，即孵化后的幼虫为 1 龄，第一次蜕皮后为 2 龄，第二次蜕皮后为 3 龄，每两次蜕皮间的阶段称为龄期。

幼虫期的明显特点是幼虫会大量取食，积累营养，迅速增大体积。从实践意义来说，昆虫在幼虫期对植物的为害最严重，因而常常是防治的重点时期。

(1)孵化　昆虫在胚胎发育完成后，幼虫破卵而出，称为孵化。初孵化的幼虫，体壁中的外表皮尚未形成，身体柔软，色淡，抗药能力差，此时是化学防治的有利时期。

（2）幼虫的生长和蜕皮　在幼虫的发育过程中，每隔一定时间就要将旧的表皮蜕去，幼虫蜕去旧表皮的过程称为蜕皮，蜕下的旧表皮则称为蜕。昆虫每蜕一次皮，身体显著增大，食量相应增多。

幼虫的生长往往呈阶段性，即取食→生长→蜕皮→取食→生长……在正常情况下，幼虫生长到一定程度就要蜕一次皮，所以它的大小或生长进程（所谓的虫龄）可以用蜕皮次数来作为指标。虫龄计算公式：虫龄＝蜕皮次数＋1。幼虫生长到最后一龄，称为老熟幼虫或末龄幼虫。

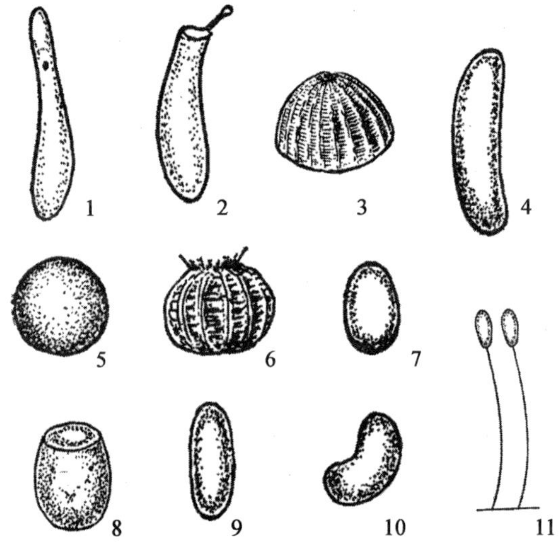

1. 长茄形；2. 袋形；3. 半球形；4. 长卵形；5. 球形；6. 篓形；
7. 椭圆形；8. 桶形；9. 长椭圆形；10. 肾形；11. 有柄形

图 2-18　昆虫卵的形状

（引自《园林植物病虫害防治》孙斌，3 版）

图 2-19　散产的卵

图 2-20　块产的卵块

扩展阅读【幼虫的类型】

完全变态类昆虫的幼虫由于食性、习性和生活环境十分复杂，因此在形态上的变化极大，根据幼虫足的数目可分成以下几个类型（图 2-21）。

无足型的幼虫特点是既无胸足，也无腹足。

寡足型的幼虫只具有 3 对胸足，没有腹足和其他附肢。又分蛃型、蛴螬型、蠕虫型三种：蛃型幼虫体较长，略呈纺锤形，前口式，胸足发达，善于爬行和捕食其他昆虫，如步行虫、瓢虫、草蛉的幼虫等；蛴螬型幼虫体肥胖，呈"C"形弯曲，如金龟子等；蠕虫型幼虫体细长，略扁平，如叩头虫等。

多足型的幼虫具有 3 对胸足，2～8 对腹足。

图 2-21　幼虫的类型（从左至右分别为寡足型、无足型、多足型）

3. 蛹期、离蛹（裸蛹）、被蛹、围蛹

自末龄幼虫蜕去表皮至变为成虫所经历的时间，称为蛹期。蛹是完全变态类昆虫由幼虫变为成虫的过程中必须经过的虫态。末龄幼虫蜕去最后的皮称为化蛹。

如图 2-22 所示，根据翅、触角和足等附肢是否紧贴于蛹体上及蛹的形态，通常分为三类：

离蛹（裸蛹）是指触角、足等附肢和翅不贴附于蛹体上，可以活动。

被蛹是指触角、足、翅等附肢紧贴蛹体上，不能活动。

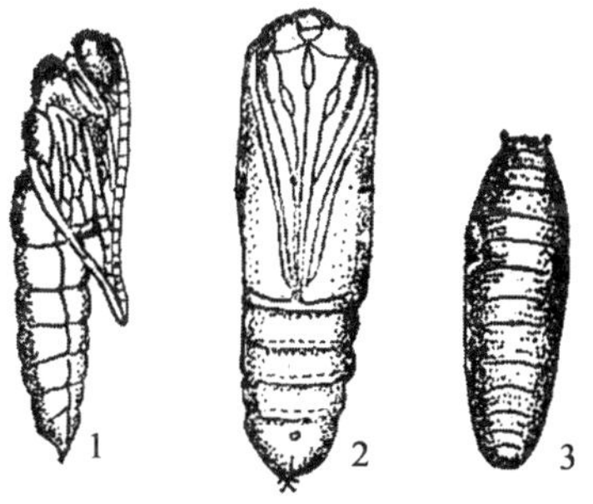

1. 离蛹；2. 被蛹；3. 围蛹

图 2-22　蛹期

围蛹的蛹体实际上是离蛹，但蛹体被末龄幼虫所蜕的皮形成的蛹壳包围，这种类型的蛹称为围蛹，如蝇类昆虫的蛹。

蛹是个不活动的虫期，蛹期不取食，也很少进行主动的移动，缺少防御和躲避敌害的能力，而内部则进行着激烈的器官组织的解离和生理活动，要求相对稳定的环境来完成所有的转变过程。因此不同的昆虫的化蛹场所和方式也是多种多样的，有的吐丝作茧，有的在树皮缝中或在地下作土室，有的在蛀道内或卷叶内等。

4. 成虫期、羽化、性成熟与补充营养、性二型及多型现象

成虫期是昆虫个体发育的最后一个时期。成虫期的昆虫通常具备昆虫的全部身体构造，所以昆虫的分类以成虫为主要根据。成虫期的主要任务是交配、产卵，繁殖后代，因此，成虫期本质上是昆虫的生殖期。

羽化是指成虫从它的前一虫态蜕皮而出的过程。初羽化的成虫色浅而柔软，待翅和附肢伸展，体壁硬化后，便开始活动。

性成熟与补充营养是指有些昆虫在羽化后，性器官已经成熟，不需取食即可交尾、产卵，这类成虫口器一般都退化，寿命很短。大多数昆虫在羽化为成虫时，性器官还未完全成熟，需要继续取食，才能达到性成熟，如金龟子和不完全变态类等昆虫，这种对性细胞发育不可缺少的成虫期营养，称为补充营养。

图 2-23 蚱蝉的性二型

性二型是指同一种昆虫，雌、雄个体除生殖器官等第一性征不同外，其个体的体型、颜色等也有差别，这种现象也称雌雄二型，如蓑蛾的雌虫无翅，雄虫具翅；马尾松毛虫雄蛾触角为羽毛状，雌蛾为栉齿状；雄蚱蝉具发音器，而雌虫没有等都是显而易见的雌、雄差别(图 2-23)。

多型现象是指同种昆虫在同一性别上具有两种或两种以上的个体的现象，如蜜蜂有蜂王、雄蜂和不能生殖的工蜂；白蚁群中除有"蚁后""蚁王"专司生殖外，还有兵蚁和工蚁等类型(图 2-24)。

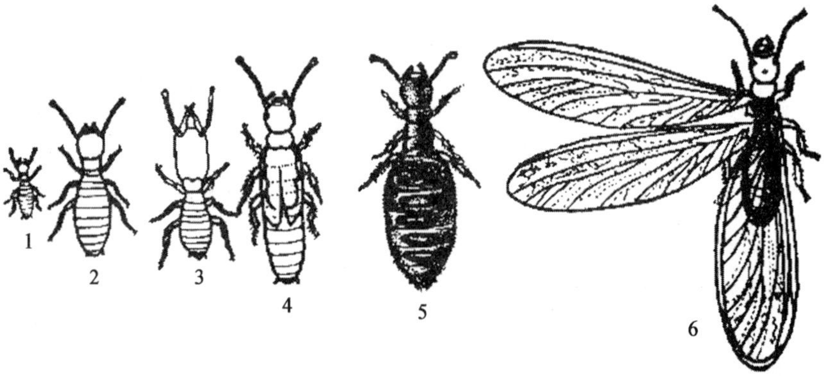

1. 若蚁；2. 工蚁；3. 兵蚁；4. 生殖蚁若蚁；5. 蚁后；6. 有翅生殖蚁

图 2-24 白蚁的多型现象

2.2.4 昆虫的世代和生活史

1. 昆虫的世代

昆虫自卵或幼体离开母体到成虫性成熟产生后代为止的个体发育周期，称为一个世代。各种昆虫完成一个世代所需的时间不同，在一年内完成的世代数也不同，如大地老虎、日本龟蜡蚧一年完成一个世代；棉卷叶野螟等一年内完成五个世代；桑天牛等需两年才完成一个世代；有的十几年才能完成一个世代，如美洲十七年蝉完成一个世代需十七年。昆虫完成一个世代所需的时间和一年内发生的代数，除因昆虫的种类不同外，往往与所在地理位置、环境因子有密切的关系。

由于成虫发生期长和产卵期先后不一，一年发生多代的昆虫，在同一时期内，一个地区可同时出现同一种昆虫的不同虫态，造成上、下世代间重叠的现象，称为世代重叠。

一年发生二代和多代的昆虫划分世代顺序均以卵期开始，依先后出现的次序称为第一代、第二代……但应注意跨年虫态的世代顺序，一般来说，凡以卵越冬的，越冬卵就是次年的第一代卵，如梧桐木虱，1990年秋末产卵越冬，卵至次年4、5月孵化，这越冬卵就是1991年的第一代卵。以其他虫态越冬的都不是次年的第一代而是前一年的最后一代，叫作越冬代，如马尾松毛虫1990年11月中旬以4龄幼虫越冬，这越冬幼虫称为1990年的越冬代幼虫。

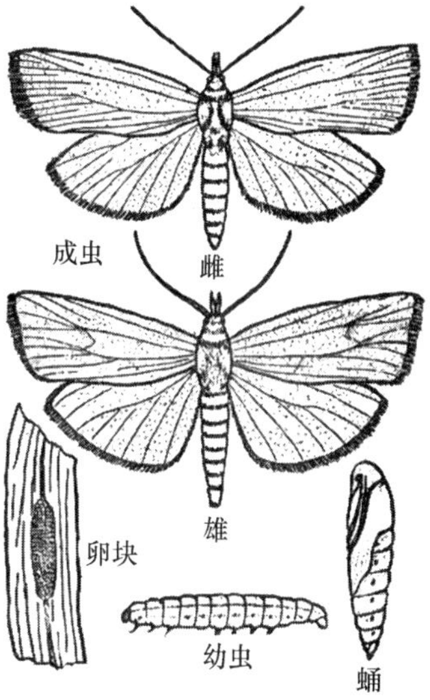

图 2-25　二化螟的生活史

2. 昆虫的生活史

生活史是指一种昆虫一年内的发育史，更准确地说，是指由当年的越冬虫态开始活动起，到第二年越冬代结束止的发育经过，也称年生活史，包括越冬虫态、一年中发生的世代、越冬后开始活动的时期、各代历期、各虫态的历期、生活习性等。了解害虫的生活史，掌握害虫的发生规律，是防治害虫的可靠依据。

昆虫的年生活史可以用文字进行叙述，也可以用图表来表示，如图2-25所示。

2.2.5　休眠和滞育

昆虫在一年的生长发育过程中，常出现暂时停止发育的现象，即通常所谓的越冬和越夏，这种现象从其本身的生物学和生理学特性来看，可分为休眠和滞育两类。

休眠是由不良环境条件直接引起的，当不良环境条件解除后，即可恢复正常的生命活动。休眠发生在炎热的夏季，称为夏蛰(越夏)；发生在严冬季节，称为冬眠(越冬)。各种昆虫的休眠虫态不一，如小地老虎在北京以蛹越冬，在长江流域以蛹和老熟幼虫越冬，在广西南宁以成虫越冬。

滞育是由环境条件引起的，但也不完全是由不良环境条件引起的。在自然情况下，当不利的环境条件还远未到来之前，具有滞育特性的昆虫就已进入滞育，而且一旦进入滞育，即使给以最适宜的条件，也不能解除滞育，所以滞育是昆虫长期适应不良环境而形成的遗传特性，如樟叶蜂以老熟幼虫在7月上、中旬于土中滞育，至翌年2月上、中旬才恢复生长发育。

2.2.6　昆虫的生活习性

昆虫种类众多，分布极广，在长期演化过程中，为适应各种复杂的环境条件，昆虫具有许多不同的习性，如食性、趋性、假死性等。掌握了昆虫的这些习性，就可以正确地进行虫情调查、预测预报，寻找害虫的薄弱环节，采取各种有效措施消灭害虫。

1. 周期性节律活动

昆虫对昼夜和季节的变化常表现出各种周期性的节律活动，如昼夜活动规律和季节活动规律。蟑螂和蚊子在白天和夜间大部分时间处于休息静蛰状态，但在黄昏时则表现出高度活性;蝴蝶总是在白天活动,而蛾类总是在夜间活动,有日出性和夜出性之分。昆虫在1年中什么时候越冬,什么时候苏醒,也表现出规律性的节律活动。人们常将这类节律活动现象喻为“生物钟”或“昆虫钟”。

2. 食性

各种昆虫在自然界的长期活动中逐渐形成了一定的食物范围。按照取食的对象,昆虫一般可分为:

(1)植食性昆虫　植食性昆虫是指以活的植物的各个部位为食物的昆虫。大多数种类是农林业害虫,如马尾松毛虫、刺蛾、叶甲等;少数种类对人类有益,如柞蚕、家蚕等。

植食性昆虫根据昆虫所吃食物种类的多少,又可分为单食性昆虫、寡食性昆虫、多食性昆虫三类。

①单食性昆虫是指只以一种或近缘科植物为食物的昆虫,如三化螟、落叶松鞘蛾等。

②寡食性昆虫是指以一科或几种近缘科的植物为食物的昆虫,如菜粉蝶、马尾松毛虫等。

③多食性昆虫是指以多种非近缘科植物为食物的昆虫,如刺蛾、棉蚜、蓑蛾等。

(2)肉食性昆虫　以其他动物为食物的昆虫,如瓢虫、螳螂、食虫虻、胡蜂等;寄生在害虫体内的寄生蝇、寄生蜂等;对人类有害的蚊、虱等。

(3)腐食性昆虫　以动物、植物残体或粪便为食物的昆虫,如粪金龟子等。

(4)杂食性昆虫　既以植物或动物为食,又可腐食,如蜚蠊。

3. 趋性

趋性是指昆虫对各种刺激物所引起的反应,趋向刺激物的活动叫正趋性;避开刺激物的活动叫负趋性。各种刺激物主要有光、温度、化学物质,等等,因而趋性也就有趋光性、趋温性、趋化性等。

趋光性是指昆虫视觉器官对光线刺激所引起的趋性活动。

趋温性是指昆虫感觉器官对温度刺激所引起的趋性活动。

趋化性是指昆虫嗅觉器官对化学物质刺激所引起的嗜好活动(图2-26)。

利用昆虫的趋性可设置黑光灯诱杀有趋光性的昆虫(图2-27),如马尾松毛虫、夜蛾等;可用糖醋液来诱杀地老虎类。另外可利用昆虫的趋性来进行预测预报,采集标本。

图2-26　趋化性

图2-27　黑光灯诱虫

4. 假死性

假死性是指有一些昆虫在取食爬动时,当受到外界突然震动惊扰后,往往立即从树上掉落地面、卷缩肢体不动或在爬行中缩为一团不动的行为,如象甲、叶甲、金龟子等成虫遇惊即假死下坠,3～6 龄的松毛虫幼虫受震落地等。可利用害虫的假死性(图 2-28)进行人工扑杀、虫情调查等。

5. 群集性

群集性是指同种昆虫的大量个体高密度聚集在一起的习性,如马尾松毛虫的 1～2 龄幼虫、刺蛾的幼龄幼虫、金龟子等一些种类的成虫都有群集为害的特性。图 2-29 是群集性红脊长蝽。

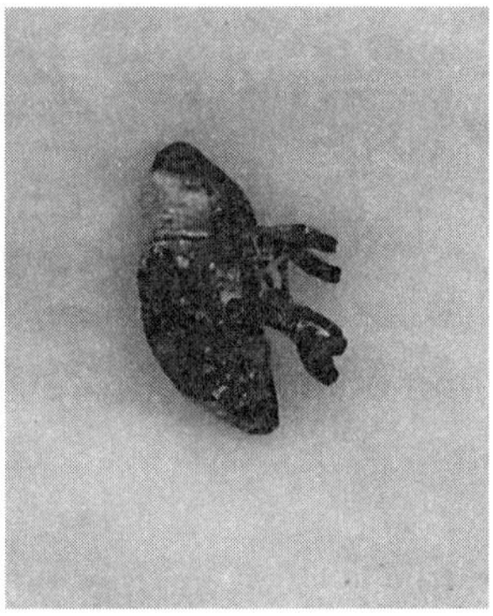

图 2-28　假死性

图 2-29　群集性红脊长蝽

6. 社会性

社会性是指昆虫群居生活,一个群体中个体有多型现象,有不同分工,如蜜蜂有蜂王、雄蜂、工蜂;白蚁有蚁王、蚁后、有翅生殖蚁、兵蚁、工蚁等(图 2-30)。

7. 拟态和保护色

如竹节虫(图 2-31)、尺蛾等昆虫的一些幼虫的形态与植物某些部位的形态很像,从而获得了保护自己的好处的现象,称拟态。保护色是指某些昆虫具有同它的生活环境中的背景相似的颜色,这有利于躲避捕食性动物的视线,从而得到保护自己的效果,如蚱蜢、枯叶蝶、尺蠖成虫。

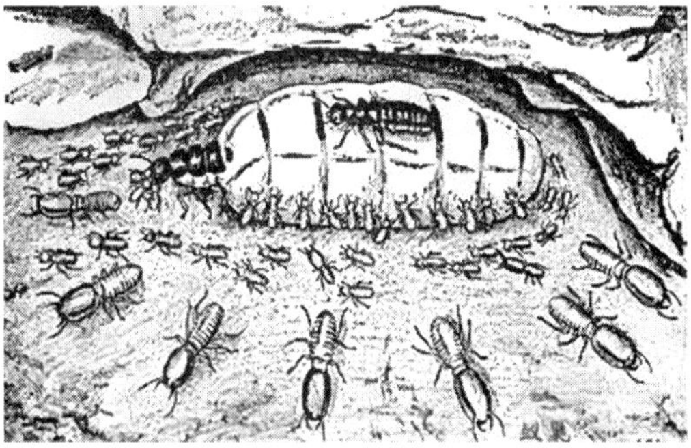

图 2-30　社会性白蚁

图 2-31　拟态竹节虫

8. 与防治的关系

对昆虫的生活习性进行利用,最早的是毒饵诱杀,如糖水等气味诱导、黑光灯诱杀等,后来发展到黄板诱蚜、特定光谱诱杀、超声波震荡趋离、性诱剂诱杀等多种方法。了解昆虫的生活习性可以更好地利用害虫的某些弱点,制订出有效的防治措施。

2.3 昆虫发生与环境关系

2.3.1 环境与生态因子

环境是指某一特定生物体或生物群体生存的空间及直接、间接影响该生物体或生物群体生存的一切事物的总和。环境总是针对某一特定主体或中心而言的，离开了这个主体或中心也就无所谓环境，因此，环境只具有相对的意义。生态因子是指对生物有影响的各种环境因子，常直接作用于个体和群体，主要影响个体生存和繁殖、种群分布和数量、群落结构和功能等。各个生态因子不仅本身起作用，而且相互发生作用，既受周围其他因子的影响，反过来又影响其他因子。

生态因子的分类。一类为非生物因子，分为气候因子(温度、湿度、光、风等)和土壤因子(土壤温度、湿度，土壤理化结构等)，另一类为生物因子，分为食物因子和天敌因子等。

2.3.2 非生物因子对昆虫的影响

1. 气候因子

气候因子包括温度、湿度和降水、光、风等。

(1)温度　温度因子又可细分为致死低温区、停育低温区、发育起点、低适温区、最适温区、高适温区、停育高温区、致死高温区、高温临界区等。

扩展阅读【有效积温法则】

有效积温是指昆虫完成某发育阶段(1个虫期或1个世代)需要一定热量的积累，发育所经时间与该时间内温度的乘积为一个常数，即 $K=NT$。因昆虫必须在发育起点温度以上才能开始发育，所以式中温度 T 应减去发育起点温度 C，这就是有效积温法则，即

$$K=N(T-C)$$

式中，K 为积温常数，N 为发育历期，T 为温度，C 为发育起点温度。

积温的单位常用“日·度”表示。

有效积温的应用是指推测某种昆虫在当地可能发生的世代数或估计该种昆虫能否在当地分布。有效积温对于了解昆虫的发育规律、害虫的预测预报和利用天敌开展防治工作具有重要意义。但应当指出，有效积温法则是有一定局限性的。具体应用在以下几个方面，推算昆虫发育起点温度和有效积温数值，然后估测某昆虫在某一地区可能发生的世代数、预测害虫发生期、控制昆虫发育进度等。

有效积温的应用举例：

A. 估测某昆虫在某一地区可能发生的世代数

计算公式：

$$世代数=\frac{某地全年有效积温总和 K_1}{某昆虫完成 1 个世代的有效积温 K}$$

例如，已知松毛虫完成1个世代的发育起点温度 $C=7.90\pm0.38$(℃)，有效积温 $K=1\,340.36\pm123.55$(℃)，进而运用各地的气象资料可推算出松毛虫在各地的发生代数。

假如1年发生1代或1代以上的昆虫的 K_1 少于 K，说明该地区的有效积温不足以完成这种昆虫的1个世代，导致这种昆虫不可能在该地区发生或很少发生，从而成为这种昆虫地理分布的限制。

B. 预测某种害虫下一虫态或下一世代的发生期

在已知某一昆虫发育阶段的发育起点温度的基础上，将有效积温常数除以当地日平均有效温度，即得一定温度下的发育天数：

$$N=\frac{K}{T-C}$$

例如，已知小卷叶蛾卵的发育起点温度 C 为 6 ℃，卵期有效积温 K 为 70 ℃，若盛卵期后的平均气温为 20 ℃，代入公式计算，预测经过 5 d 就可孵化出幼虫，据此即可发出预报。

C. 控制昆虫的发育进度

如通过田间调查，预测松毛虫 20 d 后开始产卵，现需繁殖一批松毛虫赤眼蜂，用来防治松毛虫。已知它的发育起点温度 C 为 10.34 ℃，有效积温 K 为 161.36 ℃，应放在何种温度下饲养？

可将以上数据代入下式计算：

$$T=\frac{K}{N}+C$$

采用最后的结果 18.4 ℃为饲养温度，则可按要求日期育出成蜂以供释放。

(2)湿度和降水　温度和降水对昆虫的影响如下。

①湿度。昆虫对湿度的要求依种类、发育阶段和生活方式不同而有所差异。最适范围一般在相对湿度70%～90%，湿度过高或过低都会延缓昆虫的发育，甚至造成死亡。如松干蚧的卵，在相对湿度89%时孵化率为99.3%；在相对湿度36%以下，绝大多数卵不能孵化；在相对湿度100%时，卵虽然孵化，但若虫会因不能钻出卵囊而死亡。昆虫卵的孵化、蜕皮、化蛹、羽化，一般都要求湿度较高。但一些刺吸式口器害虫，如蚧虫、蚜虫、叶蝉及叶螨等，对大气湿度变化并不敏感，即使大气非常干燥，也不会影响它们对水分的要求，如天气干旱时寄主汁液浓度增大，提高了营养成分，有利于害虫繁殖，所以这类害虫往往在干旱时为害严重。

②降雨。降雨不仅影响环境湿度，也直接影响害虫发生的数量，其作用大小常因降雨时间、次数和强度而定。春季雨后有助于一些在土壤中以幼虫或蛹越冬的昆虫顺利出土；暴雨则对一些害虫，如蚜虫、初孵蚧虫以及叶螨等有很大的冲杀作用，从而大大降低虫口密度；阴雨连

绵不但影响一些食叶害虫的取食活动，且易造成致病微生物的流行。

(3)光　昆虫的生命活动和行为与光性质、光强度和光周期有密切的关系。

①昆虫对光性质的反应。光是一种电磁波，因波长不同显示不同的性质，昆虫辨别不同波长的光的能力和人的视觉不同，人眼可见光的波长范围为400～800 nm，昆虫的视觉能感受 250～700 nm 的光，但多偏于短波光。许多昆虫对330～400 nm 的紫外光有强趋性，因此，在预测预报和灯光诱杀方面常用黑光灯、频振灯(波长 365 nm)。还有蚜虫、粉虱、美洲斑潜蝇等对 550～600 nm 黄色光有反应，利用黄板来进行诱杀，而蓝板主要防治对象是瓜蓟马、花蓟马、茶黄蓟马、烟蓟马、杧果蓟马。图 2-32 是粘虫板。

图 2-32　粘虫板

②昆虫对光周期的反应。光周期是指昼夜交替时间在 1 年中的周期性变化，为昆虫的生活提供了信息。许多昆虫对光周期的年变化反应非常明显，表现于昆虫的季节生活史、滞育特征、世代交替以及蚜虫的季节性多型现象。

光照时间及其周期性变化是引起昆虫滞育的重要因素，季节周期性影响着昆虫的年生活史的循环。昆虫滞育除受到温度和食料条件的影响外，主要受光照时间影响。已证明近百种昆虫的滞育与光周期变化有关，试验证明，许多昆虫的孵化、化蛹、羽化都有一定的昼夜节奏特性，这些特性与光周期变化有着密切关系。

(4)风　风对环境的温度、湿度有影响，可以降低气温和湿度，从而对昆虫的体温和水分产生影响。但风对昆虫的影响主要是昆虫的活动，特别是昆虫的扩散和迁移受风影响较大，风的强度、速度和方向，直接影响其扩散和迁移的频度、方向和范围。有资料表明，许多昆虫能借风力迁移到很远的地方，如蚜虫可借风力迁移 1 200～1 440 km 的距离；松干蚧卵囊可被气流带到高空随风而去；在广东为害严重的松突圆蚧，在自然界主要是靠风力传播的。

2. 土壤因子

土壤是由固、液、气三态物质组成的，具有特定的温度、湿度条件，通气状况，机械组成，化学特性和有机物，是一个特殊的生态环境，所以大部分昆虫都与土壤有着不同程度的联系。有的种类(蝼蛄、蟋蟀等)终生生活在土壤中，多数种类在其一生中，有一个或几个虫态生活在土壤中，如茶尺蠖在土壤下化蛹、蝗虫在土壤里产卵、丽纹象甲的幼虫在土壤下生活。因此，土壤与昆虫有着密切的关系，直接影响土栖昆虫的活动，甚至生存。同时，土壤还是植物生活的基础，通过食物的关系影响着昆虫的生活和种群数量。

2.3.3　生物因子对昆虫的影响

1. 食物因子

(1)昆虫的食性　昆虫在长期演化过程中，对食物形成的一定要求和选择称为昆虫的食性。根据食物来源不同，昆虫的食性分为植食性(图 2-33)、肉食性(图 2-34)、腐食性(图 2-35)、杂食性(图 2-36)。

(2)植物抗虫性机制　植物抗虫性的机制可表现为不选择性、抗生性和耐害性三个方面。

不选择性是指植物在害虫发生数量相近的条件下，植物的形态结构、生化反应和发育阶

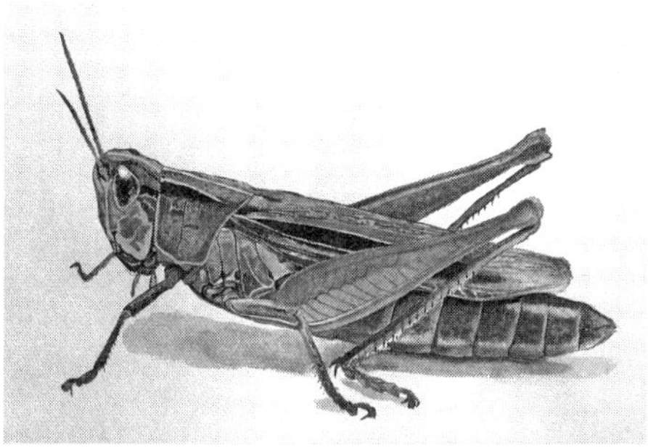

图 2-33　植食性(蝗虫)

图 2-34　肉食性(螳螂)

图 2-35　腐食性(粪蜣螂)

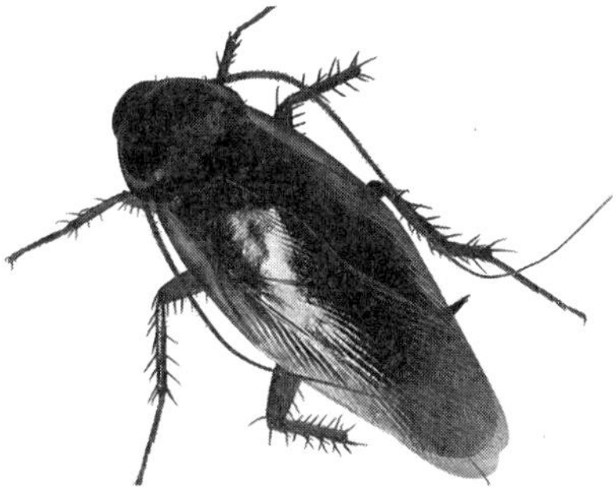

图 2-36　杂食性(蟑螂)

段,能对害虫产生机械的、化学的或物候的作用,减少或不被害虫选择来产卵、栖息或取食。

抗生性是指植物不能全面地满足昆虫营养上的需要,或含有对昆虫有毒的物质,或缺少一些昆虫特殊需要的物质,因而昆虫取食后发育不良,寿命缩短,生殖力减弱,甚至死亡,或者由于昆虫的取食刺激而在伤害部位产生化学或组织上的变化,从而抗拒昆虫继续取食。这些都属于抗生性的范围。

耐害性是指植物在遭受虫害后具有较强的再生和补偿能力,所受的损失很低,例如,圆而长的品种一般具有强大的根,与扁平或扁圆具细根的品种相比,对萝卜蝇侵害有较强的耐害性,且受害后恢复较快。又如某些禾谷类作物受蛀茎虫为害时,被害茎枯死,但能以分蘖补偿。

2. 天敌因子

昆虫的生物性敌害,通常叫作天敌。由于种间斗争,昆虫之间,以及昆虫与其他生物之间可存在捕食、寄生、共生、共栖和竞争的自然现象。天敌因子不是昆虫生存所必须的条件,而是抑制因子之一。天敌因子对于农业害虫种群的消长经常起抑制作用。

天敌昆虫主要有捕食性天敌昆虫和寄生性天敌昆虫两大类。

(1)捕食性天敌昆虫　捕食性天敌昆虫指专门以其他昆虫或动物为食物的昆虫,它们有的直接吃掉虫体的一部分或全部,有的刺入害虫体内吸食害虫体液使其死亡。捕食性天敌种类很多,最常见的有蜻蜓、螳螂、猎蝽、刺蝽、花蝽、草蛉、瓢虫、步行虫、食虫虻、食蚜蝇、胡蜂、泥蜂、蜘蛛以及捕食螨类等。有些种类的天敌已被人工饲养并应用于农田、果园、林场和牧场等地控制害虫,即以虫治虫。

(2)寄生性天敌昆虫　寄生性天敌昆虫按其寄生部位来说,可分为内寄生昆虫和外寄生昆虫。内寄生昆虫的幼虫生活于寄主体内，外寄生昆虫生活于寄主体外，或附着于寄主体上，或在寄主所造成的披盖物内取食。寄生性天敌昆虫很多，其中最重要的是寄生蜂、寄生蝇两大类，寄生蜂如赤眼蜂、黑卵蜂、小茧蜂等。图 2-37 是寄生性天敌小茧蜂。

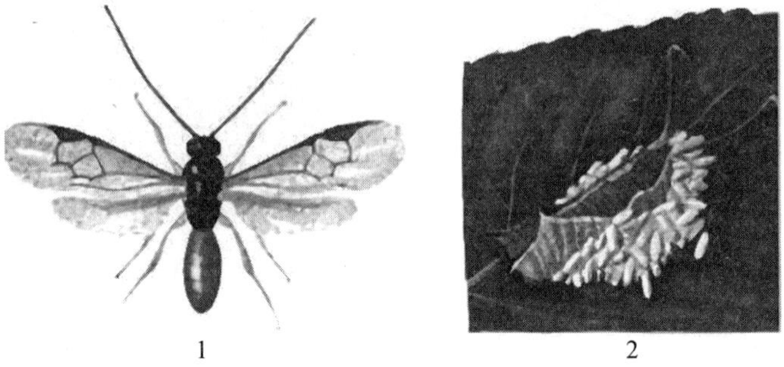

1. 小茧蜂成虫；2. 寄生后卵化的小茧蜂幼虫

图 2-37　寄生性天敌小茧蜂

2.3.4　人类活动对昆虫的影响

人类的活动对昆虫的繁殖、活动和分布影响很大，归纳起来表现在四个方面：

(1)改变某地区农田生态系统　人类从事园林绿化活动中的植树、栽植草坪、兴建公园、引进推广新品种等，可引起当地生态系统的改变及其中昆虫种群的兴衰。

(2)改变一个地区昆虫种类的组成　人类频繁地调引种苗，扩大了害虫的地理分布范围，如湿地松粉蚧从美国随优良无性系穗条传入广东省台山市红岭种子园并迅速蔓延。相反，有目的地引进和利用益虫，可抑制某种害虫的发生和为害，如引进澳洲瓢虫，成功地控制了吹绵蚧的为害。

(3)改变害虫生长发育和繁殖的环境条件　人类通过中耕除草、灌溉施肥、整枝、修剪等园林技术措施，增强植物的生长势，使之不利于害虫而有利于其天敌的发生。

(4)直接杀灭害虫　采用农业技术措施、化学、生物及物理等综合防治措施，可直接消灭大量害虫，以保障植物的正常生长发育或观赏价值等。

2.4　农业昆虫主要目、科的识别

2.4.1　昆虫分类

1. 昆虫分类的意义

在自然界中，昆虫的种类很多，人们要识别它们，首先必须逐一加以命名和描述，并按其亲缘关系的远近，归纳成为一个有次序的分类系统，才便于正确地区分它们，并进而阐明它们之间的系统关系。

同时，昆虫分类在生产实践上也有极其重要的意义，例如，在益虫利用和害虫防治工作中，对于某些有重要经济意义的种类，由于形态、习性等近似，常引起混淆，若忽视了正确的分类鉴别工作，就有可能弄错对象，不能取得预期的效果。

在植物检疫方面，正确鉴定了害虫种类并查明其分布区后，有助于准确划分疫区和确定对外及对内植物检疫对象名单。

2. 昆虫分类的单元

昆虫的分类单元包括界、门、纲、目、科、属、种，种是分类的基本单位。昆虫分类学家从进化的观点出发，将那些形态性状，地理分布，生物、生态性状等相近缘的种类集合成属，将近缘属集合成科，将近缘科集合成目，将各目集合成纲，即昆虫纲。在分类等级中，通常还采用一些中间等级，如纲下设亚纲、目下设亚目、科下设亚科等。接下来，以蔷薇白轮盾蚧为例，表示分类等级的顺序：

界：动物界
　门：节肢动物门
　　纲：昆虫纲
　　　亚纲：有翅亚纲
　　　　目：同翅目
　　　　　亚目：胸喙亚目
　　　　　　总科：蚧总科
　　　　　　　科：盾蚧科
　　　　　　　　属：白轮盾蚧属
　　　　　　　　　种：蔷薇白轮盾蚧

3. 昆虫命名法

按照国际动物命名法规，昆虫的科学名称采用林奈的双名法命名，以下仅就林奈分类系统中的部分问题加以说明。

(1)俗名和学名　不同种或不同类群的生物在不同国家或不同地方都有其不同名称，多局限于一定范围，多属于地方性的，一般将其称为俗名，俗名无法在国际上通用。为方便国际间科学资料、科学知识的交换及免除错误混乱起见，用拉丁文或拉丁化的文字去组成动物名称和分类单位，这种名称被称为学名。

(2)“双名法”和“三名法”　每一种昆虫的学名均由属名和种名组成，属名在前，种名在后，这种由双名构成学名的方法称为“双名法”。学名后面附有命名者的姓名，如马尾松毛虫：

Dendrolimus punctatus Walker

属名　种名　命名者

学名中属名第一个字母大写，种名第一个字母小写，命名者第一个字母大写。

若是亚种，则采用“三名法”，将亚种名排在种名之后，第一个字母小写，如天幕毛虫：

Malacosoma neustria testacea Motschulsky

属名　种名　亚种名　命名者的姓名

4. 昆虫纲的分类系统

昆虫纲不仅是节肢动物门，也是整个动物界种类和数量最多的一个纲，它们的踪迹几乎遍布世界的每一个角落，现在已知的昆虫约有100万种，但仍有许多种类尚待发现。通常将昆虫纲分为若干目，分类依据是翅的有无及其特征、变态类型、口器的构造、触角形状、足跗节及古昆虫(化石昆虫)的特征等。昆虫分类系统不断发展变化,各个分类学家分目也各不相同,多采用 33 个目,与植物生产关系密切的有 9 个目。近年来有很多学者将广义的昆虫纲提升为六足总纲,下设弹尾纲、原尾纲、双尾纲、昆虫纲,狭义的昆虫纲分 2 亚纲(无翅亚纲和有翅亚纲)31 目。

5. 昆虫分类的依据

根据昆虫的形态、生理、生态、生物学习性的差异,通过比较、分析、归纳、综合等方法进行分类。

2.4.2 农业昆虫主要目、科概述

与农业种植关系密切的目有直翅目、半翅目、鞘翅目、鳞翅目、膜翅目、双翅目、同翅目、缨翅目、脉翅目等。另外,螨类属于蛛形纲蜱螨目,作为农业防治对象的通常也会与昆虫一并研究讨论。

1. 直翅目

“后足善跳直翅目,前胸发达前翅覆,雄鸣雌具产卵器,蝗虫、螽斯、蟋蟀谱”,如蝗虫、蟋蟀、螽斯、蝼蛄等。体长 2.5～90 mm,口器为咀嚼式,触角丝状,有翅或无翅,前翅狭长、革质,后翅膜质,为复翅,后足为跳跃足或前足为开掘足。雌虫多具发达的产卵器,雄虫通常有听器或发音器,不完全变态(渐变态),多数为植食性,常见的科有:

(1)蝗科　俗称蝗虫或蚂蚱,触角丝状或剑状,多数种类有 2 对翅,亦有短翅或无翅种类。跗节 3 节,听器在腹部第一节的两侧。产卵器呈短锥状,为典型的植食性昆虫,常见的有黄脊竹蝗、棉蝗、短额负蝗等(图 2-38)。

(2)蟋蟀科　体粗壮,色暗,触角比体长,丝状,听器在前足胫节基部,跗节 3 节,产卵器细长,矛状,尾须长,植食性,穴居,为害各种苗木的近地面部分,常见的有大蟋蟀等(图 2-39)。

(3)蝼蛄科　触角较体短,前足为典型的开掘足,前翅短,后翅宽并纵卷,听器在前足胫节上,产卵器不外露,植食性,常见的有华北蝼蛄和东方蝼蛄(图 2-40)。

(4)螽斯科　触角比体长,听器在前足胫节基部,雄虫能发音,产卵器特别发达,刀状或剑状,有无翅与短翅种类,多为绿色,多为植食性。

图 2-38　蝗科

图 2-39　蟋蟀科

图 2-40　蝼蛄科

2. 半翅目

“基革端膜半翅目,前胸发达盾片露,刺吸口器分节喙,水陆取食动植物”,通称椿象。体小至大型,单眼 2 个或无,触角 3～5 节,多为丝状,口器为刺吸式,下唇延长形成分节的喙,喙通常 4 节,从头部的前端伸出,前胸背板大,中胸小盾片发达,前翅为半鞘翅,后翅膜质,多数种类

具有臭腺，不完全变态（渐变态），大多陆生，少数水生，捕食性或植食性。主要有蝽科、缘蝽科、网蝽科、盲蝽科、猎蝽科、花蝽科等。

（1）蝽科　小至大型，触角5节，部分种类4节，有单眼，喙4节，小盾片发达，三角形，至少超过爪片长度，前翅膜片上一般有5条纵脉，多从一条基横脉上分出，跗节3节，常见的有荔枝蝽、麻皮蝽等为害多种植物（图2-41）。

（2）缘蝽科　中型至大型，体狭长至椭圆形，触角4节，具单眼，喙4节，中胸小盾片小，不超过爪片的长度，前翅膜区有多条分叉纵脉，出自一基横脉上，有时后足腿节粗大，具瘤状或刺状凸起，胫节呈叶状或齿状扩展，植食性，常见的有为害竹类的竹缘蝽属等（图2-42）。

（3）网蝽科　小型，体扁平，触角4节，第3节极长，头部、前胸背板及前翅上有网状纹，跗节2节，植食性，常见的有梨网蝽、杜鹃冠网蝽等（图2-43）。

图2-41　蝽科

图2-42　缘蝽科

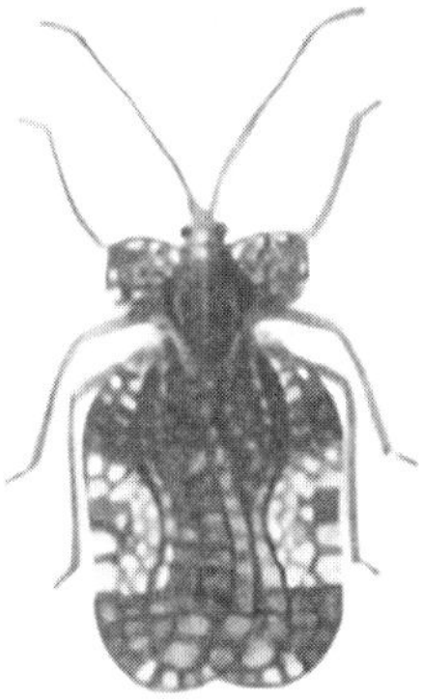

图2-43　网蝽科

（4）盲蝽科　体小至中型，触角4节，无单眼，喙4节，第1节与头部等长或略长，前翅具楔片，膜片仅有1～2个翅室，纵脉消失，大多为植食性，常见的有绿盲蝽等（图2-44）。

（5）猎蝽科　体小至中型，头后部细缩如颈状，喙3节，坚硬、弯曲，触角4节，有单眼，前足能捕捉，前翅膜片有2翅室，全为肉食性，如黄足猎蝽、黑红猎蝽等（图2-45）。

（6）花蝽科　体微小或小型，有单眼，喙3～4节，前翅膜区有1～2条不甚明显的翅脉，常栖于地面、花丛、叶片或树皮下，多捕食蓟马、粉虱、蚧类、蚜虫及螨类（图2-46）。

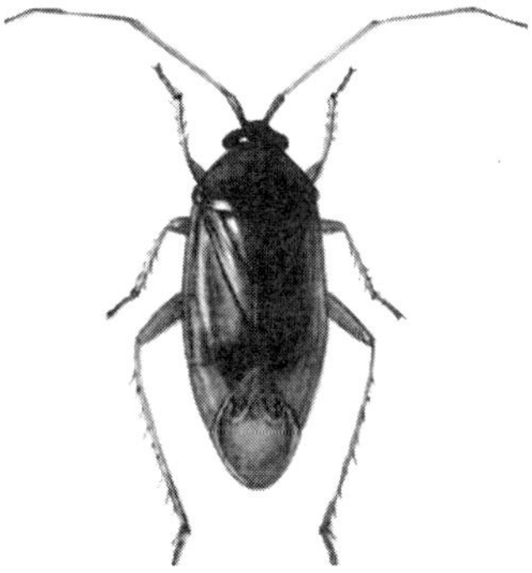

图2-44　盲蝽科

图2-45　猎蝽科

图2-46　花蝽科

3. 鞘翅目

"硬壳甲虫鞘翅目,前翅角质背上覆,触角十一咀嚼口,幼虫寡足或无足",通称甲虫。鞘翅目是昆虫纲中最大的一目,分肉食亚目和多食亚目,体微小至大型,体壁坚硬,复眼发达,一般无单眼。触角形状多样:丝状、念珠状等,一般 11 节,口器为咀嚼式,前翅坚硬,角质化,为鞘翅,后翅膜质,跗节数目变化很大,完全变态。幼虫为寡足型或无足型,口器为咀嚼式,蛹多为裸蛹,植食性、肉食性或腐食性。

(1)步甲科　体小至大型,黑褐色、黑色或古铜色,具金属光泽,少绒毛;触角着生于上颚基部与复眼之间,两触角间距大于上唇宽度,如金星步甲等,肉食性(图 2-47)。

(2)虎甲科　体小至中型,黑褐色、黑色或古铜色,有金属光泽,少绒毛,肉食性(图 2-48)。

(3)瓢甲科　体呈半球形或椭圆形,腹面扁平,背面拱起,形似瓢而得名,头小,后部隐藏于前胸背板之下,触角呈锤状。跗节似为 3 节,多数为肉食性,成虫和幼虫多捕食蚜虫、蚧虫、粉虱、螨类等害虫,如澳洲瓢虫、七星瓢虫;少数为植食性,如二十八星瓢虫(图 2-49)。

(4)叶甲科　体小至中型,成虫常具有金属光泽。触角丝状,一般短于体长之半,不着生在额的凸起上,复眼圆形,不环绕触角。跗节似为 4 节,幼虫肥壮,具 3 对胸足,植食性,常见的有泡桐叶甲(图 2-50)。

图 2-47　步甲科

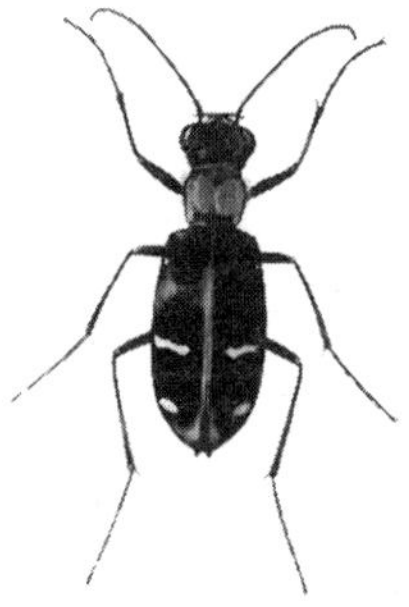

图 2-48　虎甲科

图 2-49　瓢甲科

图 2-50　叶甲科

(5)天牛科　体长,圆筒形,触角长,常超过体长,或至少超过体长的一半,着生于额的凸起上。复眼环绕触角基部,呈肾形,跗节似为 4 节。幼虫体肥胖,无足。天牛科主要以幼虫进行为害,钻蛀树干、树根或树枝,为重要的蛀干害虫,常见的有星天牛、桑天牛等(图 2-51)。

(6)金龟总科　通称金龟子。体粗壮,触角呈鳃片状,末端 3～8 节呈叶片状。前足开掘式,跗节 5 节,腹部可见 5～6 节。幼虫为寡足型,体呈"C"形弯曲,俗称蛴螬。多数种类为植食性,取食植物的叶、花、果等部位,幼虫取食植物幼苗的根、茎,此外,还有腐食性及粪食性的,常见的有红脚绿金龟、四纹丽金龟(图 2-52)。

(7)象甲科　通称象鼻虫。小至大型,头部前方延长成象鼻状,触角膝状,末端膨大为锤状,幼虫为无足型。成虫和幼虫均为植食性,常见的有绿鳞象甲等(图 2-53)。

(8)小蠹科　体长 0.8～9 mm,圆筒形,色暗,触角短而呈锤状,头后部为前胸背板所覆盖。前胸背板大,常长于体长的 1/3,且与鞘翅等宽。足短粗,胫节强大。幼虫为无足型。成虫和幼虫蛀食树皮和木质部,坑道构成各种图案,如脐腹小蠹、日本双齿长蠹等。

图 2-51 天牛科

图 2-52 金龟总科

图 2-53 象甲科

(9)叩头甲科 体扁,中等大小,灰褐色或黑褐色。触角呈锯状、线状或梳状。前胸背板发达,后缘两侧有刺突;前胸腹板中间有1齿;前胸上下能活动,似叩头。幼虫体细长,坚硬,呈黄褐色,生活于地下,是重要的地下害虫之一。叩头甲科常见的有沟金针虫、细胸金针虫等(图2-54)。

(10)吉丁甲科 体小至中型,成虫近似叩头甲,但体色较艳,有金属光泽,触角呈锯状,前胸不能上下活动(叩头),前胸背板后缘两侧无齿突。幼虫近似天牛幼虫,乳白色,无足,头小,前胸大而扁平,气门呈"C"型。如杨十斑吉丁虫、苹果小吉丁虫等,多在树皮下,枝干或根内钻蛀,俗称"溜皮虫"。

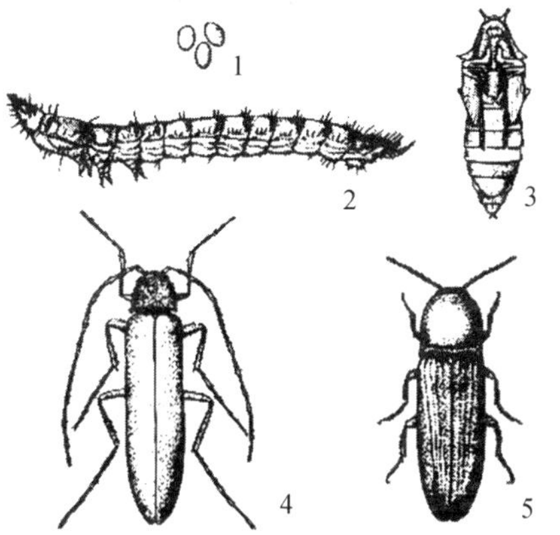

1. 卵;2. 幼虫;3. 蛹;4. 雄成虫;5. 雌成虫

图 2-54 叩头甲科

4. 鳞翅目

"虹吸口器鳞翅目,四翅膜质鳞片覆,蝶舞花间蛾扑火,幼虫多足害植物"。鳞翅目包括蝶类和蛾类,全世界已知约20万种,是昆虫纲中的第二大目。体小至大型,翅展3~265 mm,口器为虹吸式,喙由下颚的外颚叶形成,不用时卷曲于头下,翅一般是2对,前后翅均为膜质,翅面覆盖鳞片。幼虫为多足型,俗称毛毛虫。

一般具有3对胸足、2~5对腹足,腹足端部常具趾钩。幼虫体表常具各种外被物。蛹主要为被蛹,完全变态。大多为植食性。

(1)木蠹蛾科 中型至大型,体肥大,翅面常有黑色斑纹。喙退化。M脉主干在中室内分叉,R4、R5共柄,有径副室。幼虫粗壮,多为红色或黄白色。常见的有柳乌蠹蛾等(图2-55)。注:M表示中脉,Sc表示亚缘脉,R表示径脉,Rs表示径分脉,A表示臀脉,后面数字表示第几支,如M1表示中脉1。

(2)螟蛾科 小至中型,体瘦长,触角呈丝状,前翅狭长,无1A,后翅Sc+R1与Rs在中室外平行或合并,M1与M2基部远离,各出中室两角。幼虫体无次生毛,趾钩多为双序缺环。常见的有黄杨绢野螟、棉卷叶野螟等(图2-56)。

(3)蓑蛾科 雌雄异型,雄具翅,翅稀被毛和鳞片。触角呈双栉状。雌蛾无翅,触角、口器和足退化。幼虫胸足发达,可吐丝缀叶,造袋囊隐居其中,取食时头胸伸出袋外。常见的有大袋蛾、小袋蛾等(图2-57)。

图 2-55　木蠹蛾科

图 2-56　螟蛾科

(4)刺蛾科　中型蛾子,体粗壮、多毛,喙退化,触角呈线状,雄蛾为栉齿状,翅宽而密被厚鳞片,多呈黄色、褐色或绿色。幼虫为蛞蝓型,头内缩,胸足退化,腹足为吸盘状,体常被有毒枝刺或毛簇,化蛹在光滑而坚硬的茧内。常见的有黄刺蛾等(图 2-58)。

图 2-57　蓑蛾科

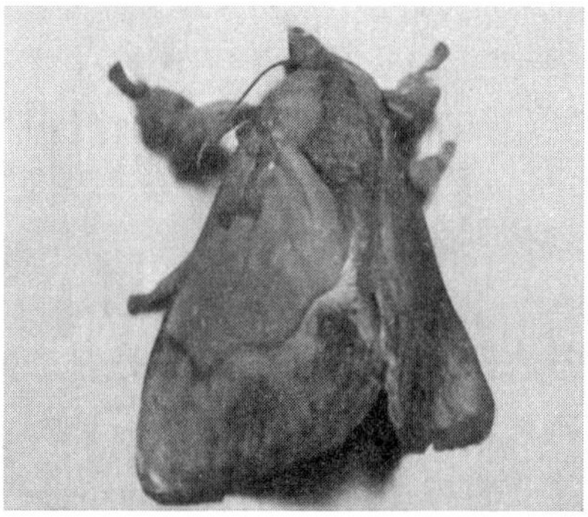

图 2-58　刺蛾科

(5)尺蛾科　又名尺蠖科。体细长,翅大而薄,前、后翅颜色相似并常有波纹相连,前翅 R3～R5 常共柄,后翅 Sc+R1 与 Rs 在中室基部接近或并接。幼虫只有 2 对腹足,通称“尺蠖”,但北方称“步曲”,沿江地区称“造桥虫”。常见的有油桐尺蛾、丝棉木金星尺蛾等(图 2-59)。

(6)枯叶蛾科　中至大形,体粗壮、多毛,触角呈双栉齿状,喙退化,无翅缰,M2 近 M3,前翅 R4 长而游离,R5 与 M1 共柄,后翅肩角扩大,有 1～2 条肩脉,幼虫多长毛,中、后胸具毒毛带,腹足趾钩双序中带。常见的有马尾松毛虫、天幕毛虫等(图 2-60)。

图 2-59　尺蛾科

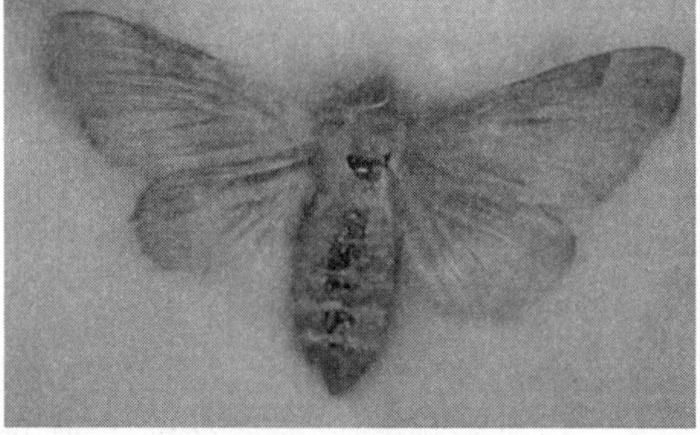

图 2-60　枯叶蛾科

(7)天蛾科　大型蛾类,体粗壮,呈梭形,触角末端弯曲成钩状。喙发达。前翅狭长,外缘倾斜;后翅小。幼虫肥大,第 8 腹节背中央有一尾角。常见的有霜天蛾、鬼脸天蛾等(图 2-61)。

(8)毒蛾科　中型蛾子,无单眼,喙退化,触角呈栉状或羽状在静止时,多毛的前足向前伸出。有的种类雌蛾无翅。幼虫生有毛瘤或毛刷,第 6 腹节和第 7 腹节的背面中央各有 1 个翻缩腺。常见的有古毒蛾、乌桕黄毒蛾、柳毒蛾等(图 2-62)。

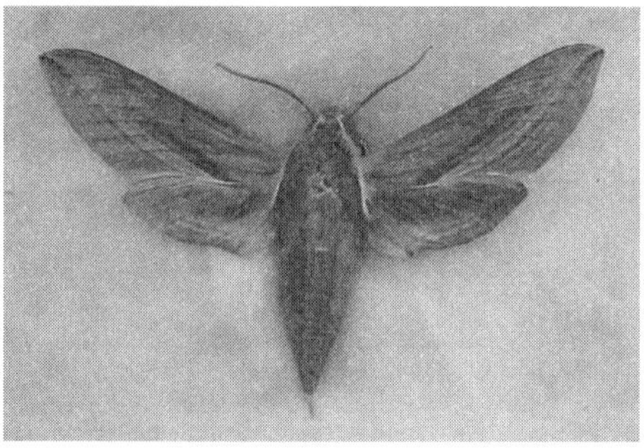

图 2-61　天蛾科

图 2-62　毒蛾科

(9)夜蛾科　中至大型,体、翅多暗色,常具斑纹。喙发达,前翅 M2 近 M3,后翅 Sc＋R1 与 Rs 在中室基部并接。幼虫体粗壮。光滑少毛,颜色较深,腹足 3～5 对,第 1、第 2 对腹足常退化或消失,趾钩为单序中带。常见的有小地老虎、斜纹夜蛾等(图 2-63)。

(10)透翅蛾科　体狭长,小至中型,外形似蜂,黑褐色,常有红色或黄色斑纹,触角呈棒状,雄蛾的有齿或呈栉状。翅狭长,大部分透明,仅在翅缘和翅脉上有鳞片。足细长有距。腹部尾端常生毛束,幼虫钻蛀木本植物的茎、枝条。常见的有白杨透翅蛾、葡萄透翅蛾等(图 2-64)。

图 2-63　夜蛾科

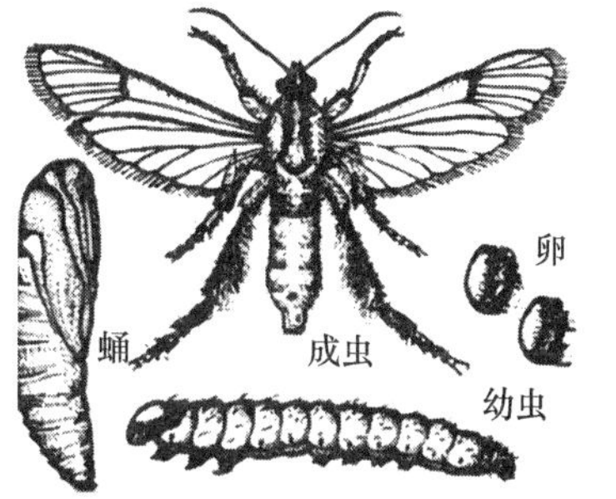

图 2-64　透翅蛾科

(11)舟蛾科　又名天社蛾,中至大型,体灰褐色或浅黄色,触角呈丝状或锯齿状,前翅后缘中央常有凸出的毛簇。静止时翅呈屋脊状,毛簇竖起如角。幼虫身体光滑或具次生刚毛,体上常有峰突、角突、刺突,静止时,头尾翘起似舟形。幼虫有群居性,常为害阔叶树及果树。常见的有杨扇舟蛾、国槐羽舟蛾、舟形毛虫等。

(12)潜蛾科　微小至小型,头颜面光滑,多有粗鳞,下颚须多发达,触角长,第 1 节膨大,下方呈凹形盖在复眼上形成眼罩。前翅披针形,顶角尖,略向上或向下弯曲;后翅线形,缘毛长,中室消失。后足胫节多被长毛。成虫静止时前翅尖端多上翘或下折,易于识别。幼虫呈扇形或圆筒形,常在叶内潜食为害。常见的有杨白潜蛾等(图 2-65)。

(13)灯蛾科　体中型,粗壮且较鲜艳,腹部多为黄色或红色,常有黑点,翅多为白色、黄色或灰色,翅面常有条纹或斑点,触角呈羽状或丝状。幼虫体被辐射状毛丛,毛丛着生在毛瘤上,毛的长度较整齐。常见的有褐点粉灯蛾、红缘灯蛾、美国白蛾等(图 2-66)。

图 2-65　潜蛾科

图 2-66　灯蛾科

(14)凤蝶科　中至大型,颜色鲜艳。后翅外缘呈波状或在 M3 处外伸成尾突,前翅 R 分 5 支。幼虫的后胸显著隆起,前胸背中央有一臭丫腺,受惊时会翻出体外。常见的有柑橘凤蝶、玉带凤蝶等(图 2-67)。

图 2-67　凤蝶科

(15)粉蝶科　中型,多为白色、黄色或橙色,并带有黑色或红色,前翅呈三角形,后翅呈卵圆形,触角呈锤状。幼虫为绿色或黄色,圆筒形,多皱纹,表面有许多绒毛或毛瘤。常见的有菜粉蝶等(图 2-68)。

(16)蛱蝶科　中至大型,翅上具各种鲜艳的色斑,前足退化,前翅呈三角形,后翅呈卵圆形。幼虫体色深,体表多具有成对棘刺(图 2-69)。

图 2-68　粉蝶科

图 2-69　蛱蝶科

5. 膜翅目

"后翅钩列膜翅目,蜂蚁细腰并胸腹,捕食寄生或传粉,害叶幼虫为多足",如蜂、蚁。体微小至大型,触角多于 10 节,有丝状、膝状等,口器为咀嚼式或嚼吸式。翅两对,膜质,翅脉少。跗节 5 节,有的足特化为携粉足。腹部第 1 节常与后胸连接,胸腹间常形成细腰。雌虫产卵器发达,高等种类形成针状构造。完全变态。幼虫包括多足型、寡足型和无足型等,蛹为离蛹。捕食性、寄生性或植食性。全世界已知10万种以上，共分为两大类群——广腰亚目和细腰亚目。

(1)三节叶蜂科　体小而粗壮，触角3节，第3节最长，前足胫节具2个端距。幼虫自由取食，具6～8对腹足。常见的有蔷薇叶蜂等(图2-70)。

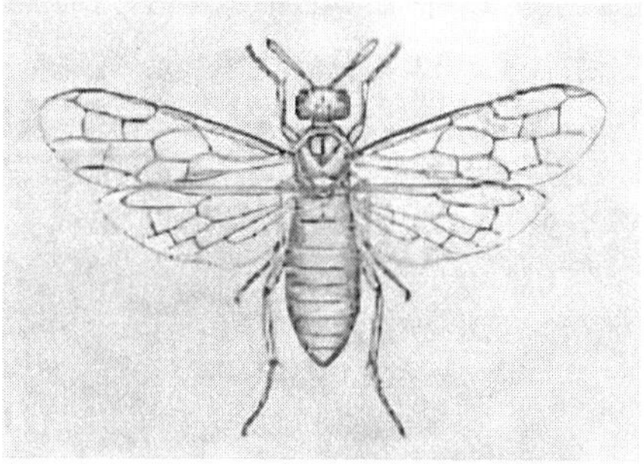

图2-70　三节叶蜂科

(2)叶蜂科　触角呈丝状或棒状，7～15节，多数为9节，翅上具1～2个径室，前足胫节有2个端距，小盾片后方具有一后小盾片。幼虫具6～8对腹足。常见的有樟叶蜂等。

(3)茎蜂科　中小型，体细长，触角呈线状，前足胫节端部有1个距，前胸背板后缘平直，幼虫多蛀茎为害。常见的有玫瑰茎蜂等。

(4)姬蜂科　体小到大型，触角呈丝状，16节以上。前翅端部第二列有1个小翅室和第二回脉，并胸腹节常有雕刻纹。雌虫腹末纵裂，从中伸出产卵器，卵多产在鳞翅目、鞘翅目幼虫和蛹体内。常见的有黑尾姬蜂等。

(5)茧蜂科　小至中型，触角呈线状，前翅无第二回脉，翅面上常有雾斑，静止时触角时常摆动，产卵于鳞翅目幼虫体内。幼虫老熟时常爬出寄主体外结黄白色小茧化蛹。常见的有松毛虫绒茧蜂、桃瘤蚜茧蜂等。

(6)赤眼蜂科　体微小，长0.3～1 mm，触角呈短膝状，腰不细。翅脉极度退化，前翅宽，翅面有成行的微毛，足的跗节为3节。成虫和蛹的复眼为赤红色，产卵于鳞翅目卵内。常见的有松毛虫赤眼蜂、广赤眼蜂等(图2-71)。

(7)小蜂科　体微小至小型，长0.2～7 mm，多为黑褐色，头、胸部常有黑色或褐色粗刻点，并带有黄色或橙色的斑纹。触角呈膝状，后足腿节膨大，下缘外侧有成列刺突，后足胫节向内弯曲。多寄生于鳞翅目、双翅目、鞘翅目、同翅目幼虫、蛹内。常见的有广大腿小蜂等(图2-72)。

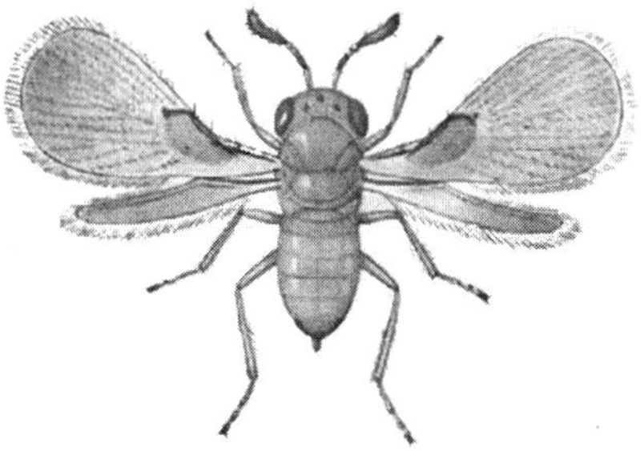

图2-71　赤眼蜂科

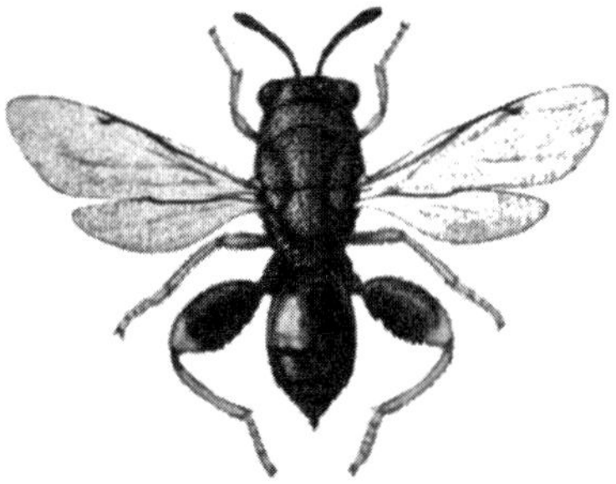

图2-72　小蜂科

(8)蚁科　通称蚂蚁，体小，黑色、褐色、黄色或红色，触角呈膝状，柄节很长，腹部第1、第2节呈结节状。筑巢群居，具明显多型现象，雌、雄生殖蚁有翅，工蚁与兵蚁无翅。肉食性种类捕食昆虫、蜘蛛及其他小动物，植食性种类取食果实、菌类等。有些与蚜虫、介壳虫共生，促使其繁殖，如褐蚁、黑蚁常和蚜虫共同发生。

黄猄蚁早在晋代就被用于防治柑橘害虫。公元340年左右，晋代嵇含所著的《南方草木状》对利用黄猄蚁防治柑橘害虫已有比较详细的记载，这是世界上生物防治最早的记载，并且此法沿用至今。

6. 双翅目

“蚊、蠓、虻、蝇双翅目，后翅平衡五节跗，口器刺吸或舔吸，幼虫无足头有无”，包括蚊、蝇、虻等多种昆虫，分长角亚目、短角亚目和芒角亚目。触角有丝状、念珠状、芒状，体小至中型，前翅1对，后翅特化为平衡棒，前翅膜质，脉纹简单。口器为刺吸式或舐吸式，复眼发达。完全变态。幼虫蛆式无足。多数围蛹，少数被蛹。与农业关系密切的有瘿蚊科、食蚜蝇科、实蝇科、花蝇科等。

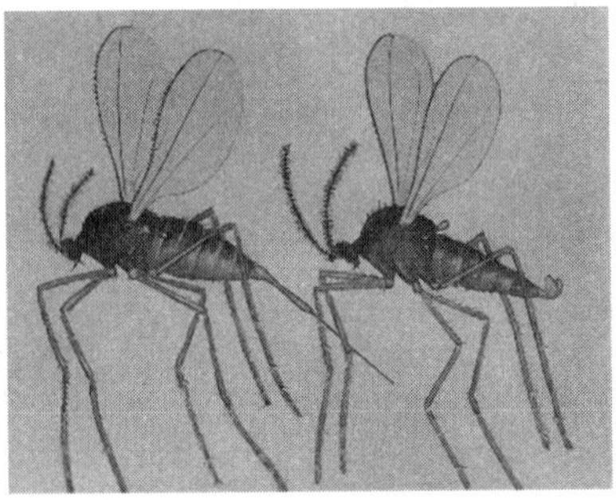

图 2-73 瘿蚊科

(1)瘿蚊科 体纤细似蚊，前翅只有3～5条纵脉，复眼发达，触角呈念珠状，生有普通毛或环生放射状细毛。常见的有荔枝瘿蚊、菊瘿蚊、黑森瘿蚊(为害禾本科草坪草)等(图 2-73)。

(2)食蚜蝇科 体小至中型，形似蜜蜂，体常有黄、白相间的横斑。前翅外缘有和边缘平行的伪脉。成虫活泼，飞翔时能在空中静止不动而又突然前进。产卵于蚜虫多处。幼虫捕食蚜虫。常见的有黑纹食蚜蝇、斜斑鼓额食蚜蝇等(图 2-74)。

(3)实蝇科 小至中型，体常有黄、棕、橙、黑等色。触角芒光滑无毛，翅宽大，常有暗色雾斑，第一条中脉向前弯曲。成虫静止时常不停扇动翅膀。幼虫蛆形、白色。常见的有柑橘大实蝇、茶狭腹实蝇等(图 2-75)。

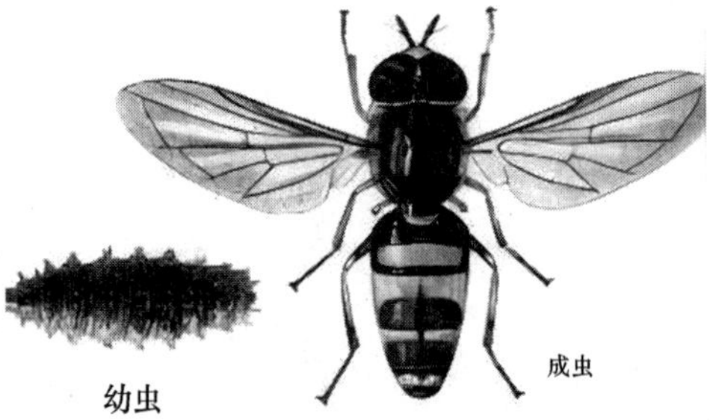

图 2-74 食蚜蝇科

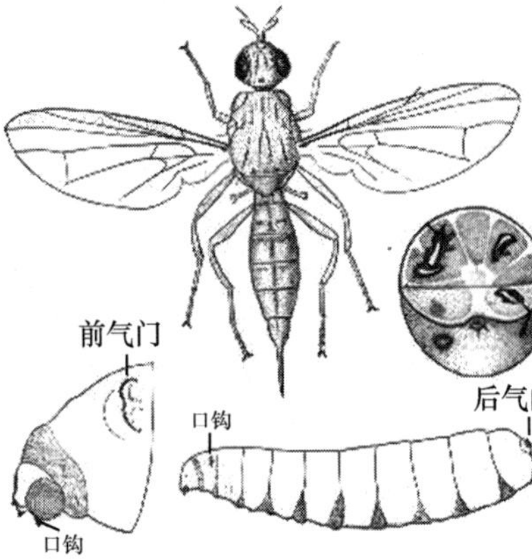

图 2-75 实蝇科

(4)花蝇科(种蝇科) 小至中型。体细长、多毛，成虫活泼。翅的后缘基部连接身体处有一片质地较厚的腋瓣。幼虫蛆式，圆柱形，后端截平，有6～7对凸起包围的气门板。腐食性或植食性。常见的有为害竹类的毛笋泉蝇与为害百合科植物的葱地种蝇等。

7. 同翅目

“前翅同质同翅目，喙出头下近前足，叶蝉、飞虱蚜和蚧，常害农林与果蔬”，如蝉、叶蝉、蚜、蚧等。体微小至大型，触角呈刚毛状或丝状，口器为刺吸式，从头部腹面的后方伸出，喙通常为3节。前翅革质或膜质，后翅膜质，静止时平置于体背上呈屋脊状。有的种类无翅，如有些蚜虫和雌性介壳虫无翅，雄介壳虫后翅退化成平衡棒。不完全变态(渐变态)，而粉虱及雄蚧为过渐变态。两性生殖或孤雌生殖。植食性，刺吸植物汁液，造成生理损伤，并可传播病毒或分泌蜜露，引起煤污病。

(1)蝉科　中至大型，触角呈刚毛状，单眼3个，呈三角形排列，翅膜质、透明，脉较粗。雄虫具发音器，雌虫具发达的产卵器。成虫与若虫均刺吸植物汁液，若虫在土中为害根部，雌性成虫还会产卵于枝条中，导致枝条枯死。常见的有蚱蝉等(图2-76)。

(2)叶蝉科　体小型，狭长，触角呈刚毛状，单眼2个，后足胫节有1～2列短刺。叶蝉善跳，有横走习性。常见的有大青叶蝉、小绿叶蝉等(图2-77)。

(3)蜡蝉科　中至大型，体色美丽，额常向前延伸，呈象鼻状，触角3节，基部两节膨大如球，鞭节刚毛状。常见的有碧蛾蜡蝉、斑衣蜡蝉等。

(4)木虱科　体小型，触角较长，有9～10节，末端有2条不等长的刚毛，单眼3个，翅两对，前翅质地较厚，跗节2节。若虫为椭圆形或长圆形，许多种类被蜡丝。常见的有梧桐木虱、柑橘木虱、蒲桃木虱等(图2-78)。

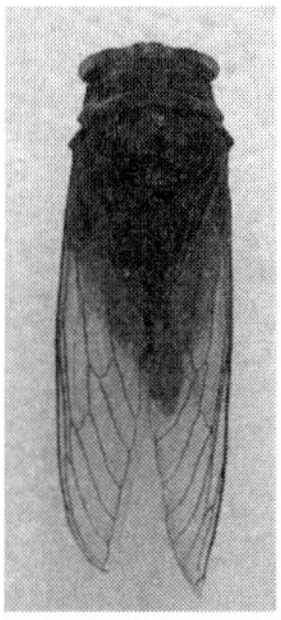

图2-76　蝉科

图2-77　叶蝉科

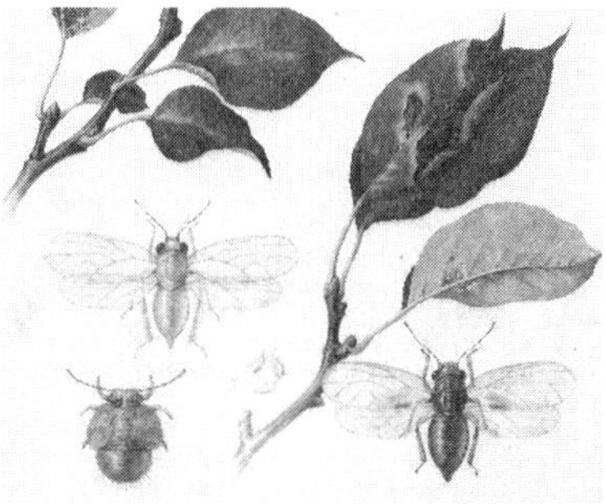

图2-78　木虱科

(5)粉虱科　体小型，翅膜质，被有蜡粉，幼虫、成虫腹末背面有管状孔，过渐变态，3龄幼虫蜕皮而“化蛹”。常见的有温室白粉虱、黑刺粉虱等，均为害多种园林植物。

(6)蚜总科　小型多态昆虫，同种有无翅型和有翅型，触角呈丝状，腹部有一对管状凸起称“腹管”，末节背板和腹板分别形成尾片和尾板。蚜虫的繁殖方式有两性生殖和孤雌生殖，卵生或卵胎生，生活周期复杂，一般在春、夏两季进行孤雌生殖，而在秋冬时期进行两性生殖。两性生殖与孤雌生殖二者交替进行，称为世代交替。

被蚜虫为害的叶片，常常变色，或卷曲，凹凸不平，或成虫瘿，或使植物长成畸形。蚜虫还可传播病毒。蚜虫分泌的蜜露，可诱发植物的煤污病。常见的有棉蚜、桃蚜、月季长管蚜、菊姬长管蚜、紫薇长斑蚜等(图2-79)。

(7)蚧总科　通称介壳虫。形态奇特，雌雄异型。雌虫无翅，口器发达，触角、复眼和足通常消失，体壁上常被蜡粉或蜡块，或有特殊的介壳保护；雄虫体长形，有1对薄的膜质前翅，后翅退化成平衡棒，触角长且呈念珠状，口器退化，寿命短。卵为圆球形或椭圆形，产在雌虫体腹面、介壳下或体后的蜡质袋内。雌虫为渐变态，雄虫为过渐变态。孤雌生殖或两性生殖，卵生或卵胎生，1年1代或多代。常见的有吹绵蚧、草履蚧、日本龟蜡蚧、紫薇绒蚧等(图2-80)。

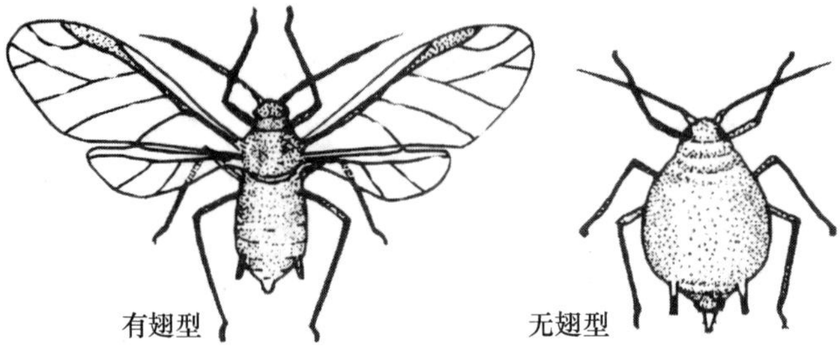

图 2-79　蚜总科

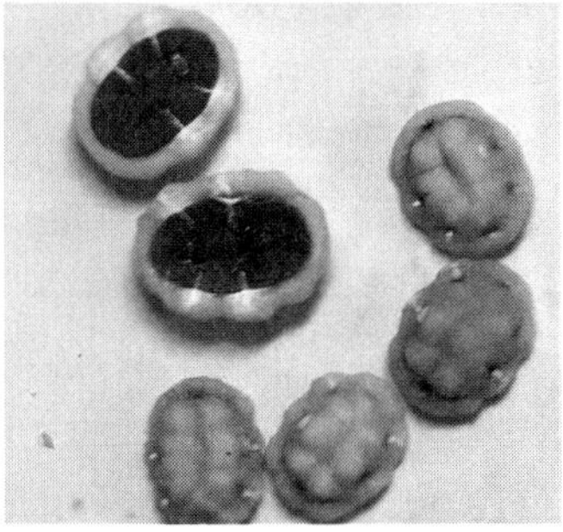

图 2-80　蚧总科(龟蜡蚧)

8. 缨翅目

“钻花蓟马缨翅目，体小细长常翘腹，短角聚眼口器歪，缘毛围翅具泡足”，通称蓟马。体长一般为 0.5～7 mm，体为黄褐色、苍白色或黑色，有的若虫为红色，触角 6～9 节，口器为锉吸式。翅 2 对，前、后翅均膜质，狭长而翅脉少，翅缘密生缨毛。足跗节端部生一可凸出的端泡，故又称泡脚目。渐变态。大多植食性。

(1)蓟马科　触角 6～8 节，末端 1～2 节形成端刺。翅狭长而端部尖锐，前翅有 2 条或 1 条纵脉，无横脉。雌虫产卵器呈锯齿状，从侧面观，其尖端向下弯曲。在园林花卉上，常见的有花蓟马等(图 2-81)。

(2)管蓟马科　体黑色或暗褐色，触角 4～8 节，腹部末节管状，生有较长的刺毛，无产卵器。翅表面光滑无毛，前翅没有翅脉。常见的有榕管蓟马等(图 2-82)。

图 2-81　蓟马科

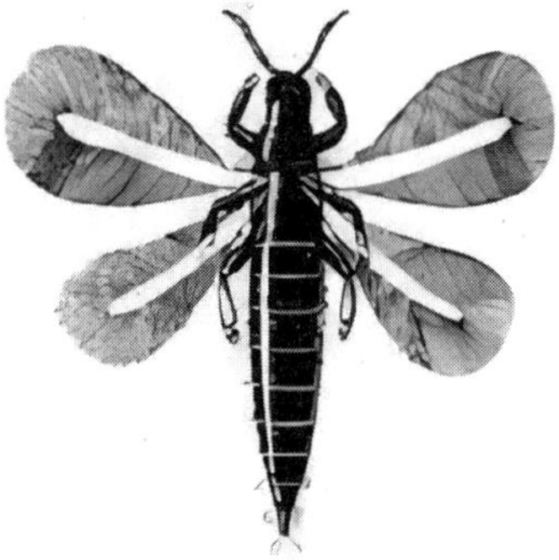

图 2-82　管蓟马科

9. 脉翅目

体小型至大型，翅膜质，前、后翅的大小、形状相似，翅脉多呈网状，边缘两分叉。成虫口器为咀嚼式，幼虫为双刺吸式。全变态。本目昆虫成、幼虫都是捕食性的益虫，常见的有草蛉科。

草蛉科，体中型，草绿色、黄色或灰白色，触角呈线状，比体长，复眼有金属闪光，前、后翅透明且非常相似，前缘区有 30 条以下横脉，不分叉。幼虫为纺锤形，体侧各节有瘤状凸起，丛生刚毛。常见的有大草蛉、丽草蛉、中华草蛉等(图 2-83)。

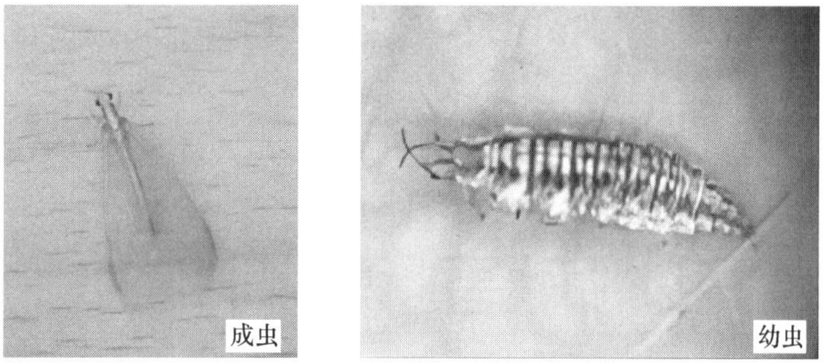

图 2-83 草蛉科

扩展阅读【螨类】

螨类属于蛛形纲,蜱螨目,在自然界分布广泛,刺吸园林植物汁液,引起叶子变色、脱落,使柔嫩组织变形,形成虫瘿。螨类与昆虫的主要区别是:体分节不明显,不分头、胸、腹3个体段,无翅,无复眼,但大多数种类有1～2对单眼,有足4对(少数为2对)。

螨类均为小型或微小型的种类,体呈圆形或卵圆形,有些种类为蠕虫形。一般分为前体段和后体段,前体段又分颚体段和前肢体段,后体段分后肢体段和末体段,颚体段与前肢体段相连,着生口器,口器由于食性不同分咀嚼式和刺吸式2类。

肢体段一般着生4对足,着生前2对足的为前肢体段,着生后2对足的为后肢体段。末体段与后肢体段之间,很少有明显的分界。肛门和生殖孔一般开口于末体段的腹面。

螨类多为两性生殖,一般为卵生,有些进行孤雌生殖。发育阶段雌、雄有别:雌螨经过卵、幼螨、第一若螨、第二若螨及成螨阶段;雄螨没有第二若螨阶段。螨类繁殖很快,1年最少2～3代,多则20～30代,以卵或受精的雌虫在树皮缝隙或土壤等下面越冬。

(1)叶螨科 体微小,长0.3～0.8 mm,呈圆形或长圆形。通常为红色、暗红色,因此常称红蜘蛛,口器为刺吸式,体背面拱起,背刚毛24根或26根,成横排分布。植食性,吸液汁。常见的有苹果红蜘蛛、柑橘全爪螨等(图2-84)。

(2)瘿螨科 体微小,不超过0.2 mm,蠕虫形,刺吸式口器,前半体背板呈盾形,后半体呈直形,有很多环纹。成螨、若螨仅有2对足。植食性。常见的有葡萄瘿螨等(图2-85)。

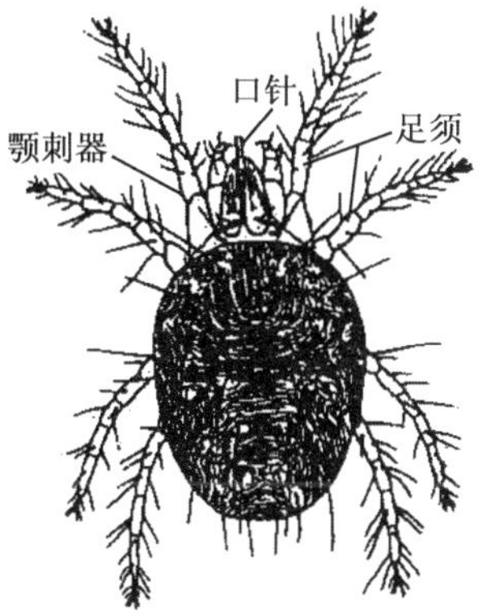

图 2-84 叶螨科

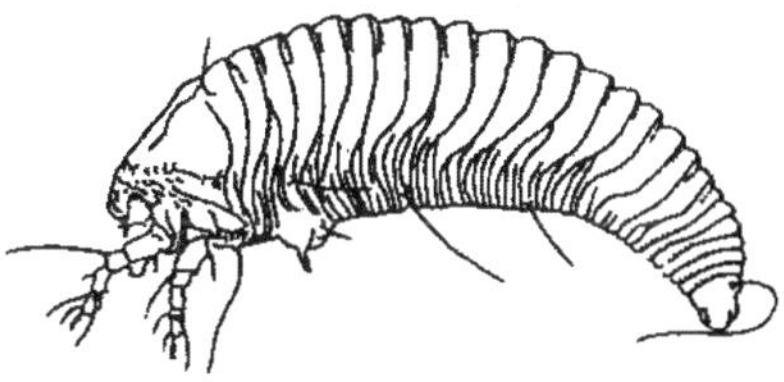

图 2-85 瘿螨科

第3章

病 害 识 别

3.1 植物病害简介

3.1.1 植物病害的概念

植物在生长发育和储藏运输过程中，由于受到病原生物的侵染或不利非生物的影响，生长发育受到阻碍，导致产量降低、品质变劣，甚至死亡的现象称为植物病害。植物病害的发生具有一定的病理变化过程，即植物感病以后，先引起生理功能的变化，然后造成细胞、组织结构的改变，最后发病植物外观表现出病态，这个逐渐加深、持续发展的过程，称为病理程序。

由于没有病理程序，因此植物受到的虫伤、机械伤、风雹等不称为病害而称为伤害。此外，有些植物受生物或非生物因素的影响，尽管发生了一些病理变化，如茭白受黑粉菌侵染刺激形成白嫩肥厚的茎，在弱光下栽培的韭黄和葱白等，这些现象对植物自身而言是病态的，但对人类而言却提高了经济价值，一般不当作病害。病害对农业生产影响很大，农作物感病以后，会导致产量减少、质量降低，有些病害侵染的农产品，食用后还会引起人畜中毒。

3.1.2 植物病害的分类

植物病害种类繁多，依据不同的分类方法和要求，可分为不同的类型。根据被害植物的类别，可分为粮食作物病害、果树病害、蔬菜病害、林木病害、观赏植物病害、药用植物病害、牧草病害；根据植物发病部位不同，可分为叶部病害、茎秆病害、果实病害、根部病害等；根据病原物传播途径的不同，可分为气传病害、水传病害、土传病害、种传病害、虫传病害等。但一般根据致病因素的性质，将植物病害分为非侵染性病害和侵染性病害两大类。

1. 非侵染性病害

由非生物因素，即不适宜的环境条件引起的植物病害，称为非侵染性病害。因为不能在植物个体间相互传染，故又称为非传染性病害或生理性病害。引起植物发生非侵染性病害的不适宜的环境条件，主要有植物养分失调、水分过多或不足、温度过高或过低，以及土壤和空气中有毒物质的毒害等。在生产实践中，常见的有肥料或农药使用不当形成的肥害或药害、缺少必需营养元素形成的缺素症、土壤水分不足或过量形成的旱害或渍害、低温或高温形成的冻害或灼伤、光照过弱或过强形成的黄化或叶烧等。

2. 侵染性病害

由生物因素，即病原生物侵袭引起的植物病害，称为侵染性病害。因为能够在植物个体间相互传染，故又称为传染性病害。引起植物发生侵染性病害的生物，主要有菌物、病毒、细菌、原生动物及寄生性种子植物等。

侵染性病害与非侵染性病害关系密切，在一定条件下可以相互影响。非侵染性病害可以导致植物生长发育不良，降低对病原物的抵抗力，容易诱发或加重传染性病害，如早春的低温冻害可以加重绵霉病引起的水稻烂秧。有些侵染性病害发生后，又可以促使非侵染性病害的发生，如患病的果树容易发生冻害。

非侵染性病害的发生取决于植物与环境条件的关系，而侵染性病害的发生除了寄主植物与病原物的相互作用外，也应该包括环境条件的影响。寄主植物与病原物同处一定的环境中，环境条件不仅影响寄主植物的抗病性，同时影响病原物的致病性。所以，植物病害的发生是寄主植物和病原物在一定的环境条件下相互作用的结果。

3.1.3 植物病害的症状

症状是指植物在受到病原物的侵染或不良环境因素的影响后，在组织内部或外表显露的异常状态。症状通常可分为病状和病征两个部分，病状是指植物自身外部表现的异常状态；病征是指病原物在植物病部表面形成的结构。植物病害都有病状，而病征只有在由菌物、细菌所引起的病害上才表现明显。病毒、类病毒在植物细胞内寄生，外部没有病征表现。各种病害的症状都有一定的特征，又具有相对稳定性，是诊断病害的重要依据。但是，不同的病害可能有相似的症状，而同一病害发生在植物不同的部位、不同生育期、不同发病阶段和不同环境条件下，也可表现不同的症状。

1. 病状类型

(1)变色　变色是指植物感病后，病部细胞内的叶绿素被破坏或形成受到抑制，以及其他色素形成过多，局部或全株失去正常的绿色或发生颜色变化。变色的主要表现有褪绿、花叶、黄化、红叶等。由于叶绿素的减少而使叶片变为淡绿色，称为褪绿；叶片发生不均匀的褪色，呈黄、绿相间，称为花叶；叶绿素减少到一定程度，叶片变黄，称为黄化；叶绿素的合成受到抑制，而花青素生成过盛，使得叶色变红或紫红，称为红叶。

(2)坏死　坏死是指植物细胞和组织死亡。植物感病后，最常见的坏死是病斑。病斑可以发生在植物的根、茎、叶、果实等各个部位，其形状、大小和颜色各不相同，但轮廓一般都比较清楚。病斑根据形状可分为角斑、轮纹斑、条斑等；根据颜色可以分为褐斑、黑斑、灰斑、白斑等。有的病斑组织坏死程度不同，形成穿孔；有的病斑不断扩大或多个联合，造成枯死；有的病斑组织木栓化，病部表面隆起、粗糙，形成疮痂；有的树干皮层坏死，病部凹陷，边缘木栓化形成溃疡。

(3)腐烂　腐烂是指植物细胞和组织发生较大面积的消解和破坏。腐烂与坏死的区别为，腐烂是组织受到破坏和消解，而坏死则多少还保持原有组织的轮廓。植物组织腐烂时，细胞消解较慢，腐烂组织中的水分能及时蒸发而消失，称为干腐；细胞消解较快，腐烂组织不能及时蒸发失水，称为湿腐；细胞壁中胶层先受到破坏，出现细胞离析，然后再发生细胞消解，称为软腐。

植物的根、茎、叶、花、果实等都可以发生腐烂，幼嫩或多肉的组织更容易发生。根据腐烂发生的部位，可以分为根腐、基腐、茎腐、花腐、果腐、穗腐等。

(4)萎蔫　萎蔫是指植物整株或局部出现的凋萎现象。由于土壤中含水量过少，或高温时过强的蒸腾作用而使植物暂时缺水，若及时供水，则植物可以恢复正常，称为生理性萎蔫。由于植物根或者茎的维管组织受到破坏，供水不足以致出现的凋萎现象，称为病理性萎蔫。这种萎蔫大多不能恢复，最终会导致植株死亡。根据植物萎蔫时的状况，又有黄萎、枯萎、青枯等之分。

(5)畸形　畸形是指植物发病后，由于病组织或细胞生长受阻或过度增生而造成的形态异常。这是病原物产生的激素或毒素所致的。常见的畸形有肿瘤、徒长、矮化、小叶、小果、丛枝、丛生、皱缩、卷叶等。有的病组织过度增生、肿大，形成肿瘤；有的植株生长特别快，发生徒长；有的植株生长受到抑制，造成矮缩、小叶、小果；有的植株过度分化，造成丛枝、丛生；有的病组织生长不均匀，引起皱缩、卷叶等。

2. 病征类型

病征是鉴别病原物和诊断病害的重要依据。需要注意的是，病征往往在病害发展到某一阶段且环境条件适宜时才出现，所以有的病害没有病征。常见的病征多属菌物的菌丝体和繁殖体，而细菌性病害的病征多为胶状菌脓。病征主要有下列几类：

(1)霉状物　病原菌物在寄主植物病部形成各种毛绒状的霉层，其颜色、质地和结构变化较大，如青霉、绿霉、霜霉、灰霉、黑霉、烟霉、赤霉等。常见的有小麦赤霉病、柑橘青霉病、油菜霜霉病等。

(2)粉状物　粉状物是指病原菌物在寄主植物病部形成各种颜色的粉状物，如白粉、黑粉、锈粉等。常见的有小麦白粉病的白粉状物、小麦锈病的锈粉状物等。

(3)颗粒状物　颗粒状物是指菌物性病原物在寄主植物病部产生大小、形状和着生情况差异很大的颗粒状物，如水稻纹枯病的褐色菜籽状菌核、油菜菌核病的鼠粪状菌核。还有半埋于病部组织表皮下的小黑点，如柑橘炭疽病病部的小黑点。

(4)线状物　线状物是指菌物性病原物在寄主植物病部产生的白色、紫红色或深色的棉线状物，如茄子白绢病的白色丝状物、甘薯紫纹羽病的紫红色线状物。

(5)脓状物　植物感病后，在潮湿的条件下，病部溢出黄褐色、胶黏状黏液，干燥后成黄褐色胶质颗粒或菌膜，这是细菌性病害特有的病征，如水稻白叶枯病的菌脓。

3.2　植物侵染性病害的病原物

植物侵染性病害的病原物主要有菌物(真菌和卵菌等)、原核生物、植物病毒、植物病原线虫及寄生性种子植物等。

3.2.1　菌物

菌物(fungus)是一类营养体，通常为丝状体，具有细胞壁，是通过产生孢子进行繁殖的真核生物。菌物的营养方式是异养型，它们无叶绿素，不能进行光合作用，以吸收的方式从外界获取营养。大多数菌物是腐生的，一部分菌物寄生生活。菌物在自然界中分布极广，种类很多，截至2018年，据不完全统计，全球已知菌物144 000个。从沙漠到绿洲，从海底到高空，地球上有空气的地方就有菌物。

许多菌物是有益菌物，如羊肚菌、香菇、木耳等。不少菌物本身就是美味的食用菌，灵芝、茯苓、虫草等是用途广泛的名贵中药材。许多菌物是重要的工业和医药产业用微生物，被用来生产抗生素、维生素、有机酸、酶制剂等。一些菌物已被用于病虫害的生物防治。

但一部分菌物对人类是有害的，如有些菌物引起木材、皮革、纺织品、食品霉变，造成经济损失；有些菌物有剧毒，如毒蘑菇，误食后能引起人畜中毒死亡；有些菌物能引起人畜病害。寄生植物的菌物能引起植物病害，称为植物病原菌物。在植物病害中，菌物性病害占绝大多数，几乎每种作物都有几种菌物病害，多的有几十种，如作物上常见的霜霉病、白锈病、白粉病、炭疽病、锈病、黑粉病等，都是由菌物引起的病害。

1. 菌物的一般性状

（1）菌物的营养体　菌物营养生长阶段的结构体，称为营养体。典型的菌物营养体为管状细丝，大都无色透明，少数有颜色。散生的管状细丝称为菌丝，菌丝有分支，很多菌丝交织成团，称为菌丝体。菌丝体在基质上生长的形态称为菌落。菌丝通常呈圆管状，不同菌物的菌丝粗细不一，直径最小的为0.5 μm，一般为5～6 μm。菌丝有细胞壁，细胞内有原生质、细胞核、线粒体、油滴和液泡等内含物。如图3-1所示，一些低等菌物的营养体是无隔菌丝，菌丝无横隔膜，整个菌丝为一无隔的多核细胞。在菌丝的生长过程中，只有菌丝的延伸、质量的增加和核的分裂，没有细胞数目的增加。高等菌物的营养体是有隔菌丝，有横隔膜将菌丝分隔成多个细胞，隔膜上有孔洞，细胞内的细胞质和细胞核可以通过隔膜的孔洞进入相邻的细胞。

菌丝的正常功能是摄取养分并不断生长发育。菌物的种类不同，菌丝在寄主体内的寄生方式也不同。生长在寄主细胞内的菌物，由菌丝直接从寄主细胞内吸收养分；生长在寄主细胞间的菌物，则以菌丝体上产生的特殊结构——吸器，伸入细胞内吸取养分。如图3-2所示，吸器的形状不一，因种类不同而异，如白粉菌的为掌状、霜霉菌的为丝状、锈菌的为指（棒）状、白锈菌的为小球状。

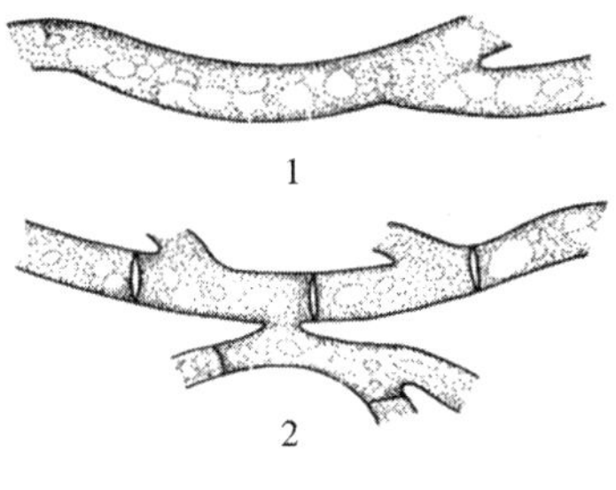

1. 无隔菌丝；2 有隔菌丝

图3-1　菌物菌丝体

（引自《植物保护》马成云，2011）

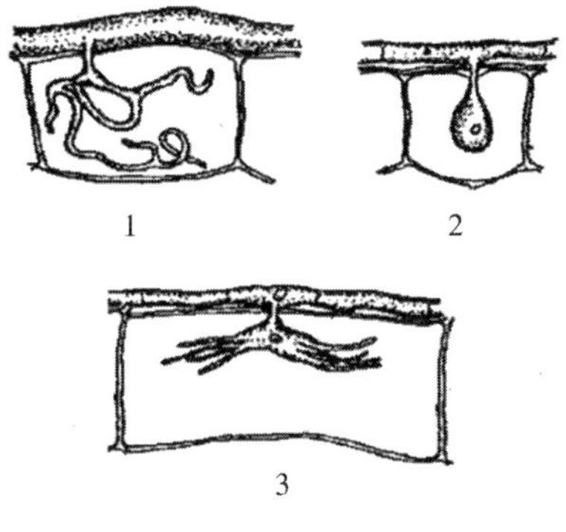

1. 分支状；2. 球状；3. 掌状

图3-2　菌物吸器的类型

（引自《植物保护》马成云，2011）

（2）菌物的特殊结构体　菌物的营养体在一定的环境条件下或在生长发育后期，可发生变态形成特殊的结构体，以抵抗不良的环境。菌物的特殊结构体主要有菌核、菌索、子座等。

①菌核。菌核是由许多菌丝紧密交结而成的颗粒状物组成的。其形状、色泽、大小根据病原菌的不同而有所差异，例如，水稻纹枯病病原产生的菌核是油菜菜籽状的，油菜菌核病病原形成的菌核是鼠粪状的等。菌核中储存有丰富的营养，外层组织较坚硬，是抵抗不良环境的休眠体。当环境条件适宜时，菌核可萌发产生菌丝体或形成产生孢子的子实体。

②菌索。菌索是由菌丝体平行交织而形成的绳索状物。菌索在不良环境下呈休眠状态，条件适宜时又可从生长点恢复生长。所以，菌索兼有抵抗不良环境条件和蔓延侵入双重作用。

③子座。子座是由菌丝组织与部分寄主组织形成的结构。子座一般附在基物上，其上或内部形成产生孢子的子实体，有抵抗不良环境的作用。

2. 菌物的繁殖体

菌物经过营养阶段后，即进入繁殖阶段。菌物的繁殖分为无性繁殖和有性繁殖两类，先进行无性繁殖产生无性孢子，有的菌物在后期进行有性繁殖，产生有性孢子。菌物产生孢子的结构体统称为子实体。菌物孢子的功能相当于高等植物的“种子”，它是菌物繁殖的基本单位。

(1)无性繁殖及无性孢子类型　无性繁殖指营养体不经过性细胞或性器官结合而直接产生后代个体的繁殖方式。无性繁殖产生后代的孢子称为无性孢子。如图 3-3 所示，常见的无性孢子有芽孢子、厚壁孢子、粉孢子、游动孢子、孢囊孢子、分生孢子等。

①芽孢子。芽孢子是由母细胞产生小凸起并逐渐膨大，最后脱离母细胞而形成的新个体，如酵母菌等单细胞菌物以芽生的方式产生的无性孢子。

②厚壁孢子。厚壁孢子是由菌丝顶端或中间细胞膨大，原生质浓缩，细胞壁加厚而形成的休眠孢子，其内含有较多的脂类物质。厚壁孢子也称为厚垣孢子。

③粉孢子。粉孢子是由菌丝顶端细胞自行断裂，相互脱离而形成的短柱状的孢子，又称为节孢子。

④游动孢子。游动孢子是鞭毛菌的无性孢子。它形成于菌丝或孢囊梗顶端膨大的孢子囊内。孢子囊以液泡割裂的方式将多核的原生质分割成许多小块，每一小块有一细胞核，小块逐

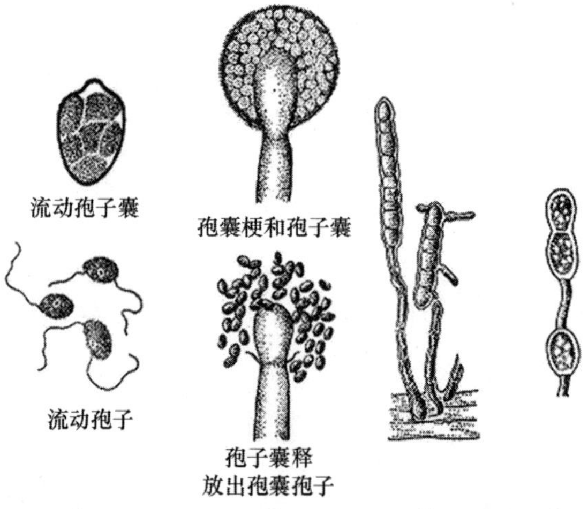

1. 游动孢子；2. 孢囊孢子；3. 分生孢子梗和分生孢子；4. 厚壁孢子

图 3-3　菌物的无性孢子

渐变圆，被以薄膜而形成游动孢子。游动孢子一般为圆形、梨形或肾形，成熟后从孢子囊特定的管口或孔口释放，或孢子囊破裂释放。游动孢子没有细胞壁，有 1～2 根鞭毛，能在水中游动。

⑤孢囊孢子。孢囊孢子形成于孢子囊内。孢囊孢子有细胞壁，没有鞭毛。成熟后孢子囊破裂，散出孢囊孢子。孢囊孢子很轻，耐干燥，可经空气传播。

⑥分生孢子。分生孢子是子囊菌和担子菌的无性孢子，产生于由菌丝分化而形成的多种形状的分生孢子梗上，或产生于菌丝形成的盘状、球状的结构体内，是菌物中最常见的无性孢子。

(2)有性繁殖及有性孢子类型　有性繁殖是指经过两性细胞或两性器官结合而产生有性孢子的繁殖方式。菌物生长到一定时期就进行有性生殖。多数菌物由菌丝分化产生性器官(配子囊)，经过雌、雄配子囊结合产生有性孢子。如图 3-4 所示，经过有性生殖，菌物可产生 5 种类型的有性孢子，即休眠孢子、卵孢子、接合孢子、子囊孢子、担孢子。

①休眠孢子。休眠孢子是壶菌、根肿菌的有性孢子，通常由两个游动配子配合所形成的合子发育而成，具有厚壁，萌发时发生减数分裂释放出单倍体的游动孢子。根肿菌菌物产生的休眠孢子囊萌发时通常只释放出一个游动孢子，故它的休眠孢子囊也称为休眠孢子。

②卵孢子。卵孢子是由两个大小不同的配子囊结合发育而成的。小型配子囊称为雄器，大型配子囊称为藏卵器。雄器和藏卵器接触后，雄器的细胞质和细胞核经受精管进入藏卵器的卵球中，并与卵球内的细胞核进行核配，最后受精的卵球发育成厚壁的、二倍体的卵孢子。卵孢子的数量多少取决于藏卵器内卵球的数量。

③接合孢子。接合孢子是接合菌的有性孢子。接合孢子由菌丝生出的形状相同或略有不同的配子囊接合而成。接合孢子的形成过程是两个相邻的菌丝在相遇时，各自向对方长出很短的侧枝，称为原配子囊。两个原配子囊在接触后，顶端各自膨大并形成横隔，即配子囊。相接触的两个配子囊之间的横隔消失，其细胞质和细胞核互相配合，同时外部形成厚壁，即接合孢子。在适宜的条件下，接合孢子可萌发成新的菌丝体。

④子囊孢子。子囊孢子是子囊菌的有性孢子，其形成过程比较复杂，是由两个异性配子囊，即雄器和产囊体相结合，经质配、核配和减数分裂而形成的单倍体孢子。子囊孢子着生在不同形状的子囊内。真菌子囊通常为子囊果所包被，一般子囊果内有 1 至多个子囊，一个子囊内有 8 个子囊孢子。

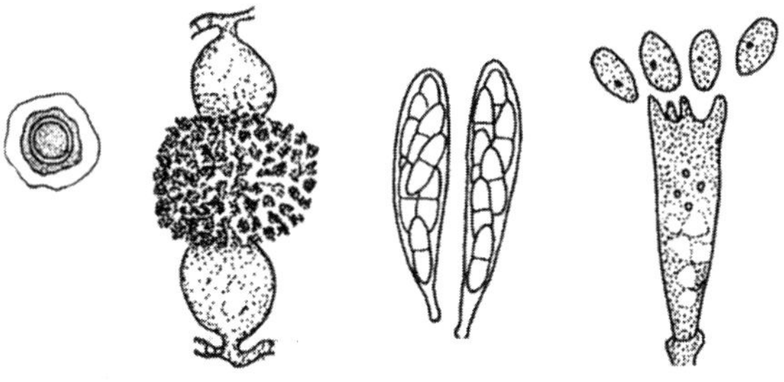

1. 卵孢子；2. 接合孢子；3. 子囊孢子；4. 担孢子

图 3-4　菌物的有性孢子

(引自《植物保护》马成云，2011)

⑤担孢子。担孢子是担子菌的有性孢子。在担子菌中，两性器官多退化，两性菌丝结合形成双核菌丝，双核菌丝的顶端膨大形成棒状的担子。在担子内，双核经质配、核配和减数分裂，最后在担子上产生4个外生的单倍体的担孢子。

3. 菌物的生活史

菌物的生活史是指从一种孢子萌发开始，经过营养生长和繁殖阶段，最后又产生同一种孢子的过程。菌物的典型生活史包括无性繁殖和有性繁殖两个阶段。

菌物经过一段时期的营养生长就进行无性繁殖，产生无性孢子。在适宜的条件下，菌物无性繁殖能力强，而且完成一次无性循环所需的时间较短，在一个生长季节可以重复发生多次，产生的无性孢子数量多，并对植物病害的传播、蔓延作用很大。在菌物生长后期，或环境不适宜的情况下，菌物转入有性繁殖，产生有性孢子。在整个菌物的生活史中，有性繁殖一般只出现一次。植物病原菌物的有性孢子多半在侵染后期才产生，产生的数量少，但抗逆力强，有助于病菌渡过不良环境时期，成为翌年病害的初侵染源。

在有些菌物的生活史中，并不都具有无性和有性两个阶段，如在无性态子囊菌的生活史中只发现了无性阶段。有些菌物在整个生活史中可以产生2种以上类型的孢子，称为多型现象，如禾柄锈菌一生可以产生5种孢子。多数植物病原菌物在一种寄主植物上就可以完成生活史，称为单主寄生；有的菌物必须在两种不同的寄主植物上生活才能完成生活史，称为转主寄生，如梨胶锈菌的冬孢子和担孢子产生在桧柏上，有性孢子和锈孢子则产生在梨树上。掌握病原菌物的生活史是制订该病害防治策略的重要依据。

4. 菌物的主要类群

菌物的分类一般根据形态学、细胞学和生物学特性，以及个体发育和系统发育资料进行。考虑到国际菌物分类系统的发展趋势，本教材基本按照《菌物辞典》第10版(2008)的方法进行分类，将菌物分为原生动物界、假菌界和真菌界。在真菌界中，将半知菌类归并到子囊菌门中介绍。菌物分门检索表如下：

菌物分门检索表

1. 具有以吞噬方式进行营养的阶段 ………………………………… 原生动物门(Protozoa)
   根肿菌门(Plasmodiophoromycota)
1. 不以吞噬方式进行营养
   2. 游动孢子具有茸鞭式鞭毛；一般为纤维质的细胞壁 ………………… 假菌界(Chromista)
      卵菌门(Oomycota)
   2. 一般没有游动孢子，即使有，也没有茸鞭式鞭毛；几丁质细胞壁 ………… 真菌界(Fungi)
      3. 具有游动孢子阶段 ……………………………………………… 壶菌门(Chytridiomycota)
      3. 没有游动孢子阶段
         4. 无性孢子内生于孢子囊，有性孢子为接合孢子，由配子囊结合形成 ………………………………………………………………… 接合菌门(Zygomycota)
         4. 无性孢子为外生的分生孢子
            5. 有性孢子内生于子囊……………………………………… 子囊菌门(Ascomycota)
            5. 有性孢子外生于担子 …………………………………… 担子菌门(Basidiomycota)

(1)卵菌门　卵菌门属于假菌界,该门菌物的主要特征是:营养体为单细胞或无隔菌丝体;有性繁殖以雄器和雌器交配产生卵孢子;无性繁殖产生游动孢子囊并释放出游动孢子。这类菌物大多生活在水中或潮湿的土壤里。引起农作物病害的主要有四类,即绵霉属——广泛存在于池塘、水田和土壤中,是一种弱寄生菌,如引起水稻烂秧的稻绵霉;腐霉属——多生于潮湿、肥沃的土壤中,可引起多种作物幼苗的根腐、猝倒及瓜果的腐烂;疫霉属——寄生性较强,多为两栖或陆生,可引起多种作物的疫病,如马铃薯晚疫病;霜霉属——鞭毛菌亚门中最高级的类群,都是陆生、专性寄生的活体寄生物,可引起多种作物的霜霉病。

①绵霉属(*Achlya*)。营养体是发达的菌丝体。孢子囊呈聚伞状排列。游动孢子有一根尾鞭和一根茸鞭,有两游现象,即两个形态不同的游动孢子阶段连续存在的现象。藏卵器内产生一个以上的卵孢子(图 3-5)。绵霉属菌物大多数为腐生菌,少数为弱寄生菌。常见的植物病害,如稻绵霉可引起稻苗绵腐病等。

②腐霉属(*Pythium*)。孢囊梗与菌丝区别不明显,在菌丝上顶生或间生丝状、棒状或姜瓣状的孢子囊,孢子囊萌发形成球状泡囊(图 3-6)。常见的植物病害,如瓜果腐霉可引起瓜果的腐烂病、植物的猝倒病等。

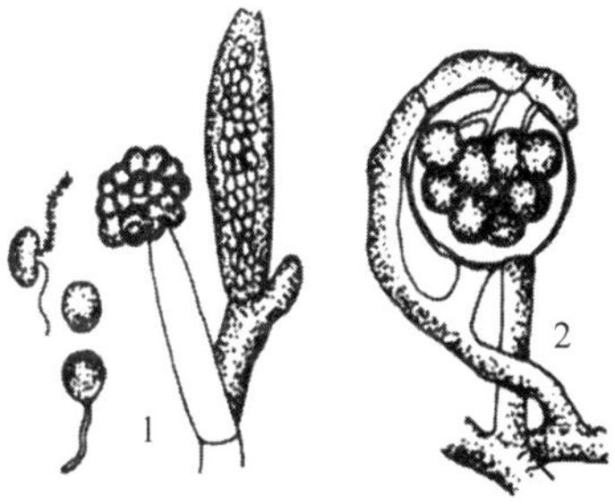

1. 游动孢子囊和游动孢子;
2. 雄器、藏卵器与卵孢子

图 3-5　绵霉属

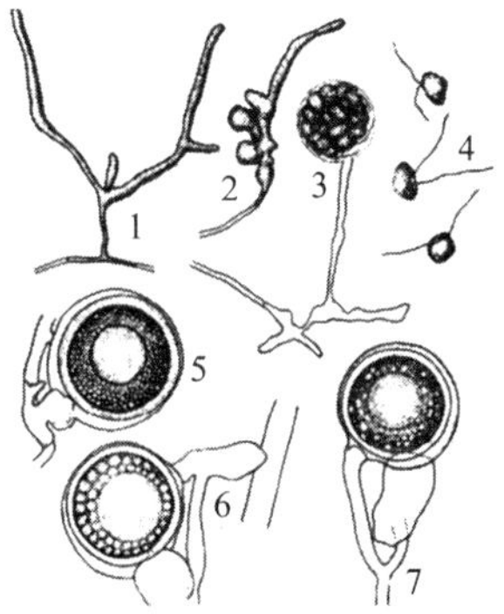

1、2. 孢子囊;3. 泡囊;4. 游动孢子;
5、6、7. 藏卵器、雄器、卵孢子

图 3-6　腐霉属

③疫霉属(*Phytophthora*)。孢囊梗与菌丝差别不大或差异明显,孢囊梗不规则分枝、合轴分枝,或从孢子囊内长出,且在产生孢子囊处膨大。孢子囊为球形、卵形或梨形,萌发时产生游动孢子或直接产生芽管,很少产生泡囊(图 3-7)。常见的植物病害,如致病疫霉可引起番茄、马铃薯晚疫病等。

④霜霉属(*Peronospora*)。专性寄生菌。孢囊梗主轴较粗壮,顶部有多次双叉状分枝,末端分枝顶端尖锐。孢子囊近似卵形,成熟时易脱落,萌发时直接产生芽管(图 3-8)。常见的植物病害,如寄生霜霉可引起白菜等十字花科植物霜霉病等。

⑤单轴霉属(*Plasmopara*)。孢囊梗单根或成丛从气孔伸出,交互分枝,分枝与主干呈直角,小枝末端平钝。孢子囊为卵圆形,顶端有乳状凸起,卵孢子黄褐色,表面有皱褶状凸起(图 3-9)。常见的植物病害,如葡萄单轴霉可引起葡萄霜霉病等。

⑥假霜霉属(*Pseudoperonospora*)。孢囊梗单根或成丛从气孔伸出,基部稍膨大。孢囊梗假二叉状分枝,孢子囊为椭圆形,有乳状凸起(图 3-10)。常见的植物病害,如古巴假霜霉可引起黄瓜霜霉病等。

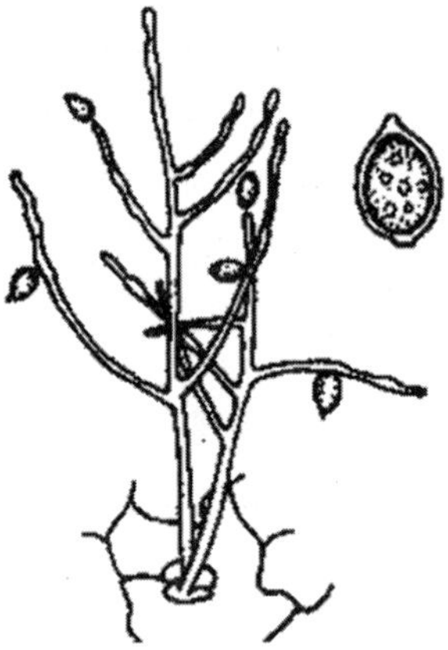

孢子梗和孢子囊

图 3-7　疫霉属

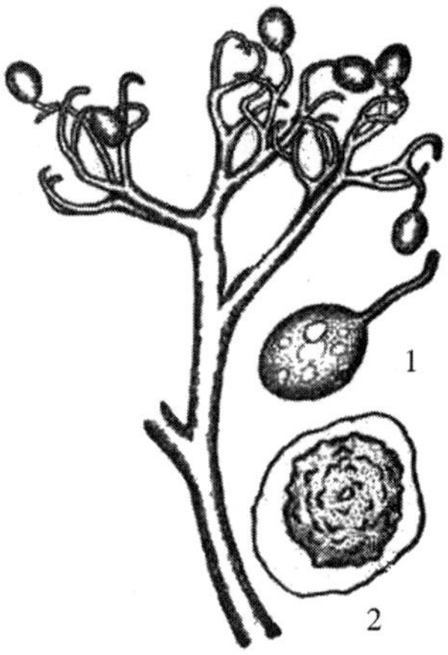

1. 孢子囊萌发；2. 卵孢子

图 3-8　霜霉属

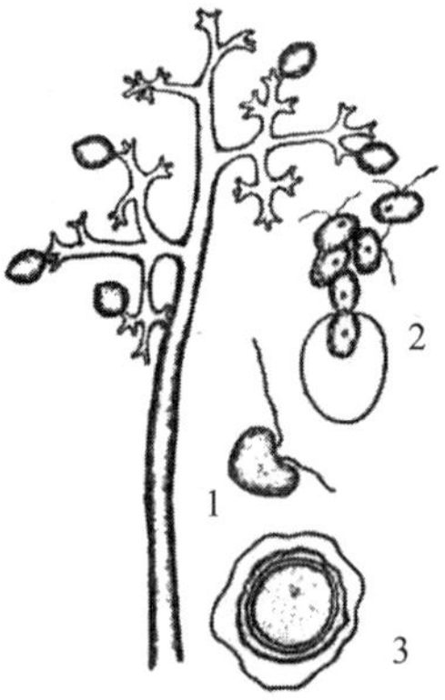

1. 游动孢子；2. 孢子囊溢出游动孢子；3. 卵孢子

图 3-9　单轴霉属

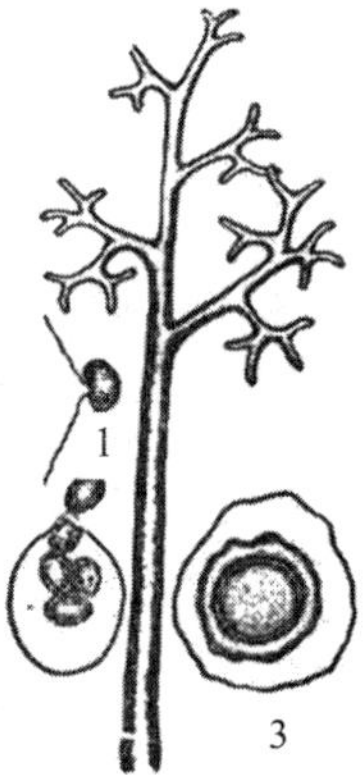

1. 游动孢子；2. 孢子囊溢出游动孢子；3. 卵孢子

图 3-10　假霜霉属

⑦盘梗霉属(*Bremia*)。孢囊梗双叉状分枝，末端膨大呈碟状，碟缘生小梗，孢子囊着生在小梗上，卵形，有乳状凸起(图 3-11)。常见的植物病害，如莴苣盘梗霉引起莴苣霜霉病等。

⑧指梗霉属(*Sclerospora*)。孢囊梗单根或 2～3 根从气孔伸出，主轴粗壮，顶部不规则双叉状分枝，分枝粗、短、紧密。孢子囊为椭圆形、倒卵形，有乳状凸起，萌发时产生游动孢子(图 3-12)。常见的植物病害，如禾生指梗霉引起的粟白发病等。

⑨白锈菌属(*Albugo*)。孢囊梗不分枝，短棍棒状，在寄主表皮下平行排列成栅栏状，孢囊梗顶端串生圆形的孢子囊，卵孢子壁有饰纹(图 3-13)，是专性寄生菌。常见的植物病害，如十字花科白锈菌可引起油菜、白菜、萝卜等十字花科植物白锈病等。

(2)接合菌门　本门菌物的主要特征是菌丝体无隔，无性繁殖产生孢囊孢子，有性繁殖产生接合孢子。这类菌物全部陆生，多数为腐生菌，少数为弱寄生菌，可引起果实、薯类的软腐和瓜类花腐，如甘薯软腐病。本门菌物与农作物病害有关的病原菌有根霉属(图 3-14)和毛霉属，主要引起瓜果、甘薯等贮藏期病害。

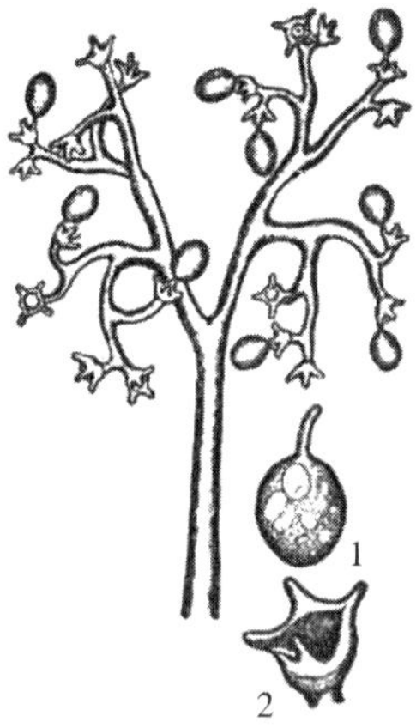

1. 孢子囊萌发；2. 孢囊梗末端膨大

图 3-11　盘梗霉属

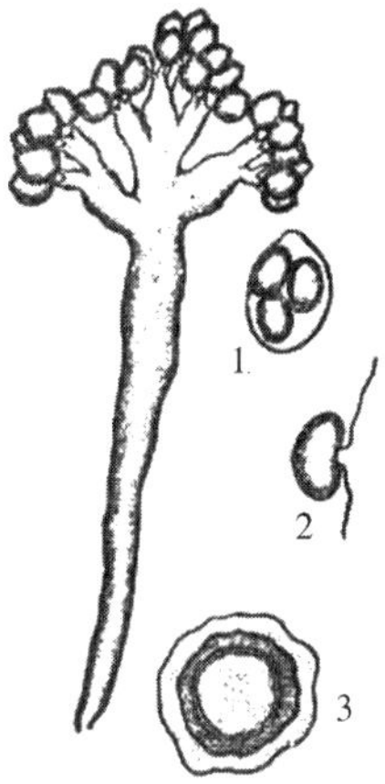

1. 孢子囊；2. 游动孢子；3. 卵孢子

图 3-12　指梗霉属

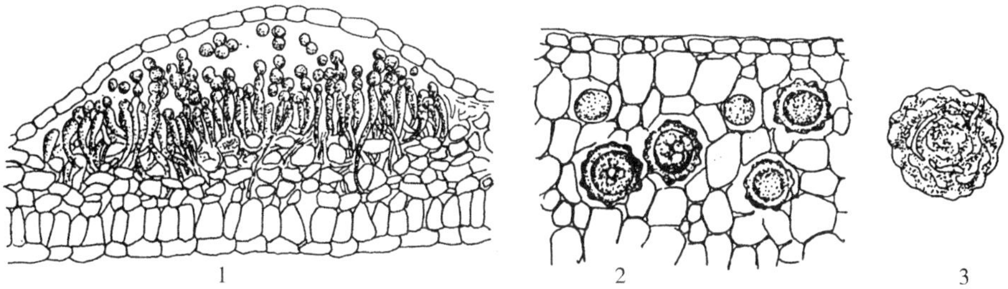

1. 寄生在寄主表皮下的孢囊梗和孢子囊；2. 病组织内的卵孢子；3. 卵孢子

图 3-13　白锈菌属

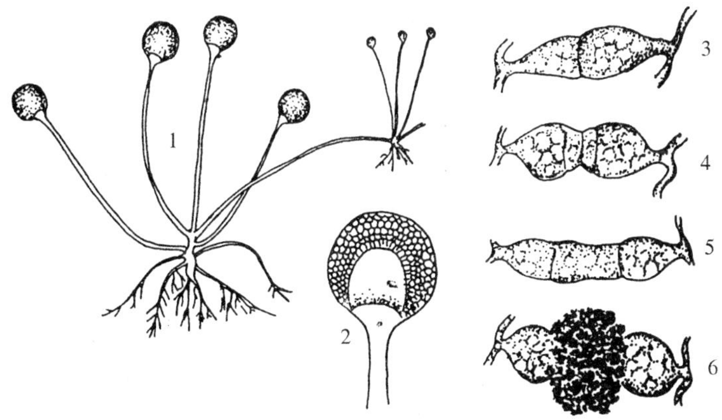

1. 孢囊梗、孢子囊、假根和匍匐菌丝；2. 放大的孢子囊；3～6. 接合孢子形成过程及接合孢子

图 3-14　根霉属

(3)子囊菌门　本门菌物主要特性是菌丝体十分发达，有隔膜和分枝，少数为单细胞，如酵母菌；有性繁殖产生子囊和子囊孢子，大多数子囊菌的子囊产生在子囊果内，少数是裸生的；无性繁殖产生各种类型的分生孢子。这类菌物都是陆生的，既有腐生菌，又有寄生菌，不少是重

要的植物病原物。

产生子囊和子囊孢子的结构体称子囊果。根据其不同形态，子囊果分四种类型：完全封闭呈球形的，称闭囊壳；呈球形或瓶状，顶端有孔口的，称子囊壳；盘状或杯状的，称子囊盘；子囊着生在子座组织空腔内的，称子囊腔。

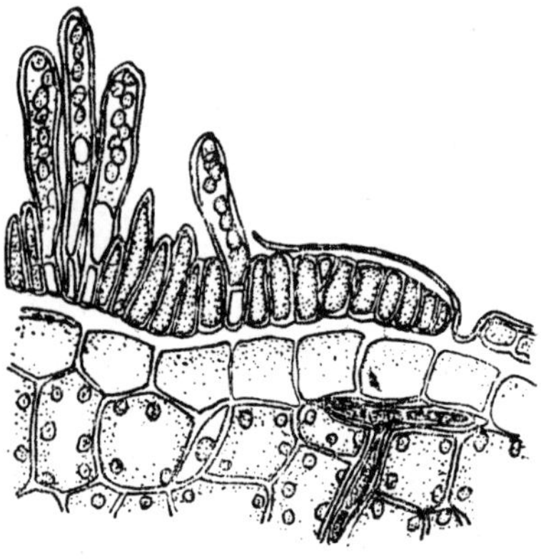

寄主角质层下的产囊细胞和子囊

图 3-15　外囊菌属

《菌物辞典》第 10 版(2008)将子囊菌分为三个亚门，即外囊菌亚门、盘菌亚门和酵母菌亚门。子囊菌门菌物很多是重要的植物病原菌物，主要分布在前两个亚门。与农作物病害关系紧密的主要有以下几类(无性态子囊菌菌物在下一单元介绍)：

①外囊菌属(*Taphrina*)。无子囊果，子囊裸生。子囊呈长圆筒形，在寄主植物表面排列成栅栏状。子囊孢子芽殖产生芽孢子(图 3-15)。常见的植物病害，如由畸形外囊菌引起的桃缩叶病等。

②白粉菌属(*Erysiphe*)。每个闭囊壳内有多个子囊，子囊内含 2～8 个子囊孢子，附属丝菌丝状，分生孢子串生或单生(图 3-16)。常见的植物病害，如二孢白粉菌可引起烟草、芝麻、向日葵及瓜类等白粉病。

③布氏白粉菌属(*Blumeria*)。每个闭囊壳内有多个子囊，附属丝不发达，呈短菌丝状。分生孢子梗基部膨大为近球形，分生孢子串生(图 3-17)。常见的植物病害，如禾布氏白粉菌引起禾本科植物白粉病。此菌有不同的专化型，如为害小麦的禾布氏白粉菌小麦专化型和为害大麦的禾布氏白粉菌大麦专化型。

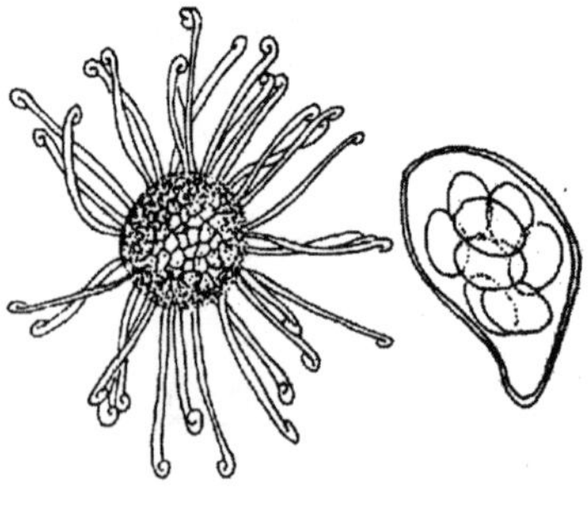

图 3-16　白粉菌属

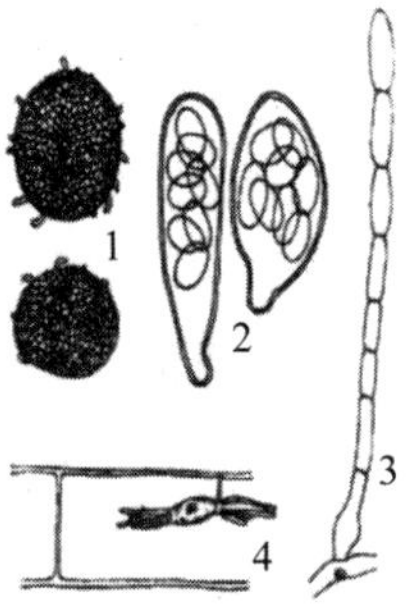

1. 闭囊壳；2. 子囊和子囊孢子；3. 分生孢子梗和分生孢子；4. 吸器

图 3-17　布氏白粉属

④单丝壳属(*Sphaerotheca*)。闭囊壳内产生一个子囊，附属丝菌丝状(图 3-18)。常见的植物病害，如单丝壳菌可引起瓜类、豆类等多种植物白粉病。目前，单丝壳菌已与叉丝单囊壳属合并。

⑤长喙壳属(*Ceratocystis*)。子囊壳生于基物的表面，球形，具长喙，长喙是子囊壳 4～5 倍长，颈的顶端常裂成须状。子囊呈近球形，不规则地散生在子囊壳内。子囊孢子单胞、无色，形状各种各样，如椭圆形、帽形、针形、多角形等，成熟后从孔口挤出，在孔口聚集成团。可引起甘薯黑斑病等。

⑥大角间座壳属(*Magnaporthe*)。自然情况下有性阶段罕见。子囊壳单生或群生,暗褐色或褐色,深埋于基质中,子囊呈棍棒形或圆柱形,内生 8 个子囊孢子,孢子无色、略弯,1～3 隔。如灰色大角间座壳菌引起稻瘟病(图 3-19)。

⑦小丛壳属(*Glomerella*)。子囊壳产生在菌丝层上或半埋于子座内,没有侧丝,子囊孢子单胞、无色。可引起苹果、梨、葡萄等果树炭疽病,棉花炭疽病等。

⑧黑腐皮壳属(*Valsa*)。子囊壳埋生于子座基部,有长颈伸出子座。子囊孢子呈香肠形,单胞(图 3-20)。可引起苹果、梨的腐烂病等。

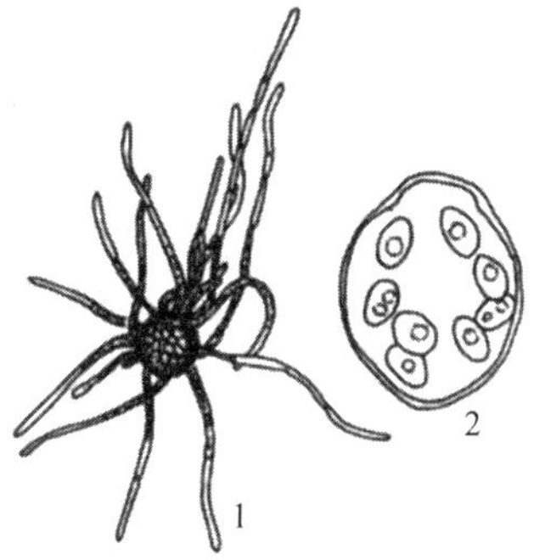

1. 闭囊壳及附属丝;2. 子囊及子囊孢子

图 3-18 单丝壳属

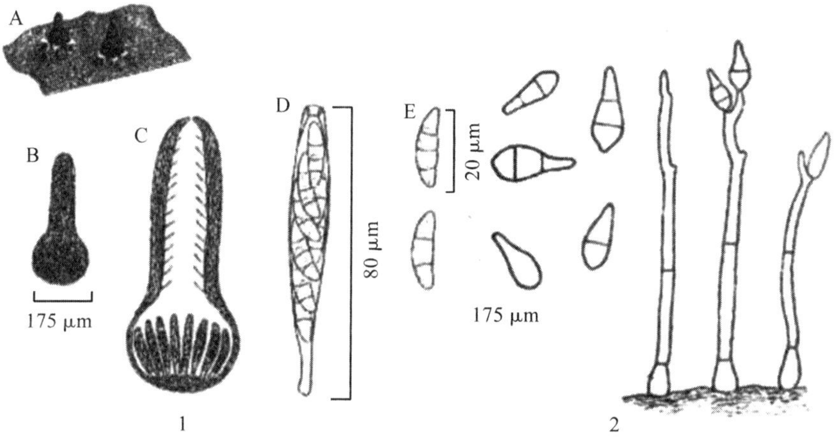

1. 子囊壳、子囊及子囊孢子:A. 稻叶上子囊壳;B. 完整的子囊壳;C. 子囊壳剖面;D. 子囊;E. 子囊孢子。2. 分生孢子梗及分生孢子

图 3-19 大角间座壳属

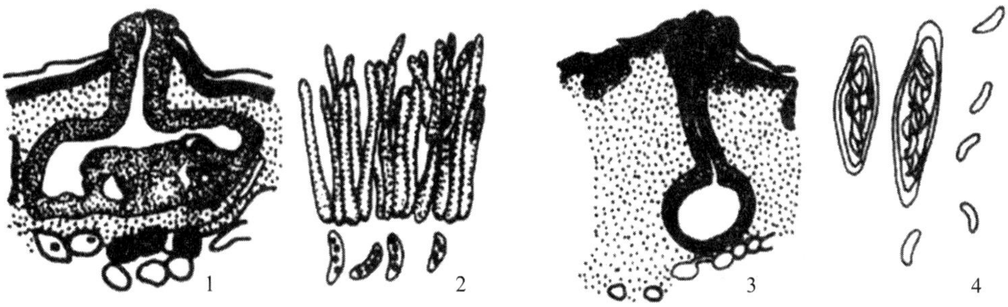

1. 分生孢子器;2. 分生孢子梗及分生孢子;3. 子囊壳;4. 子囊及子囊孢子

图 3-20 黑腐皮壳属

⑨赤霉属(*Gibberella*)。子囊壳呈球形至圆锥形,单生或群生于子座上。子囊呈棍棒形。子囊孢子呈纺锤形,有 2～3 个分隔,无色,无性世代多属于镰刀菌属(图 3-21)。可引起禾本科

植物赤霉病等。

⑩顶囊壳属(*Gaeumannomyces*)。子囊壳埋于基质内,顶端有短的喙状凸起。子囊孢子呈细线状,多细胞。可引起禾本科植物全蚀病等。

⑪核盘菌属(*Sclerotinia*)。菌丝体形成菌核,菌核萌发产生具长柄的褐色子囊盘。子囊与侧丝平行排列于子囊盘的开口处,形成子实层。子囊呈棍棒形,子囊孢子呈椭圆形或纺锤形,单胞,无色(图 3-22)。可引起十字花科植物菌核病等。

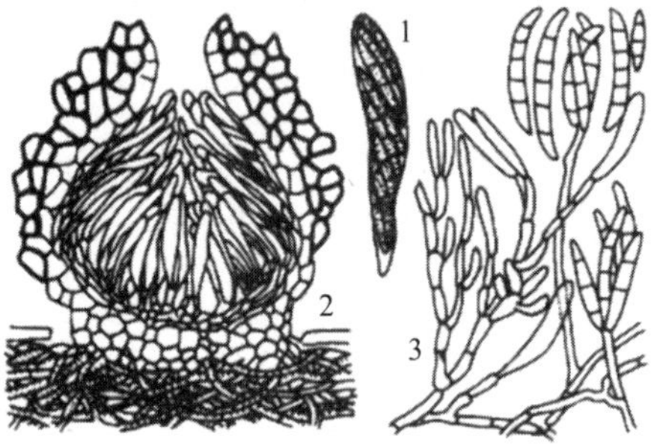

1. 子囊;2. 子囊壳;
3. 分生孢子座及分生孢子

图 3-21 赤霉属

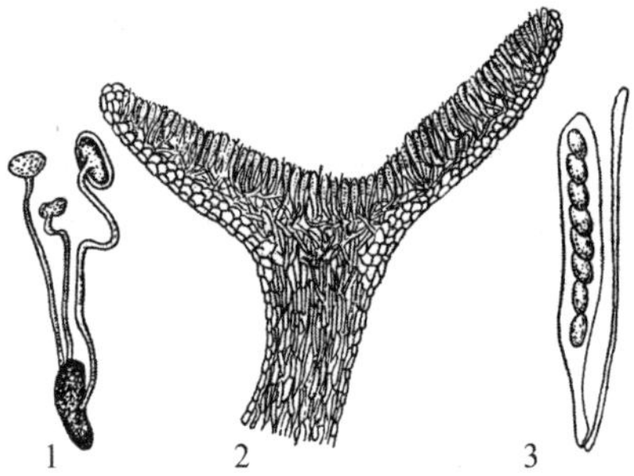

1. 菌核萌发产生子囊盘;2. 子囊盘剖面;
3. 子囊、侧丝及子囊孢子

图 3-22 核盘菌属

⑫葡萄孢核盘菌属(*Botryotinia*)。菌核生于寄主角质层或表皮下,表面隆起,由薄壁组织组成,周围有胶质物。常见的灰葡萄孢菌,无性阶段为葡萄孢属,有性阶段为葡萄核盘菌属富克氏葡萄核盘菌(极少见)。可引起多种植物灰霉病。

⑬球座菌属(*Guignardia*)。子囊顶壁厚。子囊孢子呈椭圆形或卵圆形,双胞大小不等(图 3-23)。可引起葡萄黑腐病等。

⑭球腔菌属(*Mycosphaerella*)。子囊座着生在寄主叶片表皮层下。子囊初期束生,后平行排列。子囊孢子呈椭圆形,无色,双胞大小相等(图 3-24)。可引起禾本科植物的黑霉病等。

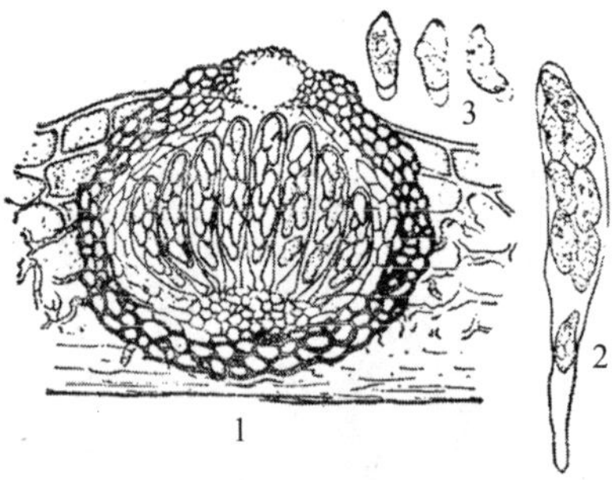

1. 假囊壳;2. 子囊;3. 子囊孢子

图 3-23 球座菌属

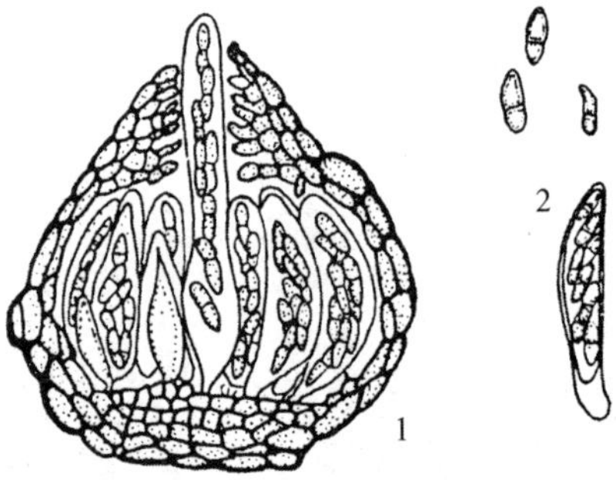

1. 假囊壳;2. 子囊及子囊孢子

图 3-24 球腔菌属

⑮黑星菌属(*Venturia*)。假囊壳大多数在病株残余组织的表皮层下形成,周围有黑色、多隔的刚毛。长圆形的子囊平行排列,成熟时伸长;子囊呈棍棒形,平行排列,其间有拟侧丝。子囊孢子呈椭圆形,双胞大小不等(图 3-25)。可引起苹果黑星病、梨黑星病等。

(4)无性态子囊菌　根据国际菌物分类的发展趋势,取消了半知菌这一分类单元,将部分已经明确了有性态的半知菌，归入相应的子囊菌属中介绍。对于某些虽明确有性态，但在自然条件下很少发生或尚未出现，人们先发现它的无性阶段并命名，后来又发现它的有性阶段的，或有些难以根据有性阶段的特征进行分类和鉴定，同时人们已习惯使用它的无性阶段学名，并很容易根据无性阶段的特征进行识别的，都以无性态子囊菌为题专门进行介绍。

无性态子囊菌的主要特征是：营养体是分枝繁茂的有隔菌丝体；无性繁殖产生大量各种类型的分生孢子；没有或尚未发现有性生殖阶段。

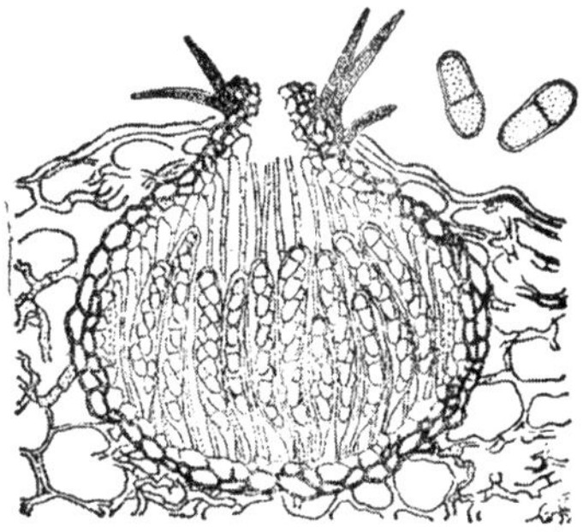

具有刚毛假囊壳和子囊孢子

图 3-25　黑星菌属

无性态子囊菌着生分生孢子的结构有各种类型。如图 3-26 所示，有的没有分生孢子果，分生孢子梗散生，或束生，或着生在分生孢子座上；有的形成孢子果，分生孢子梗和分生孢子着生在近球形、具孔口的分生孢子器或盘状的分生孢子盘内。目前，主要以分生孢子梗的着生方式、分生孢子的生成方式和分生孢子的形态特征对无性态子囊菌进行分类。无性态子囊菌可以引起病害的重要属如下。

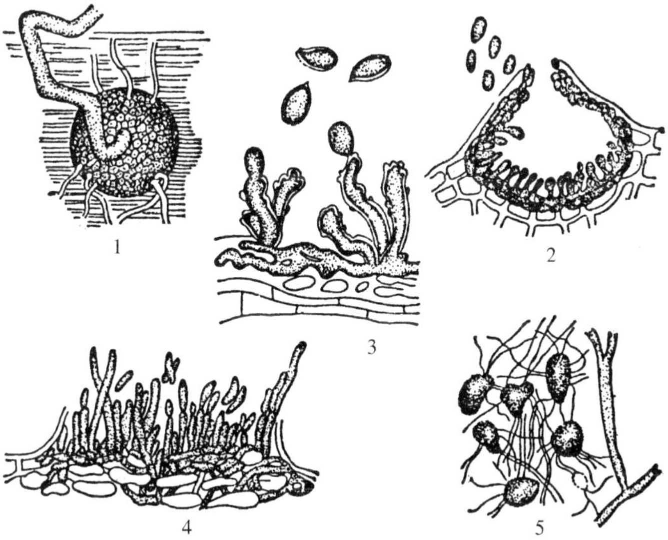

1. 分生孢子器外形；2. 分生孢子器剖面；3. 分生孢子梗；4. 分生孢子盘；5. 菌核

图 3-26　无性态子囊菌子实体及菌核

①粉孢属（*Oidium*）。菌丝体表生。分生孢子梗短小，不分枝。分生孢子单胞，圆形，串生（图 3-27）。可引起多种植物白粉病。

②轮枝孢属（*Verticillium*）。分生孢子梗直立，呈轮状分枝。分生孢子单胞，圆形（图 3-28）。如黑白轮枝孢可引起棉花黄萎病、苜蓿黄萎病等。

③尾孢属（*Cercospora*）。分生孢子梗黑褐色，丛生，不分枝，有时呈屈膝状，孢痕明显。分生孢子线形、鞭形或蠕虫形，多胞（图 3-29）。如玉米尾孢可引起玉米灰斑病。

④平脐蠕孢属（*Bipolaris*）。分生孢子梭形，直或弯曲，脐点稍凸出，平截状。可引起玉米小斑病。

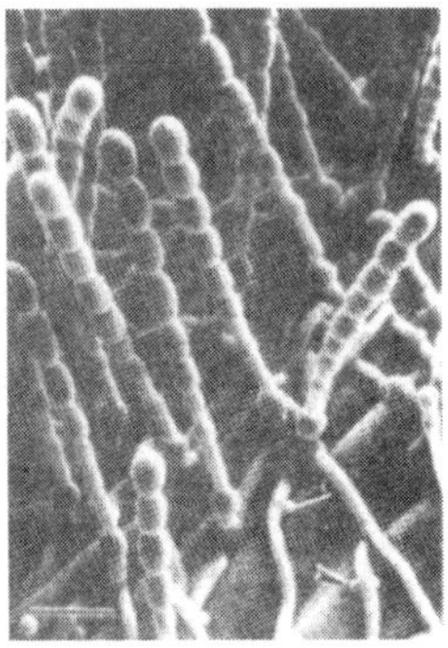

图 3-27　粉孢属(分生孢子梗和分生孢子)

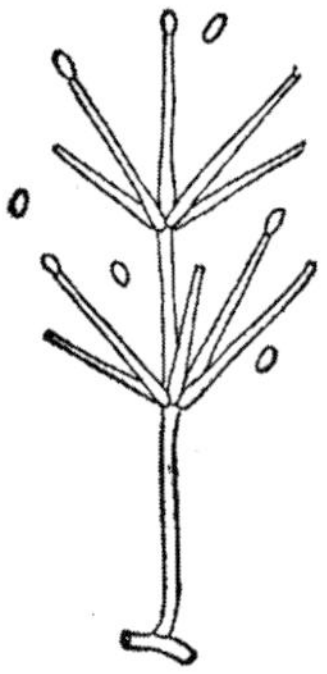

图 3-28　轮枝孢属(分生孢子梗及分生孢子)

⑤突脐蠕孢属(*Exserohilum*)。分生孢子梭形、圆筒形或倒棍棒形，直或弯曲，脐点明显凸出(图 3-30)。可引起玉米大斑病。

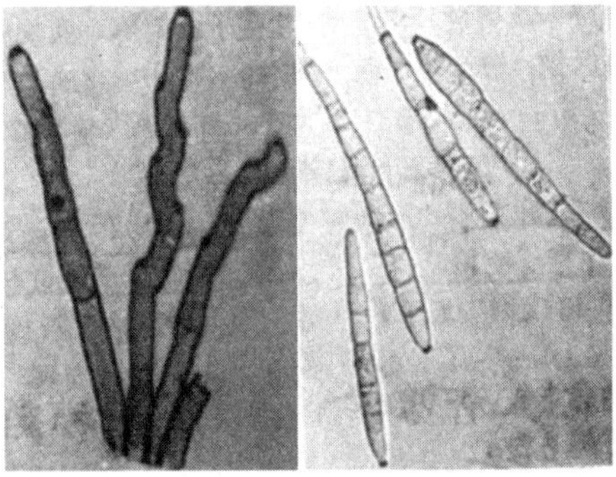

图 3-29　尾孢属(分生孢子梗和分生孢子)

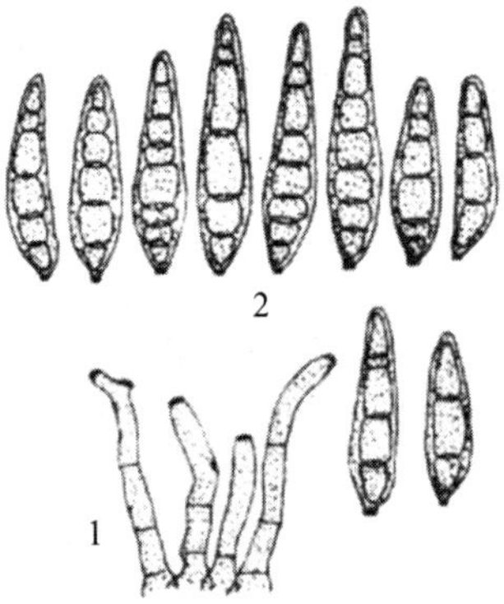

图 3-30　突脐蠕孢属(分生孢子梗及分生孢子)

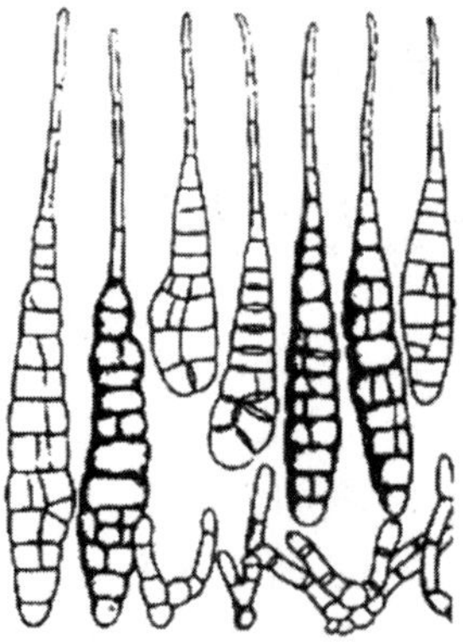

图 3-31　链格孢属(分生孢子梗和分生孢子)

⑥链格孢属(*Alternaria*)。链格孢属又称交链孢属。分生孢子梗弯曲、褐色、孢痕明显。分生孢子单生或串生，褐色、卵圆形或倒棍棒形，有纵横分隔(图 3-31)。可引起马铃薯、番茄早疫病。

⑦镰刀菌属(*Fusarium*)。分生孢子梗无色，下端常结合形成分生孢子座，有时直接从菌丝生出，单生。一般可产生两种分生孢子：大型分生孢子呈镰刀形；小型分生孢子单胞或双胞，呈椭圆形或短圆柱形。有些可产生厚垣孢子(图 3-32)。可引起瓜类枯萎病、番茄枯萎病等。

⑧炭疽菌属(*Colletotrichum*)。寄生在寄主的角质层或表皮层下形成分生孢子盘，分生孢子盘往往有褐色刚毛(图 3-33)。可引起瓜类炭疽病等。

⑨茎点霉属(*Phoma*)。分生孢子器呈球形，褐色，分散或集中，埋生或半埋生。分生孢子梗短。分生孢子小，呈卵形，无色、单胞(图 3-34)。可引起柑橘黑斑病的柑果茎点霉等。

1. 大型分生孢子及分生孢子梗;
2. 小型分生孢子及分生孢子梗

图 3-32 镰刀菌属

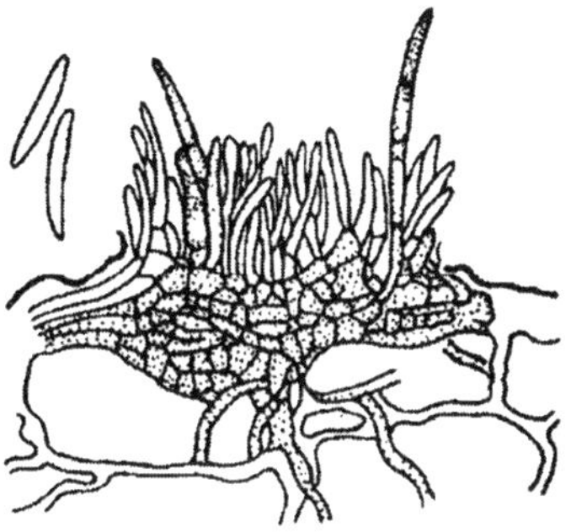

图 3-33 炭疽菌属(分生孢子盘及分生孢子)

⑩大茎点霉属(*Macrophoma*)。形态与茎点霉属相似,但分生孢子较大,长度一般超过 15 μm(图 3-35)。可引起苹果、梨的轮纹病等。

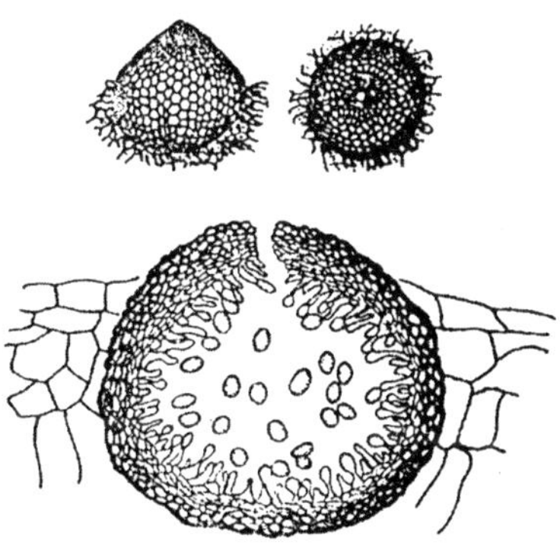

图 3-34 茎点霉属(分生孢子器及分生孢子)

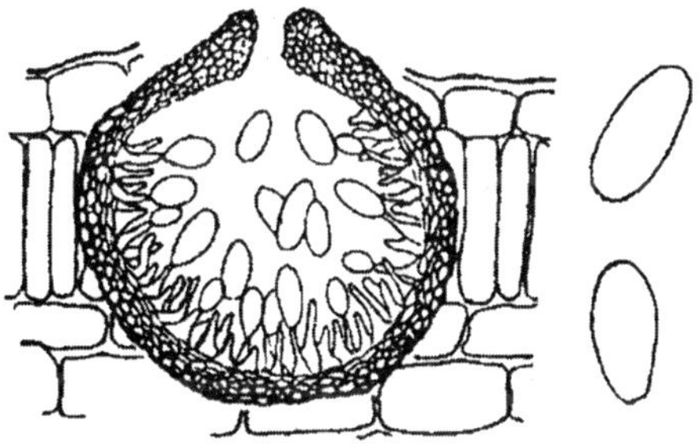

图 3-35 大茎点霉属(分生孢子器及分生孢子)

⑪拟茎点霉属(*Phomopsis*)。分生孢子有两种类型:常见的一种孢子呈卵圆形,单胞、无色,能萌发;另一种孢子呈线性,一端弯曲呈钩状,单胞、无色,不能萌发(图 3-36)。可引起茄子褐斑病、柑橘树脂病等。

⑫小核菌属(*Sclerotium*)。产生菌核,菌核间无丝状体相连(图 3-37)。可引起稻褐色菌核病、多种作物白绢病等。

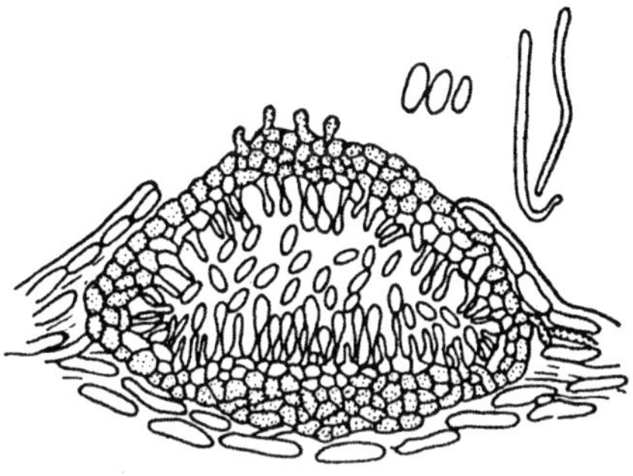

图 3-36 拟茎点霉属(分生孢子器及分生孢子)

⑬丝核菌属(*Rhizoctonia*)。产生菌核,菌核间有丝状体相连。菌丝多为直角分枝,分枝处有缢缩(图 3-38)。可引起多种作物立枯病、水稻纹枯病等。

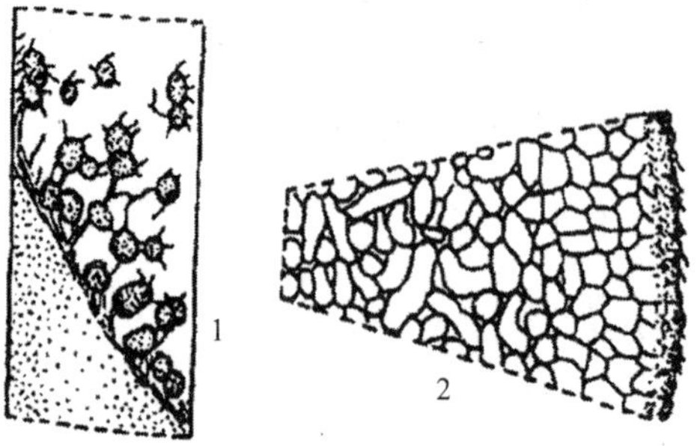

1. 菌核；2. 菌核剖面

图 3-37　小核菌属

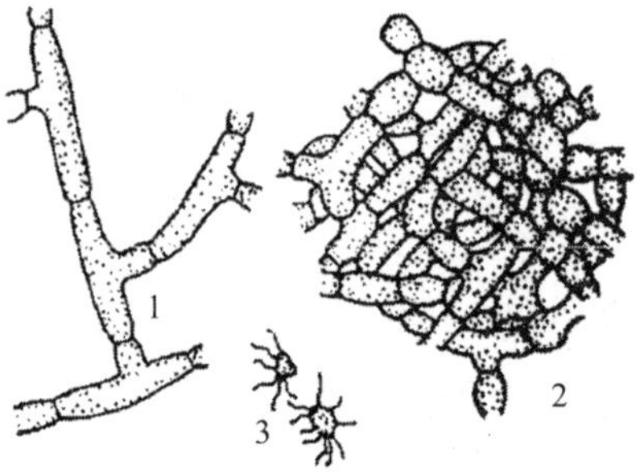

1. 直角状分枝的菌丝；2. 菌丝纠结的菌组织；3. 菌核

图 3-38　丝核菌属

(5)担子菌门　担子菌门是最高级的一类菌物，寄生或腐生，其中包括可供人类食用和药用的菌物。担子菌门菌物的营养体为发达的有隔菌丝。在多数担子菌的生活史中，菌丝体可分为 3 种类型，即单核的初生菌丝、双核的次生菌丝和由次生菌丝特化形成的三生菌丝。有性繁殖形成担子和担孢子，除锈菌和黑粉菌产生无性孢子外，大多数担子菌不产生无性孢子。

高等担子菌的担子都着生在高度组织化的各种类型的子实体内，也称担子果。担子散生或聚生在担子果上，担子上着生 4 个担孢子。常见的担子果，如蘑菇、木耳等。低等的担子菌不产生担子果，如锈菌和黑粉菌，担子由冬孢子萌发产生，不形成子实层，冬孢子散生或成堆着生在寄主组织内。

不同的菌物学家对担子菌类群划分不同，《菌物辞典》第 10 版(2008)将担子菌划分为柄锈菌亚门、黑粉菌亚门、伞菌亚门，以及 1 个单独纲，即节担菌纲。柄锈菌亚门中的柄锈菌目菌物统称为锈菌。黑粉菌亚门中与作物关系密切的是黑粉菌纲中的黑粉菌目和条黑粉菌目，外担菌纲中的腥黑粉菌目、叶黑粉菌目、实球黑粉菌目和外担黑粉菌目。黑粉菌目、条黑粉菌目、腥黑粉菌目、叶黑粉菌目、实球黑粉菌目等的菌物统称为黑粉菌。引起植物病害的担子菌主要是黑粉菌和锈菌。

①黑粉菌。黑粉菌主要通过双核菌丝在寄主的细胞间寄生，后期在寄主组织内产生成堆黑色粉状的冬孢子。由它引起的植物病害被称为黑粉病。冬孢子萌发形成先菌丝和担孢子，不同性别的担孢子结合后萌发形成双核菌丝再侵入寄主。黑粉菌种类很多，可引起许多植物的病害，其重要属如下。

A. 黑粉菌属(*Ustilago*)。在寄主的各个部位产生冬孢子堆，黑褐色，成熟时呈粉末状。如图 3-39 所示，冬孢子散生、单胞、球形或近球形，表面光滑或有饰纹。冬孢子萌发产生有隔担子，担孢子顶生或侧生。有些种的冬孢子直接产生芽管侵入，不产生担孢子。如小麦散黑粉菌可引起小麦散黑穗病，裸黑粉菌可引起大麦散黑穗病，大麦坚黑粉菌可引起大麦坚黑穗病，玉米黑粉菌可引起玉米瘤黑粉病等。各种黑粉菌的生活史相似，但侵染方式不同，小麦、大麦散黑粉病是病原侵入后，菌丝潜伏在麦粒的胚部，在种子萌发时，病原侵入生长点从而引起全株系统性的感染，而玉米黑粉

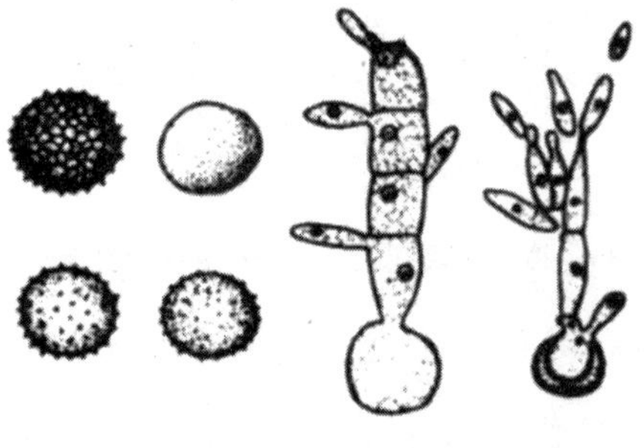

图 3-39　黑粉菌属(冬孢子和冬孢子萌发)

病的侵染方式比较特别，它是由担孢子在玉米生长期侵入而引起的局部感染。

B. 轴黑粉菌属（*Sphacelotheca*）。由菌丝体组成的膜包被在粉状或粒状孢子堆外面，孢子堆中间有由寄主维管束残余组织形成的中轴（图 3-40）。如高粱轴黑粉菌可引起高粱散黑穗病、高粱坚轴黑粉菌可引起高粱坚黑穗病等。

C. 腥黑粉菌属（*Tilletia*）。冬孢子堆通常在寄主子房内产生，少数产生在寄主的营养器官上。谷粒成熟后破裂，散发出黑色粉末状的冬孢子堆，有腥臭味。冬孢子萌发产生无隔担子，其顶端集生多个担孢子。腥黑粉菌属病菌有小麦光腥黑粉菌（图 3-41）、小麦网腥黑粉菌、小麦矮腥黑粉菌等，其中，小麦矮腥黑粉菌是我国重要的对外植物检疫对象。

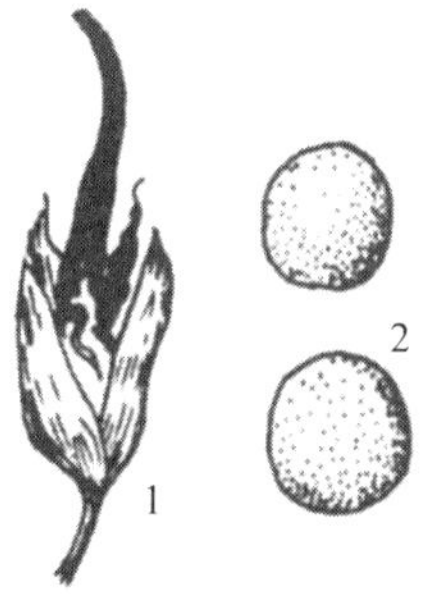

1. 子房受害后形成的冬孢子堆和中轴；2. 冬孢子

图 3-40　轴黑粉菌属

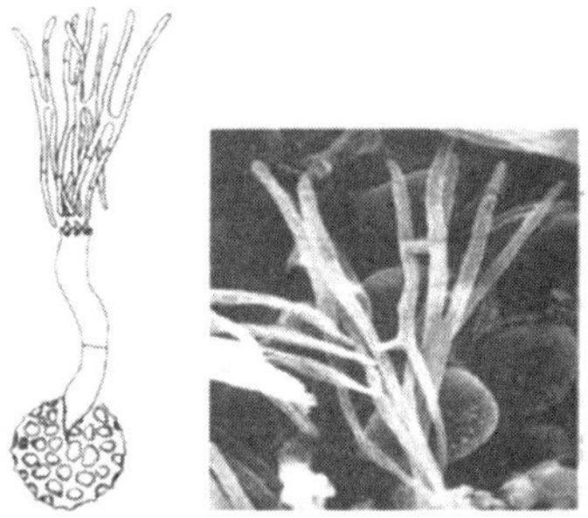

图 3-41　小麦光腥黑粉菌冬孢子萌发示意图（左）、电镜图（右）

②锈菌。锈菌是活体寄生菌，以吸器伸入寄主细胞内吸取养分，不产生担子果。典型锈菌的生活史可经过 5 种不同的发育阶段，形成 5 种不同孢子类型：性孢子器及性孢子；锈孢子器及锈孢子；夏孢子堆及夏孢子；冬孢子堆及冬孢子；担子及担孢子。冬孢子主要起越冬休眠的作用，萌发形成担孢子，是病害初次侵染源；锈孢子、夏孢子是再次侵染源，起扩展、蔓延的作用。锈菌种类很多，可引起许多植物的锈病。

A. 柄锈菌属（*Puccinia*）。冬孢子堆产生在表皮下，大多突破表皮。单主或转主寄生。如图 3-42 所示，冬孢子双胞有柄，深褐色，椭圆，棒状；性孢子器球形；锈孢子器杯状或筒状，锈孢子单胞、球形；夏孢子黄褐色，单胞，有柄，有刺。可引起麦类秆锈病、小麦条锈病、小麦叶锈病、玉米锈病、向日葵锈病、花生锈病等。

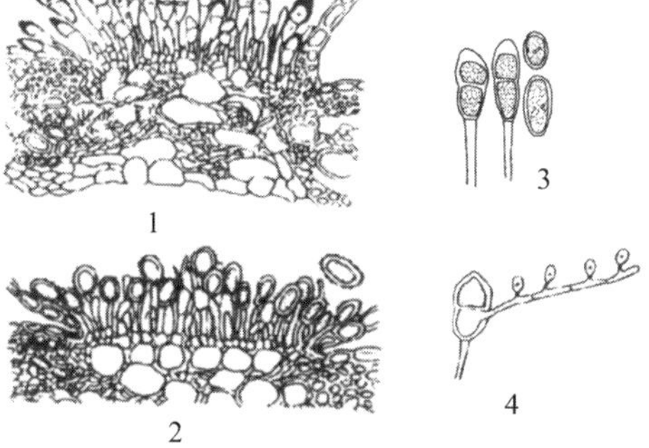

1. 冬孢子堆；2. 夏孢子堆；3. 冬孢子、夏孢子；4. 冬孢子萌发

图 3-42　柄锈菌属

B. 胶锈菌属(*Gymnosporangium*)。转主寄生,无夏孢子阶段。冬孢子堆生于桧柏小枝的表皮下,后突破表皮形成各种形状的冬孢子角,遇水呈胶质状。如图 3-43 所示,冬孢子双胞,浅黄色,柄长,易胶化;性孢子器,生于梨、苹果叶片正面表皮下;锈孢子器长筒形,群生,生于病叶反面,呈丝毛状。所致病害有苹果锈病、梨锈病等。

C. 单胞锈菌属(*Uromyces*)。如图 3-44 所示,冬孢子单胞,有柄,顶端壁厚,呈乳突状;夏孢子堆粉状、褐色;夏孢子单胞,黄褐色,椭圆形,具微刺。所致病害有蚕豆锈病、菜豆锈病等。

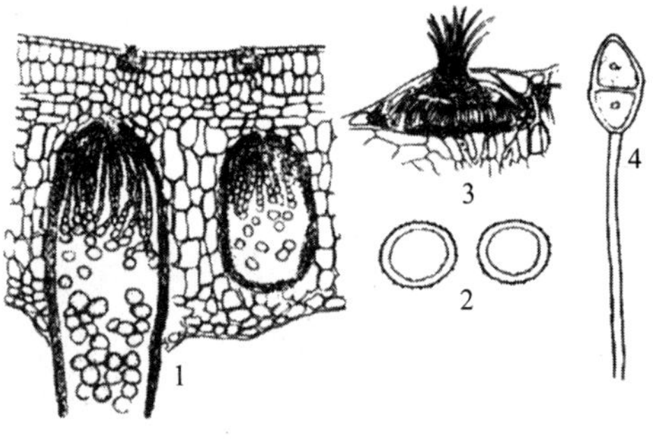

1. 锈孢子器;2. 锈孢子;3 性孢子器;4 冬孢子

图 3-43 胶锈菌属

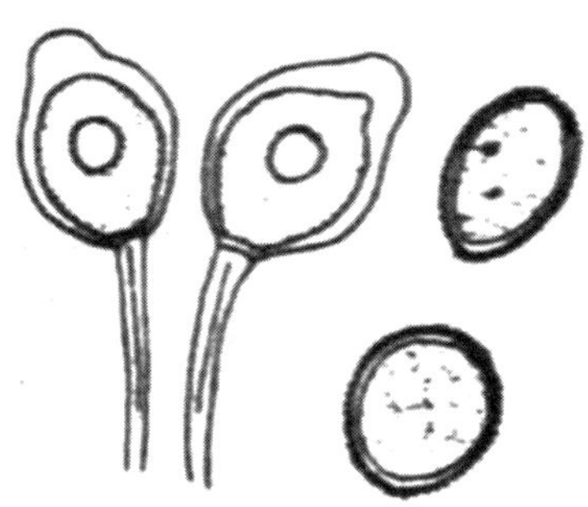

图 3-44 单胞锈菌属(冬孢子和夏孢子)

5. 菌物所致病害的特点

寄主发病部位的表面长出的霉状物、粉状物、黑点状物等,是菌物性病害的重要标志。

卵菌门的一些真菌,如腐霉菌、疫霉菌等,可引起植物根部或茎基部腐烂。湿度大时,常在病部长出白色棉毛状物。比较高等的卵菌,如霜霉菌,接近陆生,多为害植物的地上部,引起叶斑或花、穗变形,在病部产生霜霉状物。这些病菌可以在土壤或植株残体中度过不良环境,因此,带菌土壤和带菌植株残体就成为当年发病的初侵染源。

子囊菌门(包括无性态)所引起的病害,除少数菌(白粉菌等)外,一般都形成病斑,其病斑有明显的色较深的边缘。在病斑上产生各种颜色的霉状物或小黑点。这些菌物的无性繁殖都产生分生孢子,可以在田间通过气流、雨水或昆虫传播,扩大为害范围。

担子菌门中的黑粉菌、锈菌会形成黑色或锈色的粉状物。黑粉菌多以冬孢子附着在种子上,少数在土壤或粪肥中越冬,个别的以菌丝在种子中越冬,故用药剂处理种子可以有效防止大多数黑粉菌引起的病害。锈菌形成的夏孢子可以通过气流进行远距离传播,所以锈病(小麦条锈病等)常大面积发生,且其寄生专化性很强,寄主植物品种间抗病性的差异明显。

3.2.2 原核生物

原核生物是一类由细胞壁和细胞膜或仅有细胞膜包围细胞质的单细胞生物,它的遗传物质(DNA)分散于细胞质中,没有核膜包围的细胞核。引起植物病害的原核生物称为植物病原原核生物,主要包括细菌和菌原体。

1. 植物病原细菌的一般性状

细菌是大小介于真菌和病毒之间的一类单细胞微生物,有细胞壁,没有固定细胞核。细菌的形态主要有球状、杆状和螺旋状三种。植物病原细菌大多是杆状,称为杆菌,大小为(0.5～0.8) μm×(1～3) μm。如图 3-45 所示,细菌的细胞壁由肽聚糖、脂类和蛋白质组成,细胞壁外有以多糖为主形成的黏质层,比较厚而固定的黏质层称为荚膜。植物病原细菌细胞壁外常有厚薄不等的黏质层,但很少有荚膜。

大多数植物病原细菌有鞭毛,通常无芽孢。通过染色反应可以鉴别细菌种类,其中最重要的是革兰氏法染色。植物病原细菌的革兰氏染色反应大多是阴性的,只有棒状杆菌属细菌等少数是阳性的。

植物病原细菌是以裂殖的方式繁殖的。分裂时菌体稍微伸长,中间产生隔膜,随后分裂成两个子细胞。在适宜的条件下,细菌繁殖很快,大肠杆菌 20 min 可繁殖一代。

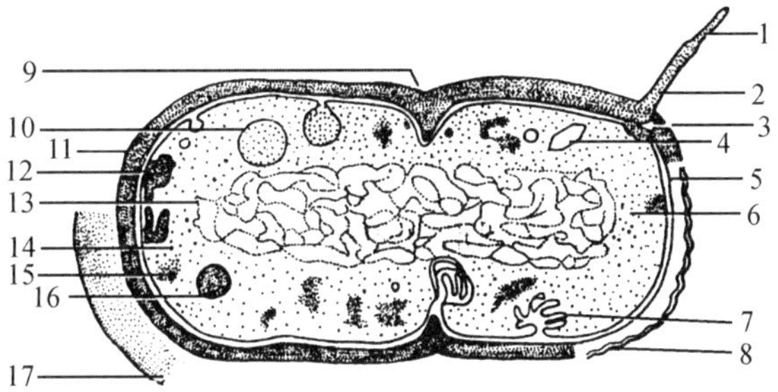

1. 鞭毛;2. 鞭毛鞘;3. 鞭毛基体;4. 气泡;5. 细胞质膜;6. 核糖体;7. 中间体;
8. 革兰氏阴性细胞壁;9. 隔膜的形成;10. 液泡;11. 革兰氏阳性细胞壁;
12. 载色体;13 核区;14 核糖体;15. 聚核糖体;16 异染体;17. 荚膜

图 3-45 细菌

2. 植物病原细菌性病害的症状特点及病害诊断

植物病原细菌性病害的病状类型主要有坏死、腐烂、萎蔫和畸形四类,病征为脓状物。切取一小块植物病组织制成水压片在显微镜下观察,可以看到从病键部流出大量的细菌,这种现象称为喷菌现象。喷菌现象是细菌性病害特有的,是区别细菌性病害与真菌性病害、病毒性病害的简便手段之一。

(1)坏死 最常见的是叶、果上的斑点和枯斑。细菌性叶斑受毒素作用,病斑周围有黄色晕圈。天气潮湿时,病部有淡黄色或乳白色菌脓溢出,干后呈颗粒状或形成菌膜。叶斑受叶脉控制,呈多角形,如棉角斑病;有的后期穿孔,如桃细菌性穿孔病;有的扩大成条斑或枯死斑,如水稻白叶枯病;有的病组织木栓化,形成溃疡斑,如柑橘溃疡病。

(2)腐烂 腐烂是细菌性病害的典型症状,如瓜果、蔬菜的软腐病。细菌引起的软腐病有恶臭气味,而真菌性病害没有。真菌引起的瓜果腐烂无恶臭味,但伴有绵霉状物出现,可与细菌性病害进行区别。

(3)萎蔫 萎蔫是细菌侵害维管束以后引起的,如茄科蔬菜青枯病等。若挤压病株茎横切面,会有乳白色菌脓流出。

(4)畸形 细菌性病害的畸形大多发生在木本植物的根冠、茎基部及枝条上,如苹果根癌病等。

3. 植物病原原核生物的主要类群

目前采用伯杰提出的分类系统,将原核生物分为四个门,即薄壁菌门、厚壁菌门、软壁菌门、疵壁菌门。与植物病害关系密切的有假单胞菌属、黄单胞菌属、欧文氏菌属、土壤杆菌属、棒形杆菌属,分别属于薄壁菌门和厚壁菌门。

(1)假单胞菌属(*Pseudomonas*) 菌体单细胞,杆状或略弯,大小为(0.5～1) μm×(1.5～4) μm,鞭毛 1～4 根或更多,极生。革兰氏染色反应为阴性。不产生芽孢。严格好气性,代谢为呼吸型。营养琼脂上的菌落圆形，隆起，灰白色，有荧光反应，白色或褐色，有些种产生褐色素扩散到培养基中。2000 年，据不完全统计，该属已有 20 个种 59 个致病变种，植物病原细菌主要是荧光假单胞菌组的成员。引起的植物病害有烟草角斑病、甘薯细菌性萎蔫病、大豆细菌性疫病等。

（2）黄单胞菌属（*Xanthomonas*） 菌体多单生，少双生，杆状，大小为（0.4～0.7）μm×（0.7～1.8）μm，单根鞭毛，极生。革兰氏染色反应为阴性。不产生芽孢。严格好气性，代谢为呼吸型。营养琼脂上的菌落圆形，隆起，蜜黄色，产生非水溶性黄色素。引起的植物病害有甘蓝黑腐病、水稻白叶枯病、柑橘溃疡病等。

（3）欧文氏菌属（*Erwinia*） 菌体单细胞，短杆状，大小为（0.5～1）μm×（1～3）μm，革兰氏染色反应为阴性。除一个种无鞭毛外，其他种均有多根鞭毛，周生。兼性好气性，代谢为呼吸型或发酵型，无芽孢。营养琼脂上菌落圆形，隆起，灰白色。重要的植物病原细菌有胡萝卜软腐欧文氏菌和解淀粉欧文氏菌。引起的植物病害有马铃薯黑胫病、玉米细菌性枯萎病、玉米细菌性茎腐病、白菜软腐病等。

（4）土壤杆菌属（*Agrobacterium*） 菌体杆状，大小为（0.6～1.0）μm×（1.5～3）μm，鞭毛 1～6 根，周生或侧生。革兰氏染色反应为阴性。不产生芽孢。严格好气性，代谢为呼吸型。营养琼脂上的菌落圆形，隆起，光滑，灰白色至白色，质地黏稠，不产生色素。代表植物病原细菌是根癌土壤杆菌，其是土壤习居菌，寄主范围极广，可侵害 90 多科 300 多种双子叶植物，尤以蔷薇科植物为主，可引起桃、苹果、葡萄、月季等的根癌病。

（5）棒形杆菌属（*Clavibacter*） 菌体短杆状至不规则杆状，大小为（0.4～0.75）μm×（0.8～2.5）μm，无鞭毛，革兰氏染色反应为阳性。不产生芽孢。好气性，呼吸型代谢，营养琼脂上菌落为圆形光滑凸起，不透明，多为灰白色。重要的植物病原细菌有马铃薯环腐病菌等，主要为害马铃薯的维管束组织，引起环状维管束组织坏死，故称为环腐病。

扩展阅读【植物病原菌原体】

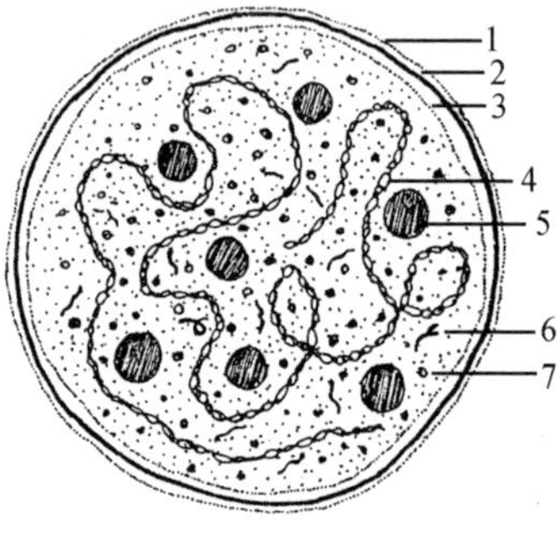

1～3. 三层单位膜；4. 核酸链；5. 核糖体；6. 蛋白质；7. 细胞质

图 3-46 植原体

植物病原菌原体是一类无细胞壁、有细胞膜的单细胞原核生物，属原核生物软壁菌门。菌体无细胞壁，只有一种称为单位膜的原生质膜包围。营养要求苛刻。对四环素类抗生素敏感，但对青霉素不敏感。已知与植物病害有关的有植原体和螺原体两个属。

植原体（图 3-46）的形态、大小变化较大，如圆形、椭圆形、哑铃形、梨形等，大小为 80～1 000 nm。细胞内有颗粒状的核糖体和丝状的核酸物质。常见的植原体病害有桑萎缩病、泡桐丛枝病、枣疯病等。

螺原体为线条状，在其生活史的主要阶段呈螺旋状，一般长度为 2～4 μm，直径是 100～200 nm，如引起柑橘等植物僵化病的柑橘螺原体。

3.2.3 植物病毒

病毒是一类比较原始的、结构简单的、严格细胞内寄生的非细胞生物，由核酸和保护性蛋白衣壳组成，又称分子寄生物。寄生在植物上的病毒称为植物病毒，寄生在动物上的病毒称为动物病毒，寄生在细菌上的病毒称为噬菌体。

植物病毒引起的病害数量及为害性仅次于菌物。大田作物、果树、蔬菜上的许多病毒病都是农业生产上的突出问题，如水稻条纹叶斑病、小麦黄矮病、油菜病毒病、烟草花叶病等。

1. 植物病毒的一般性状

病毒微小，必须在电子微镜下放大几万倍才能看到它的形态。植物病毒的主要形态为杆状、线状和球状等。杆状病毒形状较直，大小多为(20～80) nm×(100～350) nm；线状病毒形状弯曲，大小多为(11～13) nm×750 nm，个别长达 2 000 nm 以上；球状病毒也称二十面体病毒，直径多在 20～35 nm，少数可达 70～80 nm。

植物病毒粒体是由核酸和蛋白质衣壳组成的。一般杆状或线条状的植物病毒，中间是螺旋状核酸链，外面是由许多蛋白质亚基组成的衣壳。蛋白质亚基也排列成螺旋状，核酸就嵌在亚基的凹痕处。因此，杆状和线状粒体是空心的。烟草花叶病毒如图 3-47 所示。球状病毒的形态大多近似二十面体，衣壳由 60 个或其倍数的蛋白质亚基组成。

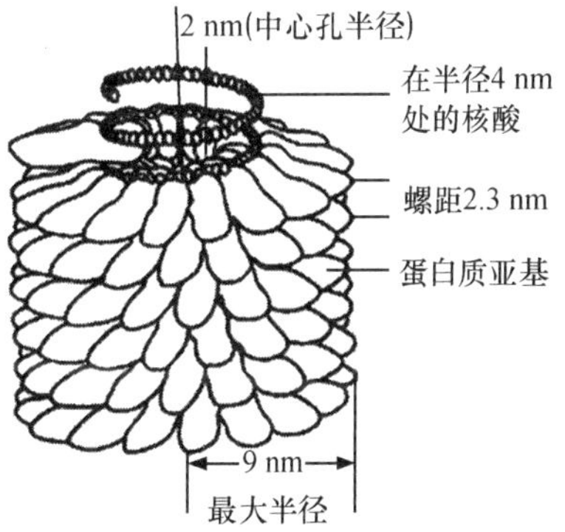

图 3-47　烟草花叶病毒

植物病毒的主要成分是核酸和蛋白质，此外，还含有水分、矿质元素等，有的病毒粒体中还含有少量脂类或多胺类物质。一种病毒粒体只含有一种核酸(RNA 或 DNA)。植物病毒的基因组核酸大多是 RNA。蛋白质衣壳具有保护核酸免受核酸酶或紫外线破坏的作用。

病毒是一种活体寄生物，只能在活的寄主细胞内生活繁殖。病毒的繁殖采取复制和增殖的方式，即在寄主细胞内以病毒核酸为模板，利用寄生细胞的物质、能量和酶系统，合成病毒自身的核酸和蛋白质，从而组装成新的病毒。病毒的繁殖过程也就是病毒的致病过程。

植物病毒的传播是完全被动的。根据自然传播方式的不同，可以分为介体传播和非介体传播。介体传播是指病毒依靠其他生物体进行传播侵染的方式。自然界传播植物病毒的生物介体主要有昆虫、螨类、线虫、真菌、菟丝子等，其中以昆虫最为重要。在传毒昆虫中，多数是刺吸式昆虫，特别是蚜虫、叶蝉、飞虱等。非介体传播是指在病毒传播过程中没有其他生物介入的传播方式，包括汁液接触传播、无性繁殖材料与嫁接传播、种子与花粉传播等，其中，汁液接触传播也被称为机械传播。

2. 植物病毒的物理特性

不同植物病毒在不同外界环境影响下的稳定性不同，这种特性可以作为鉴定病毒的依据之一。

(1)稀释限点　把病株汁液用水稀释，使病株汁液保持侵染力的最高稀释度叫作稀释限点。各种病毒的稀释限点差别很大，如烟草花叶病毒的稀释限点为 10^{-6}，菜豆普通花叶病毒

的稀释限点为 10^{-4}。

(2)钝化温度　把含有病毒的汁液放入不同温度中处理 10min 后，使其失去致病力的最低温度称为钝化温度。病毒对温度的抵抗力较其他微生物高，也相当稳定。一般病毒的钝化温度在 55～70 ℃，烟草花叶病毒的钝化温度是 97 ℃。

(3)体外存活(保毒)期　在室温(20～22 ℃)条件下，含有病毒的汁液保持侵染力的最长时间称为体外保毒期。大多数病毒的体外存活期为数天至数月。

3. 植物病毒病害的症状及诊断

(1)植物病毒病害症状　绝大多数植物病毒病害是系统侵染性病害。病毒能由侵入点扩展至全株，而表现全株性症状，以叶片、嫩枝表现得最为明显，有时也表现在果实上，常造成种子带毒，特别是花粉带毒。植物病毒是细胞内寄生，故没有明显的病征。常见的病状有花叶、黄化、斑驳、皱缩、矮化等。另外，病毒侵染寄主后，常常在寄主细胞内产生各种形状的内含体，病毒种类不同，所产生的内含体特征不同。寄主细胞内的内含体可作为鉴定病毒病的依据之一。

有些病毒病害的症状会受环境条件的影响而变化，有的甚至会暂时消失，即“隐症现象”，如烟草花叶病在 10 ℃以下或 35 ℃以上就不表现花叶症状。这种现象在进行病毒病害诊断时必须注意。

(2)植物病毒病害的诊断　植物病毒病害的诊断步骤如下。

①对发病植物标本进行初步检查和判断。植物病毒病害只有明显的病状，不表现病征。这在诊断上有助于将病毒病害与其他病原物所引起的病害区分开来，但往往易同非侵染性病害，特别是缺素症、药害和空气污染所致病害相混淆。

②对标本做进一步的实验诊断，必要时还需做进一步的病原鉴定。实验诊断包括：鉴别寄主；传染实验，不同植物病毒具有不同的传播介体，病毒的传播介体可以作为病原鉴定的一个证据，同时也为防治提供依据；显微镜观察，在光学显微镜下观察内含体，在电镜下观察病毒粒体；血清学技术；核酸杂交；病毒的理化特性。

扩展阅读【类病毒】

类病毒是一类无外壳蛋白，对植物有侵染性、环状、具有很高碱基自配对的单链 RNA。类病毒的特征是比病毒还小，具有很高的稳定性(可耐高温 90 ℃左右)、自然寄主范围窄(通常只有 1 个)、侵染力强(接触传染时只要 10 个分子)、侵染后潜育期长(几月至几年)等。重要的类病毒有马铃薯纺锤类病毒、苹果锈果类病毒等。

3.2.4　植物病原线虫

线虫是一类长管状、两侧对称的低等动物，属于无脊椎动物线虫纲。因为线虫引起植物发病的程序和症状与菌物等高等植物病原物很相似，所以列为植物病原物。线虫在自然界中分布广、种类多，大多数在土壤和水中腐生，有少数能寄生在植物中，引起植物病害严重的线虫病害。

1. 植物病原线虫的一般形态

植物病原线虫一般是圆筒状或鳗形，两端尖。体形细小，体长为 0.2～1 mm，个别种可达

3 mm 以上。大多数为雌雄同形，少数雌雄异形。雌虫为梨形、球形和长囊状。线虫的口腔内有口针，用以刺穿植物，输送唾液并吮吸植物汁液。图 3-48 是植物病原线虫形态结构解剖图。

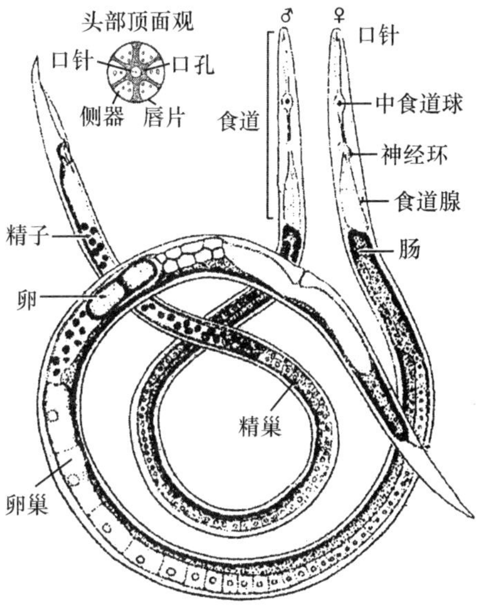

图 3-48　植物病原线虫形态结构解剖图

2. 植物病原线虫的生物学特性

植物病原线虫的生活史很简单。一般雌雄交配后产卵，卵多数产在土壤中或植物体内。卵孵化出幼虫，幼虫发育到一定阶段要蜕皮。每蜕化一次幼虫就长大一些，增长一龄。幼虫一般蜕皮 3～4 次变为成虫。成虫交配后雄虫死亡，雌虫产卵。从卵孵化到雌虫再产卵为一代，不同线虫完成一代所需的时间不同，有的需要数日至数周，也有的长达一年才能完成一代。

植物病原线虫的传播有主动传播和被动传播。在作物生长季节，线虫在有水或有水膜的条件下从栖息地向植物表面迁移，或者从发病点向无病点扩散。这种主动传播距离有限，一般不会超过几米。被动传播有自然传播和人为传播两种方式。自然传播主要是通过土壤、流水、人畜活动和农具等传播。线虫的人为传播距离较远，主要是借寄主植物的种子及无性繁殖材料进行传播，如小麦粒线虫、甘薯茎线虫等。

植物病原线虫的寄生方式。大多数线虫在寄主体外以口针刺进植物组织内输送唾液并吸食植物汁液，称为外寄生；有些线虫在寄主组织内寄生，称为内寄生。也有线虫先进行外寄生，然后进行内寄生。

植物病原线虫对植物的致病作用。除用口针刺伤寄主吸取汁液外，主要是线虫分泌的唾液中含有各种酶或毒素，会造成各种病变。此外，还可以传播病毒给植物。

3. 植物病原线虫病害的主要症状

植物病原线虫病害的主要症状有：植物生长缓慢、衰弱、矮小，色泽失常，叶片黄萎，出现类似营养不良的现象；植株或叶片干枯、扭曲、畸形，组织干腐，形成虫瘿；植株根部肿大或腐烂，须根丛生，形成根瘤或根结。

3.2.5　寄生性种子植物

少数植物由于自身根系或叶片退化，需要寄生在其他高等植物上才能生存，才能开花结果，这种营寄生生活的植物称为寄生性种子植物。为害农作物的常见种有菟丝子、列当等。

1. 寄生性种子植物的寄生性

寄生性种子植物根据其对寄主营养的依赖程度可分为两类：一类是有叶绿素，能够自己进行光合作用，但必须从寄主植物上吸取水分和无机盐，称为半寄生，如寄生在果树、林木上的桑寄生和槲寄生等；一类是没有根和叶，或叶片已退化成鳞片状，无叶绿素，不能进行光合作用，它们所需的养分、水分和无机盐必须全部从寄主中获得，称为全寄生，如菟丝子和列当。

2. 寄生性种子植物的代表种

(1)菟丝子　菟丝子是菟丝子科菟丝子属植物,全世界约有100多种,我国发现10余种。常见的有中国菟丝子和日本菟丝子。前者主要为害草本植物,后者主要为害木本植物。

菟丝子是一年生、攀藤寄生的草本植物,没有根和叶,或叶片退化成鳞片状,无叶绿素。藤茎丝状。花小,白色或淡黄色,球状花序。果实为球状蒴果,有种子2～4枚。种子很小,卵圆形,稍扁,黄褐色。

菟丝子种子几乎与寄主种子同时成熟。成熟后落入土中,或者混杂在寄主植物种子内。次年,当寄主植物生长后,菟丝子种子也开始萌发,长出黄白色丝状幼芽,在空中旋转,当碰到寄主,就缠绕其上,在接触处形成吸盘,伸入寄主吸取养分和水分。当寄生关系建立以后,菟丝子下部茎逐渐萎缩,与其地下部分脱离。菟丝子在生长期间蔓延很快,可以从一株寄主植物转移到另一株寄主植物,其断茎也能继续生长,进行营养繁殖。植物受害后表现为黄化、生长不良,因此,田间出现的菟丝子为害常造成成片植物枯黄。

(2)列当　列当是一年生、半寄生草本植物,茎直立,不分枝,具有明显的条纹,基部常稍膨大,株高一般为30～40 cm。叶片退化为短而尖的鳞片状,没有叶绿素,没有真正的根。穗状花序,花瓣合冠,蓝紫色。种子小,呈葵花籽形,一般长度为0.5 mm。

列当主要寄生在双子叶植物根部。落在土壤里的列当种子,经过休眠后在适宜的条件下萌发,当幼芽遇到适当的寄主植物根部,就从根部侵入寄主根内吸收养分。在吸收营养的同时,根外形成的瘤状膨大组织向上长出花茎。寄主植物被列当寄生后生长不良、产量降低。在我国,主要有埃及列当和向日葵列当寄生瓜类、豆类、番茄、烟草、马铃薯等作物。

3.3　植物侵染性病害的发生和流行

植物侵染性病害的发生和流行是病原物和寄主植物在一定外界条件下相互斗争的具体表现。不同类别的病原物和寄主植物相结合,植物是否发病或发病轻重,取决于二者的相互作用和关系。掌握植物侵染性病害发生和流行的各个环节,是制订植物病害防治策略、确定防治措施的重要依据。

3.3.1　病原物的寄生性、致病性和寄主植物的抗病性

1. 病原物的寄生性、致病性

植物病原物都是寄生物,寄生物一般都有诱发植物发病的能力,所以病原物既有寄生性,又有致病性,两者之间既有联系又有区别。

(1)病原物的寄生性　寄生性是指病原物从活的细胞或组织中获得养分从而生存的能力。根据寄生能力的强弱,寄生物可以分为两类:

①专性寄生物。这类寄生物寄生能力最强,它们只有从活的寄主细胞或组织中获得养分才能生存。当寄主细胞或组织死亡后,寄生物也停止生长和发育。在植物病原物中,植物病毒、寄生性种子植物,大部分植物病原线虫和部分植物病原菌物,如霜霉菌、白粉菌、锈菌等,都属于专性寄生物。一般不能在人工培养基上培养它们。

②非专性寄生物。这类寄生物既能在寄主活组织上营寄生生活，又能在死亡的病组织上营腐生生活，故都能在人工培养基上培养。这类病原物包括大多数植物病原菌物和植物病原细菌，其寄生性有强、有弱。有些病原物通常在植物活体上寄生，寄主死亡后还能在其残体上腐生，大多数叶斑病类病原属于这一类型。另有一类病原物，如部分子囊菌，它们的无性阶段寄生性强，常引起寄主各部位发病，但其有性阶段寄生性弱，主要在寄主残体上营腐生生活。

在长期进化过程中，寄生物种内不同个体对寄主植物的某些种和品种产生了寄生适应性，而逐渐失去了在其他种和品种上的寄生能力，这种寄生物对寄主的种和品种的寄生选择性，称为寄生专化性。寄生专化性最强的表现是生理小种。生理小种就是病原物种内形态相同，但在寄主植物品种的致病性方面有所差异。寄生专化现象在很多病原物中普遍存在。细菌中的生理小种一般称为菌系，病毒中的生理小种称为毒株或株系。

（2）病原物的致病性　致病性是指病原物在寄生过程中对寄主植物的破坏和毒害能力。病原物的寄生性并不等于致病性，通常寄生性强的病原物对寄主细胞和组织的直接破坏性反而小，如油菜霜霉病病原；寄生性弱的病原物对寄主细胞和组织的直接破坏性反而大，如苹果树腐烂病病原。

专性寄生物和寄生性强的病原物由于要从活的细胞中吸收养分，因此在入侵寄主后并不马上杀死细胞，致病作用较为缓慢，但不等于不会引起严重病害。非专性寄生物虽然寄生能力弱，但它们侵入寄主后，由于酶或毒素的作用，会很快杀死寄主细胞，使组织腐烂，然后从细胞中获得养分。随着病原物在寄主组织中扩展，其对寄主的破坏作用会越加明显。

病原物对寄主的致病性作用，归纳起来主要有四个方面：掠夺寄主的营养和水分，使寄主植物生长不良；分泌各种酶，如果胶分解酶和纤维素分解酶等，直接或间接破坏植物细胞和组织；产生多种毒素，毒害和杀死寄主细胞；分泌生长素类物质，干扰寄主的正常生理功能，使寄主植物畸形发育。

病原物的致病性仅仅是决定病害是否严重的一个重要因素，而不是唯一因素，病害是否严重还要受到环境条件、寄主植物的抗病性等方面的影响。

2. 寄主植物的抗病性

植物的抗病性是指植物抵抗病原物侵染及侵染后所造成损失的一种特性，是植物与病原物在长期进化过程中相互适应和选择的结果。这种特性具有一定的稳定性，但也可以发生变异。

（1）植物抗病性的表现　寄主植物对病原物侵入和寄生表现出不同的反应，一般寄主对病原物侵染的反应有下列几种类型。

①免疫。寄主植物在病原物的作用下，完全不发病。

②抗病。寄主植物受病原物侵染后，轻微发病，病原物被限制在很小范围内，不能扩展，对寄主的伤害不大。

③耐病。寄主植物受病原物侵染后，能够发病，症状也明显，由于寄主植物自身的补偿作用，受害较轻，对寄主植物的产量和质量影响不大。

④感病。寄主植物受病原物侵染后，发病严重，表现出典型症状，对寄主植物的生长发育、产量、品质影响很大。

⑤避病。病原物的盛发时期和寄主植物的易感病时期错开，从而不发病，这种现象称为植物的避病。避病并不是植物本身的抗病性，若运用得当，在生产实践中有其实用价值。

(2)植物抗病性的类型　按照寄主植物和病原物之间有没有特异性的相互关系,把植物的抗病性分为两类,即垂直抗性和水平抗性。

①垂直抗性。寄主品种对病原物某一个或某几个特定生理小种是高抗或免疫的,而对其他小种是感病的。具有这种抗病性的品种与病原物小种之间有特异性相互关系,所以又称为小种专化抗病性。垂直抗性是由单基因或寡基因控制的,抗性效能高,表现为免疫或高度抗病,被当前育种工作广泛应用。具有这种抗性的植物,一旦遇到病原物其他致病性强的生理小种时,就会变得高度感病,因而其抗性容易丧失,这是当前农业生产中十分突出的问题。

②水平抗性。寄主品种对病原物绝大多数生理小种都具有同等的水平抗性。寄主品种和病原物小种之间没有明显的特异性相互作用,所以又称为非小种专化抗病性。它是由多基因控制的,一般表现为中度抗病,但抗性可以稳定、持久发挥,不会因病原物小种的变化而丧失抗病性。在田间表现为病害发展缓慢,不会流行成灾。

3.3.2　植物侵染性病害的侵染过程与抗病机制

1. 植物侵染性病害的侵染过程

侵染性病害的侵染过程是指病原物与寄主植物可侵染部位接触,并侵入寄主植物,在植物体内繁殖和扩展,使寄主植物显示症状的全过程,简称病程。病程是一个连续的过程,为了便于分析,一般分为接触期、侵入期、潜育期、发病期四个时期。

(1)接触期　接触期是指病原物与寄主植物感病部位相接触,到开始侵入为止的这一时期。

病原物的营养体、繁殖体或休眠体通过各种途径传播到寄主的感病点,在寄主表面或根部周围常有一段侵入前的活动阶段,如菌物孢子的萌发,细菌的分裂、繁殖等,这些生长活动都有利于病原物的侵入。

在接触期,病原物处于寄主体外复杂的环境中,容易受到各种因素的影响,如寄主体表的淋溶物和根围存在的各种分泌物,有的可以促使菌物休眠体或孢子的萌发,有的可以引诱病原物的聚集;存在于植物体表或土壤中的拮抗微生物可以抑制病原物的活动;环境中的温度、湿度可以促进或抑制病原菌物孢子的萌发。这一阶段是防止病原物侵染的有利时期。

(2)侵入期　侵入期是指从病原物侵入寄主,到与寄主建立寄生关系为止的这一时期。

病原物侵入寄主的途径主要有三个:一是直接侵入,病原物直接穿过植物表皮的角质层;二是通过寄主的气孔、水孔、皮孔、蜜腺等自然孔口侵入;三是通过自然或人为造成的伤口侵入。不同病原物侵入寄主的途径不同,例如,植物病原菌物可以直接侵入或从自然孔口、伤口侵入,大多数病原可直接侵入;植物病原细菌只能从自然孔口和伤口侵入;病毒、类病毒等只能从微小伤口或经昆虫口器侵入。

环境条件对病原物侵入有很大的影响。在各种环境条件中,湿度和温度尤为重要。湿度对病原物侵入的影响最大,因为大多数菌物孢子的萌发、细菌的繁殖都必须在有水的情况下才能进行。一般来说,植物表面保持相当湿度(高湿)并有水膜存在是病原物存在的必要条件。温度主要影响真菌孢子萌发和侵入的速度。在适宜温度下,病菌孢子萌发率高,萌发所需要的时间短,侵入率也随之提高。

(3)潜育期　潜育期是指从病原物与寄主植物建立寄生关系,到寄主表现明显症状为止的这一时期。这个时期是病原物在寄主体内吸收营养和不断扩展、蔓延的时期,也是病原物与寄主相互斗争的时期。

病原物在寄主体内扩展，有的局限在侵染点附近，形成局部的或点发性的侵染，称为局部侵染。许多病原真菌和细菌侵染引起的斑点，为局部侵染；有的从侵染点向多个部位蔓延，甚至扩展到全株，称为系统侵染，如病毒病害就是系统侵染的典型例子。

植物病害潜育期长短不一。如在适宜的条件下，水稻白叶枯病潜育期只有 3 d 左右，而有的果树病毒类病害的潜育期长达一年至数年。同一病害影响潜育期长短的主要因素是温度，在适宜的温度范围内，病原菌物生长发育速度最快，潜育期也最短。温度过高、过低都会限制其发育，此时潜育期延长或终止。湿度对潜育期的影响远不如对侵入期的那么重要，因为病原物侵入寄主后，几乎不受空气湿度的影响，寄主细胞内有足够的水分，可以满足病原物生长繁殖的需要。

潜育期的长短还与寄主的生长状况密切相关。凡生长健壮的植物，抗病性强，潜育期相应延长；营养不良、长势弱或氮肥施用过多等的植物，潜育期短，发病快。在潜育期采取有利于植物生长的栽培管理措施或使用合适的杀菌剂，可减轻病害的发生。

在潜育期，有的病原物侵入寄主植物后，由于寄主植物的抗病性或对寄主体内环境不适应等，病原物在寄主体内潜伏而不表现症状，这种现象称为潜伏侵染。许多病毒病害都有潜伏侵染现象。

(4)发病期　发病期是指从寄主出现明显症状开始，到病害进一步发展、加重的这一时期。

此期间病原物在寄主的感病部位不断地产生繁殖体，构成各种特征性的病征。如菌物病害的病部会产生大量的无性繁殖体，表现为各种霉状物、粉状物、粒状物、丝状物等。新产生的大量繁殖体可成为再侵染的来源。发病后期一般会产生有性繁殖体，大多用于越冬或越夏。细菌性病害在病部产生脓状物，其中含有的大量细菌个体是进行再侵染的来源。

发病期同样受环境条件的影响，适宜的环境条件(适温、高湿等)有利于繁殖体产生，有利于病害流行。

2. 植物抗病机制

植物的抗病机制是由多因素引起的，也是十分复杂的。有先天就具有的被动抗病性因素，也有病原物侵染后所诱导的主动抗病性因素。

(1)避病　避病是指寄主植物的抗接触特性，不是植物本身的抗病性，而是寄主植物由于某一因素避开了病原物的侵染而减轻发病或不发病，例如，有一些作物的感病阶段错开了病原物的盛发期，因而避开了病原物的侵染。

(2)抗侵入　植物由于形态特征、表皮组织结构及体表分泌物等，阻止病原物侵入或减少病原物侵入机会，称为抗侵入。水稻表皮细胞硅质化程度高的品种抗稻瘟病病菌侵入的能力强；金柑气孔分布稀疏，数量少，中隙小，因而抗溃疡病病菌侵入；水稻叶表面分泌的碳酸钾能抑制稻瘟病菌丝生长，影响孢子正常发芽，可阻止病菌侵入。

(3)抗扩展　植物内在因素导致病原物侵入后不能在植物体内生存，或被限制不能扩展的特性，称为抗扩展。病原物侵入寄主后，在植物体内扩展过程中，一方面，植物体内的抗生素、植物碱等会对病原产生作用；另一方面，寄主植物会从组织结构、细胞结构和生理生化方面表现主动的防御反应，例如，病原物的侵染点周围细胞的木质化和木栓化等亚细胞或细胞形态、结构的改变和产生植物保卫素等，都是寄主植物抵抗病原物扩展的重要表现。

3.3.3 植物侵染性病害的侵染循环

侵染循环是指病害从一个生长季节开始发病，到下一个生长季节再度发病的过程。植物浸染性病害的侵染循环主要包括病原物的越冬和越夏、病原物的传播、病害的初侵染和再侵染三个环节，切断其中的任何一个环节，都能达到防治病害的目的。

1. 病原物的越冬和越夏

病原物的越冬和越夏是指病原物以一定的方式在特定的场所度过不利其生存和生长的冬天及夏天的过程。各种病原物越冬或越夏的方式是不同的。活体营养生物，如霜霉菌、白粉菌、锈菌等，只能在受害的植物组织内以寄生的方式或者在寄主体外以休眠结构越冬或越夏；死体营养生物，包括多数病原真菌和细菌，通常在病株残体和土壤中以腐生的方式或以休眠结构越冬或越夏；植物病毒和菌原体大都只能在活的植物体和传播介体内越冬或越夏。一般来说，病原物的越冬、越夏场所为下一生长季节病害发生提供初侵染源。病原物越冬或越夏的主要场所如下。

(1)田间病株　田间病株或其他场所的寄主植物不仅是当年的病原物来源，往往也是病原物休眠越冬的场所。活体寄生的病原物必须在活的寄主上寄生才能存活，如小麦锈菌的越冬和越夏，在我国都要寄生在田间生长的小麦上；果树病毒等在田间病株上越冬。病原物还可在野生寄主和转主寄主上越冬、越夏。所以，处理田间病株、清洁田园、铲除杂草等都是消灭病原物初侵染来源、控制发病的重要措施。

(2)病株残体　绝大多数非专性寄生的菌物、细菌都能在感病寄主的枯枝、落叶、落果、残根等组织中存活，并以腐生的方式越冬、越夏，例如，稻瘟病菌，玉米大、小斑病菌，水稻白叶枯病菌等都是以病株残体为主要的越冬场所。因此，在作物收获后，清洁田园、处理病残体都有利于杜绝病害的初侵染来源。

(3)种子、苗木和其他繁殖材料　种子、苗木和其他繁殖材料携带的病原物，往往是下一年初侵染的主要来源。病原物在种苗萌发生长时引起侵染，由种子、苗木和其他繁殖材料带菌而引起的病株，往往成为田间发病中心，然后向四周扩展。

病原真菌和细菌可附着在种子表面或潜伏在种子内部，成为苗期病害的来源，例如，菌核、菟丝子的种子、线虫病的虫瘿混在种子中越冬、越夏；黑粉菌厚壁孢子附在种子表面越夏；小麦散黑穗病的菌丝潜伏在种子内越冬。不少病原物，如病毒等可以潜伏在苗木、接穗、块根、块茎中或附在其表面越冬、越夏。

所以，播种前对种子进行消毒或对苗木、种薯、接穗进行消毒，对控制病害扩散十分重要。

(4)土壤、肥料　土壤是多种病原物越冬、越夏的主要场所。病株上或病株残体上的病原物都很容易掉落在土壤里，成为下一生长季节的侵染源。菌物的冬孢子、卵孢子、厚壁孢子及菌核，线虫的胞囊，菟丝子的种子等都可以在土壤中存活一年到多年。

在未经充分腐熟的肥料中，会有不少病原菌混入，并随肥料进入田间，所以，农家肥料必须经过充分腐熟再施用，以防病原物随之进入田间。

(5)传病介体　经昆虫等传病介体传播的病毒等，在昆虫体内越冬、越夏。

了解病原物的越冬、越夏方式和场所，并及时消灭或减少初侵染源，可减轻下一季节病害的发生程度。

2. 病原物的传播

病原物从越冬、越夏场所到达寄主的感病部位，或者从已形成的发病中心向四周扩散，均需要经过传播才能实现。各种病原物传播的方式和途径不尽相同。有些病原物可以由自身的活动，进行有限范围的传播，如菌物游动孢子、有鞭毛的细菌可在水中游动传播；有些菌物孢子可自动弹射传播；菌物菌丝、菌索能在土壤中或寄主上生长蔓延进行传播；线虫在土壤和寄主上蠕动进行传播；菟丝子通过茎蔓生长传播；等等。这种传播距离和范围很有限，仅对病原物的传播为害起一定的辅助作用。在病原物的传播中，主要还是借助外力的动力，如气流、雨水、昆虫及人为因素等进行传播。病原菌物以气流传播为主，雨水传播也很重要；病原细菌以雨水传播为主；植物病毒主要由昆虫介体传播。

(1)气流传播　气流传播是一些病原菌物的主要传播方式。菌物孢子数量大，体积小，质量轻，容易随气流进行近、中、远距离传播。有些菌物的子实体能将孢子弹射到空中，有利于气流传播。细菌和病毒虽不能直接借气流传播，但是，细菌的病残体可随气流飘动；有些病毒的媒介昆虫也可借气流进行远距离迁移，气流对这些病害起间接的传播作用。

气流传播的病害在防治上比较困难。除了要消灭本地菌源外，还要防止外地菌源的传入，有时还需要组织大面积联防，才能取得较好的防治效果。当然，利用抗病品种是防治气流传播病害的有效措施。

(2)雨水传播　雨水传播是普遍存在的，但其传播距离较近。植物病原细菌和部分具有胶性的真菌孢子必须经雨水溶解后，才能散出传播或随水滴的飞溅而传播，所以，雨水是这类病原物传播必不可少的条件。特别是暴风雨，能使病原物在田间大范围传播，如稻白叶枯病病原物等。雨水还可将病株上的病原物冲洗到下部或土壤中，土壤中的病原物又可随流水传播，或借雨滴的飞溅，把土壤表面的病原物传播到距地面较近的寄主组织上。

(3)昆虫及其他介体传播　昆虫是传播病毒病的主要传播介体。昆虫不仅携带病原物，还为害寄主植物，造成伤口，这有利于病原物的侵入。蚜虫、叶蝉、飞虱等刺吸式口器的昆虫可以传播病毒、类病毒、植原体等病原物。另外，有些线虫、菌物、菟丝子也能传播病毒，而鸟类可以传播寄生性种子植物。

(4)人为因素传播　人们在进行农业活动中，常无意识地帮助了病原物的传播，如调运带病种子、苗木、接穗、植物产品及其包装材料，施用带有病残体又未经完全腐熟的农家肥料。各种农事操作都可能传播多种病原物。这种人为传播会帮助病原物克服自然条件和地理条件的限制，造成病区的扩大和新病区的形成。

3. 病害的初侵染和再侵染

越冬、越夏后的病原物，在植物一个生长季节中最初引起的侵染称为初次侵染或初侵染。在初侵染感病后，新产生的病原物繁殖体通过各种传播方式引起的侵染，称为再侵染。在一个生长季节中，再侵染可能发生许多次。再侵染次数多，病程较短，田间病情发展快，因而病害易流行，如水稻稻瘟病、小麦锈病等。只有初侵染而没有再侵染或再侵染不是很重要的病害，若初侵染量大，则病害发生重；若初侵染量小，则病害发生轻，如小麦黑粉病，棉花枯、黄萎病等。

对于只有初侵染的病害，只要集中力量消灭初侵染源或防止初侵染的发生，就可取得较好的防控效果。而对于有再侵染的病害，除了控制初侵染源外，在寄主生长期还要根据田间病害发生情况和环境条件，采取各种有效措施进行防治。

3.3.4 植物侵染性病害的流行

植物侵染性病害在一个地区短期内大面积严重发生，并对作物造成重大损失的现象，称为病害流行。经常流行的病害称为流行性病害。

侵染性病害的流行必须具备以下三个方面的条件，三者缺一不可，否则病害就不可能流行。

(1)大量的易感病寄主植物　易感病寄主植物大量而集中的存在是病害流行的必要条件。大面积种植同一感病品种，容易造成病害流行。即使是抗病品种，若长期单一化大面积种植，也会因病原物的变异出现新的生理小种而造成病害流行。因此，在制订种植计划时，要考虑到品种的合理布局和品种轮换，以减轻病害流行程度。

(2)致病性强的病原物　病害的流行必须有大量的强致病性的病原物存在，并能很快地传播到寄主上。病原物生理小种的变化，即新的生理小种的产生，往往是引起病害流行的重要因素。病原物群体数量也是影响病害流行的重要因素。对于只有初侵染、没有再侵染的病害，其流行程度取决于越冬、越夏的初侵染菌量；对于有多次再侵染的病害，其流行程度不仅取决于越冬、越夏的初侵染菌量，还取决于病原物的繁殖速度和再侵染的次数。若病害潜育期短，病原物繁殖速度快、积累多，再侵染次数多，病害就容易流行。

(3)适宜病害发生的环境条件　在前两个因素都具备的前提下，病害能否流行，在很大程度上取决于环境条件。环境条件主要是气象条件、栽培条件和土壤条件。在气象条件中，温度、湿度和光照对病害流行影响较大；在栽培条件中，轮作或连作、肥水管理、品种布局与病害流行关系密切；在土壤条件中，主要是土壤温度、湿度和土壤特性对寄主植物根系和土壤中病原物生长、繁殖的影响较大。

3.3.5 植物侵染性病害流行的类型

(1)单循环病害　单循环病害是指在一个生长季节中，只有初侵染、没有再侵染，或虽有再侵染，但作用很小的一类病害，如小麦黑穗病、线虫病，棉花枯、黄萎病等。此类病害多为种传或土传的全株性病害。病害流行的程度主要取决于越冬、越夏的初侵染菌量。这类病害发生的特点是，在初次发病后，田间发病率就基本稳定，病害潜育期长，受环境条件的影响小。病原物的数量是逐年积累的，若干年后才能达到流行程度，因此，也称为“积年流行病害”。

(2)多循环病害　多循环病害是指在一个生长季节中，不仅有初侵染而且有多次再侵染的一类病害，如稻瘟病、小麦锈病等。这类病害主要由气流和雨水传播。田间病害的发生有一个明显的由点到面、由少到多的发展过程。这类病害的特点是寄主感病时期长，病害的潜育期短，受环境条件影响很大，田间病害数量增长很快，可以在一个生长季节内完成菌量积累，造成病害流行，因而又称为“单年流行病害”。

第4章

病虫害综合防治技术

人类对病虫害认识越来越深入，在制订防治方案时，会依据病虫害发生特点，因时、因地采取适当措施，控制或消灭病虫害。如斜纹夜蛾的发生，田间要有该害虫侵染源，这是该虫能够造成为害的必要条件之一，因为第一代的害虫来源为越冬代，所以只要减少了越冬代害虫的数量，第一代的数量就会减少，故能够减少越冬代害虫的方法，对该害虫的防治都是有效的，都是防治该虫的具体防治措施（根据该虫以蛹在土中越冬特点，可以耕翻灭蛹；有条件地区可以灌水灭蛹；等等）。总之，对某一病虫害防治能够采取的防治具体措施很多。在长期的病虫害防治过程中，人们发现每种措施各有其优势和局限性，依靠某一种措施往往不能达到防治目的。在 20 世纪 70 年代至 90 年代中期，出现了很多病虫害防治的新策略，主要包括害虫综合管理、全部种群管理、大面积种群管理等。1975 年，在全国植保工作会议上，确定了“预防为主，综合防治”的植保工作方针，指出在综合防治中，要以农业防治为基础，因地、因时制宜，合理运用化学防治、生物防治、物理防治等措施，达到经济、安全、有效地控制病虫为害的目的。

4.1 综合防治的概念

对有害生物综合防治（IPC）和有害生物综合治理（IPM）这两个术语，曾有过较长时间的争论。在 20 世纪 70 年代以后，学术界普遍认为这两个术语的内涵相同，是一个等同概念。这个概念在很多文献中多以 IPM 的形式出现。

有关 IPM 的定义很多，但没有一种是大家所公认的。1967 年，联合国粮农组织提出的定义是“综合治理是对有害生物的一种管理系统，依据有害生物的种群动态及与环境的关系，尽可能协调运用一切适当的技术和方法，使有害生物种群控制在经济为害允许水平之下”。

1986 年 11 月，中国植保学会和中国农业科学院植保所在成都联合召开了第二次农作物病虫害综合防治学术讨论会，提出综合防治的含义是：综合防治是对有害生物进行科学管理的体系，它从农业生态系总体出发，根据有害生物与环境之间的相互联系，充分发挥自然控制因素的作用，因地制宜协调应用必要的措施，将有害生物控制在经济允许水平之下，以获得最佳的经济、生态和社会效益。

综合防治以农业生态全局为出发点，以预防为主，强调利用自然界对病虫的控制因素，从而达到控制病虫发生的目的;合理运用各种防治方法,相互协调,取长补短,在综合各种因素的基础上,确定最佳防治方案;在利用化学防治方法时,应尽量避免杀伤天敌和污染环境。综合防治不是要彻底消灭病虫害,而是把病虫害控制在经济允许水平以下;并不是降低防治要求,而是把防治措施提高到安全、经济、简便、有效的水平上。

4.2 综合防治的措施

4.2.1 植物检疫

1. 植物检疫的概念

植物检疫是指一个国家或地区政府颁布法令,设立专门机构,禁止或限制危险性病、虫、杂草等人为地传入或传出,或者传入后,为限制其继续扩展所采取的一系列措施。故植物检疫也叫作法规防治,是防治病、虫、草害的基本技术之一,也是贯彻"预防为主,综合治理"方针的有力保证。

植物检疫有专门的法规,是由国务院颁布的《植物检疫条例》,国务院农业主管部门、林业主管部门主管全国的植物检疫工作,各省、自治区、直辖市农业主管部门、林业主管部门主管本地区的植物检疫工作。

2. 植物检疫的意义和特点

在自然情况下,病、虫、杂草虽然可以通过风媒、水体流动或由昆虫、鸟类的传带等自然途径,不断扩大其分布范围,但这种能力是有限的,再加上高山、海洋、沙漠等天然屏障的阻隔,所以病、虫、杂草的分布有一定的地域局限性。一旦借助人为因素的传播,就可以附着在种子、苗木、接穗、插条及其他植物产品上跨越这些天然屏障,由一个地区传播到另一个地区或由一个国家传播到另一个国家。当病原物、害虫及杂草离开了原产地,到了一个新的地区后,原来制约病、虫、草害发生、发展的一些环境因素被打破,条件适宜时,就会迅速扩展、蔓延,可能改变或破坏当地的生态环境。

虽然自然界中的物种总是处在不断迁移、扩散的动态中,但这种迁移或扩散相对有限,而人类活动的日益频繁进一步加剧了物种的扩散,使许多生物得以突破地理隔绝,所以植物检疫的核心是防止人为因素导致危险性病、虫、杂草的传播或蔓延,对于通过自然途径的传播,则无法阻止。

3. 植物检疫的任务

①禁止危险性的病、虫、杂草随着植物及其产品由国外输入到国内或由国内输出到国外。

②将在国内局部地区已发生的危险性病、虫、杂草封锁在一定范围内,严格禁止其传播到尚未发生的地区,并且采取各种措施逐步将其消灭。

③当危险性的病、虫、杂草传入新区时,要采取紧急措施,将其彻底消灭,以防后患。

4. 国内植物检疫的一般要求

(1)报检　种子生产单位和个人应当在生产前向种子生产所在地植物检疫机构提出产地检疫申请;列入全国各省、自治区、直辖市应施检疫的植物、植物产品名单的植物产品,运出发生疫情的县级行政区域之前，必须经过检疫(应向调出地有关检疫机构报验)。

(2)植物检疫证书签发 在无植物检疫对象发生地区调运植物、植物产品，经核实后签发植物检疫证书；在偶尔发生植物检疫对象的地区调运种子、苗木等繁殖材料，应凭产地检疫合格证签发植物检疫证书；对产地植物检疫对象发生情况不清楚的植物、植物产品，必须按照《调运检疫操作规程》进行检疫，证明不带植物检疫对象后，签发植物检疫证书。在上述调运、检疫过程中，发现有检疫对象时，必须严格进行除害处理，合格后，签发植物检疫证书；未经除害处理或处理不合格的，不准放行。

(3)复检 调入地植物检疫机构，对来自发生疫情的县级行政区域的应检植物、植物产品，或其他可能带有检疫对象的应检植物、植物产品可以进行复检。

5. 植物检疫对象的确定

凡局部地区发生的危险性大、能随植物及其产品传播的病、虫、杂草，应定为植物检疫对象。农业、林业植物检疫对象和应施检疫的植物、植物产品名单，由国务院农业主管部门、林业主管部门制订。各省、自治区、直辖市农业主管部门、林业主管部门可以根据本地区的需要，制订本省、自治区、直辖市的补充名单，并报国务院农业主管部门、林业主管部门备案。

例如，2016 年湖北检疫对象有稻水象甲、扶桑绵粉蚧、番茄溃疡病菌、十字花科黑斑病菌、柑橘溃疡病菌、水稻细菌性条斑病菌、毒麦、假高粱等 8 种，分布在 58 个区域(县级行政区)。

4.2.2 农业防治

1. 农业防治的概念

农业防治是指利用一系列栽培管理技术，根据植物-病虫-环境之间的相互关系，有目的地改变农田生态系统中的某些因子，控制病虫种群数量或减少其侵染的可能性，以达到保护作物的目的，避免病虫为害的一种植物保护措施。

农业防治是在有利于农业生产的条件下，通过改变耕作栽培制度、选用抗(耐)病虫品种、加强栽培管理以及改造环境等来抑制或减轻病虫害的发生。以病虫害防治为目标的农田生态系统是由栽培植物(寄主)、病虫和环境因素三个最基本的要素组成的。寄主即病虫赖以生存和繁殖的基础，又是其栖息的场所，它在生态系统中和病虫互为环境条件，二者同时又受周围环境的影响，当环境条件适宜病虫发生时，病虫就会形成猖獗为害，反之，病虫就会受到抑制。

2. 农业防治技术的基本类型

农业防治技术采用的各种措施，除直接杀灭病虫外，主要是恶化其营养条件和环境条件，达到压低病虫源基数、抑制其繁殖率或使其生存率下降的目的。其防治措施大致可分为以下几种类型。

(1)直接杀灭病虫 如利用二化螟以老熟幼虫在稻桩中越冬的习性，可以通过提早春耕灌水，淹死虫或蛹；广东防治荔枝椿象、荔枝蒂蛀虫、瘿螨和瘿蚊时，会在秋冬季剪除虫枝，清除残枝落叶，减少虫源；放梢时剪除弱枝和虫枝，并清除落果中的幼虫；对在土中越冬或化蛹的害虫，可采取冬耕或中耕压低虫源基数；对温室中带有病虫的土壤，可进行高温处理，杀灭其内的病虫；等等。

(2)切断食物链 任何病虫生存与繁殖都需要寄主，可以通过改变耕作栽培制度或作物布局达到控制病虫的目的。进行轮作，尽量避免连作，连作往往会加重植物病害的发生，例如，温室中香石竹多年连作时，会加重镰刀菌枯萎病的发生，实行轮作则可以减轻病害。轮作时间视具体病害而定，鸡冠花褐斑病实行 2 年以上轮作即有效，而胞囊线虫病则需更长；东北实行禾本科作物和大豆轮作，可抑制大豆食心虫的发生。一般情况下需实行 3～4 年以上轮作。

(3)耐害和抗害品种应用　植物为适应病虫的为害会产生耐害性和抗病虫性等防御特性。抗病虫的机制，主要由植物自身的生理生化特性决定，当然还有形态、结构、物候等因素。培育和推广抗病虫品种，发挥植物自身因素来防御病虫的为害，是较为经济、有效的防治措施之一。目前在我国病虫综合治理中，已培育出一大批多抗品种，如菊花、香石竹、金鱼草等抗锈病的新品种，抗紫菀萎蔫病的翠菊品种以及抗菊花叶枯线虫病的菊花品种等。随着科学技术的发展，抗病虫的培育与应用，将会在今后的病虫害防治中发挥重大作用。

(4)避害应用　有些病虫为害与植物的生育期也有密切关系，如菜心野螟喜欢在只有 3～5 片真叶的菜苗上产卵，如能适当调整播种期，使其 3～5 片真叶期和害虫成虫产卵期避开，就可显著减少其为害。

(5)诱集应用　诱集应用是指利用害虫对寄主的嗜好程度或对不同生育期和长势的选择性，在植物行间(旁边)种植诱集植物或设置诱集田，把害虫诱集到小范围内加以集中消灭。如浙江金华在水稻种植期前的稻区道路和沟渠边种植多年生诱虫植物香根草和苏丹草，利用其对螟虫的诱集效应进行诱杀，从而减少螟虫对水稻的为害。

(6)恶化病虫环境　如我国在防治东亚飞蝗时，在其发生基地，通过兴修水利、稳定水位、开垦荒地、扩种水稻等措施，改变了蝗区东亚飞蝗的发生条件，使千年蝗灾得到了有效控制；在稻飞虱发生期，结合水稻栽培技术要求，进行排水晒田，降低田间湿度，在一定程度上可减少其发生量。

(7)创造天敌繁殖的环境条件　如湖北省当阳市在水稻田埂和作业道路两侧种植绿豆、芝麻等显花植物，保护、利用天敌，改善田间生态环境。

3. 农业防治的特点

农业防治技术对病虫的防治作用十分明显，其优点是贯彻预防为主方针的主动方法，可以把病虫消灭在农田外或为害之前，由于其结合植物栽培技术，一般不需要增加防治的成本，很多方法收效显著。农业防治与其他防治，如生物防治、化学防治的矛盾较小，易于协调配套。但是也要认识到，它不是万能的，其应用有一定局限性。有时为了防治某一害虫采用的技术措施，往往又会使另一些害虫数量上升，如种植抗棉铃虫的棉花品种，棉铃虫为害显著减少，但盲蝽类害虫数量会上升。很多具体措施需要大面积统一采用，才会取得较好的效果。

4.2.3　物理防治

1. 物理防治的概念

物理防治是指利用各种物理因素(光、电、色、温度等)及器械设备来防治病虫害的方法。这种方法既包括古老、简单的人工捕杀，又包括近代物理新成就的应用，如应用红外线、超声波、高频电流及原子能辐射等。

2. 物理防治的主要利用方式

(1)捕杀法　利用人工或各种简单的器械捕捉或直接消灭害虫的方法，称为捕杀法。人工捕杀适合于具有假死性、群集性或其他目标明显、易于捕捉的害虫，如多数金龟甲、象甲的成虫具有假死性，可在清晨或傍晚将其震落杀死；榆蓝叶甲的幼虫老熟时群集于树皮缝、树疤或树杈下方化蛹，此时可人工捕杀；冬季修剪时，剪去黄刺蛾茧、蓑蛾袋囊，刮除毒蛾卵块等。在生长季节也可结合园圃日常管理，人工捏杀卷叶蛾虫苞、摘除虫卵、捕捉天牛成虫等。

(2)诱杀法　利用害虫的趋性或其他习性，人为设置器械或饵物来诱杀害虫的方法，称为诱杀法。

①灯光诱杀。利用害虫趋光性，人为设置灯光来诱杀害虫的方法，称为灯光诱杀。生产上所用的光源主要是黑光灯，包括普通黑光灯(20 W)、频振管灯(30 W)、节能黑光灯(13～40 W)、双光汞灯(125 W)、纳米汞灯(125 W)等。其中，以频振管灯与纳米汞灯在生产中应用最为广泛，不仅诱虫效率高、选择性能强，且杀虫方式(灯外配以高压电网杀)更符合绿色、环保的观点。

②食物诱杀。常用的有毒饵诱杀、饵木诱杀、植物诱杀。毒饵诱杀，是指在害虫喜欢的食物中掺入适量毒剂来诱杀害虫，如蝼蛄、地老虎等地下害虫，可用麦麸、谷糠等作为饵料，掺入适量敌百虫、辛硫磷等药剂制成毒饵来诱杀；用糖、醋、酒、水、10%吡虫啉按 9∶3∶1∶10∶1 的比例混合配成毒饵液，可以诱杀地老虎、黏虫等。饵木诱杀，许多蛀干害虫，如天牛、小蠹虫等喜欢在新伐倒木上产卵繁殖，因而可在这些害虫的繁殖期，人为地放置一些木段，供其产卵，待卵全部孵化后进行剥皮处理，消灭其中的害虫。植物诱杀，是指利用害虫对某些植物有特殊的嗜食习性，人为种植或采集此种植物诱集捕杀害虫。

③潜所诱杀。利用害虫在某一时期喜欢某一特殊环境的习性，人为设置类似的环境来诱杀害虫的方法，称为潜所诱杀。如在树干基部绑扎草把或麻布片，可引诱梨星毛虫、梨小食心虫等越冬幼虫；在苗圃内堆集新鲜杂草，能诱集地老虎幼虫潜伏草下，然后集中杀灭。

④色板诱杀。将黄色粘胶板设置于植物栽培区域，可诱粘大量有翅蚜、白粉虱、斑潜蝇等害虫；用蓝色粘胶板可诱粘蓟马。

(3)阻隔法　根据病虫的生活习性，人为设置各种障碍，以切断病虫的侵害途径，如对果树的果实套袋；在树干上涂胶或刷白；用网纱覆盖等。

(4)温度处理　任何生物对温度都有一定的忍耐性，超过限度生物就会死亡，如害虫对高温的忍受力都较差，因此可通过提高温度来杀死害虫，低温也一样。常用的有种子、种苗的热处理，土壤的热处理等。

(5)近代物理技术的应用　随着物理学的发展，生物物理也有了相应的发展。因此，应用新的物理学成就来防治病虫害，也就具有了愈加广阔的前景。原子能、超声波、紫外线、红外线、激光、高频电流等，正普遍应用于生物物理范畴，其中很多成果正在病虫害防治中得到应用，如直接用 32.2 万伦琴(1 伦琴$=2.58\times10^{-4}$ C/kg)的^{60}Co-γ 射线照射仓储害虫，可使害虫立即死亡，即使用 6.44 万伦琴剂量，仍有杀虫效力，部分未被杀死的害虫，虽可正常生活和产卵，但生殖能力受到了损害，所产的卵粒不能孵化；实验利用 ER-692 型、WMO-5 型微波炉处理检疫性林木子实害虫，每次处理种子 1～1.5 kg，加热至 60 ℃，持续处理 1～3 min，即可将落叶松种子广肩小蜂、紫穗槐豆象的幼虫、刺槐种子小蜂、柳杉大痔小蜂、柠条豆象、皂荚豆象的幼虫和蛹完全杀死。

3. 物理防治的特点

物理防治的很多方法都能立刻见效。有一些方法具有特殊作用(红外线、高频电流等)，能杀死隐蔽的病虫；原子能辐射能消灭一定范围内的害虫种群；多数没有化学防治所产生的副作用，但一般需要花费较多的劳力或巨大费用。有些方法对害虫的天敌也有影响。

4.2.4 生物防治

1. 生物防治的概念

生物防治是指利用某些生物或生物代谢产物来控制病虫的种群数量，以达到压低或消灭害虫的目的。对于生物防治的范畴，有两种不同的理解，一种是广义的概念，一种是狭义的概念。狭义的生物防治是指利用天敌来防治病虫。

由于研究控制对象的专门化，生物防治也随之分成植物虫害的生物控制、病害的生物控制、杂草的生物控制及鼠害的生物控制等。

利用生物防治害虫，在中国有悠久的历史。公元 304 年晋代嵇含所著《南方草木状》和唐代刘恂所著《岭表录异》都记载了利用一种蚂蚁来防治柑橘害虫的案例。19 世纪以来，生物防治在许多国家和地区都得到了迅速的发展。

2. 虫害的生物防治

(1)天敌昆虫的利用　以其他昆虫为食料的昆虫称为天敌昆虫。天敌昆虫可以分为捕食性天敌昆虫和寄生性天敌昆虫两大类。捕食性天敌昆虫分属 18 目近 200 科，其中，用于生物防治效果较好且常见的有瓢虫、草蛉、食蚜蝇、食虫虻、蚂蚁、食虫蝽，等等。寄生性天敌昆虫分属 5 目近 90 科，大多数种类属膜翅目和双翅目，一般一生仅寄生一个对象。

天敌昆虫防治害虫主要利用途径有以下三种。

①自然天敌昆虫的保护、利用。剪取天敌昆虫的卵块、茧等加以保护；使用残效期短或选择性强的杀虫剂；保护天敌昆虫越冬；多栽植蜜源植物，以补充天敌昆虫的营养。

②人工大量繁殖、释放天敌昆虫。目前已繁殖并利用成功的有赤眼蜂、异色瓢虫、黑缘红瓢虫、草蛉、平腹小蜂、管氏肿腿蜂等。国际上已有一百多种天敌昆虫进行商业化生产。

③移植、引进外地天敌昆虫。如早在 19 世纪 80 年代，美国从澳大利亚引进澳洲瓢虫来控制柑橘产区的吹绵蚧；1953 年，湖北从浙江引进大红瓢虫来防治柑橘吹绵蚧，获得成功；1978 年，中国从英国引进丽蚜小蜂，在北京等地进行试验，对温室白粉虱的控制效果十分显著。

(2)有益微生物的利用　利用昆虫病原微生物或其代谢产物来防治害虫，称为微生物防治或"以菌治虫"。昆虫的病原微生物种类很多，主要包括细菌、真菌、病毒、线虫等。

①细菌。目前我国应用最广的细菌制剂主要有苏云金杆菌(松毛虫杆菌、青虫菌均为其变种)，其寄生于昆虫体内，引起昆虫发病。这类制剂无公害，可与其他农药混用，并且对温度要求不严，温度较高时发病率高，对鳞翅目幼虫防效好。

②真菌。目前应用较为广泛的真菌制剂是白僵菌，不仅可有效地控制鳞翅目、同翅目、膜翅目、直翅目等害虫，而且对人畜无害，不污染环境。

③病毒。在已知的昆虫病毒中，防治应用较广的有核型多角体病毒(NPV)、颗粒体病毒(GV)和质型多角体病毒(CPV)三类。这些病毒主要感染鳞翅目、双翅目、膜翅目、鞘翅目等幼虫，如上海使用大蓑蛾核型多角体病毒来防治大蓑蛾，效果很好。

④线虫。有些线虫可寄生地下害虫和钻蛀害虫，导致害虫受抑制或死亡。目前，国外利用线虫防治害虫的研究正在形成生物防治"热点"，我国线虫研究工作，起步虽晚，但进度很快，如用 DD-136 线虫防治玉米螟和天牛幼虫等。

⑤杀虫素。某些放线菌产生的抗生素对昆虫和螨类有毒杀作用，这类抗生素称为杀虫素或杀虫抗生素。常见的有阿维菌素、浏阳霉素、多杀菌素等。

(3)其他有益动物的利用 如两栖类中的青蛙、蟾蜍等,主要以昆虫及其他小动物为食。所捕食的昆虫,绝大多数为农林害虫。蛙类食量很大,如泽蛙 1 d 可捕食叶蝉 260 头。为发挥蛙类治虫的作用,除严禁捕杀蛙类外,还应加强人工繁殖和放养,保护蛙卵和蝌蚪。还有鸟类,据悉,我国现有 1 400 多种鸟,其中,食虫鸟约占半数,很多鸟类一昼夜所吃的东西相当于它们本身的重量,嗜食害虫的鸟类主要有大杜鹃、大斑啄木鸟、红尾伯劳、黑枕黄鹂、灰卷尾、黑卷尾、红嘴蓝鹊、灰喜鹊、喜鹊、画眉、白眉翁、大山雀、戴胜等。

(4)昆虫性信息素的利用 昆虫性信息素是由同种昆虫的某一性别个体分泌于体外,能被同种异性个体的感受器所接受,并引起异性个体产生一定行为反应或生理效应的化学物质。已经发现的有性外激素、结集外激素、追踪外激素及告警外激素等。目前研究、应用最多的是雌性外激素,多数昆虫种类由雌虫释放,以引诱雄虫。每只昆虫的性外激素含量极微,一般在 0.005～1 μg。虽然只有极少量挥发到空气中,却能把几十米、几百米,甚至几千米以外的异性昆虫吸引过来。某些昆虫的雌性外激素已能人工合成(马尾松毛虫、白杨透翅蛾、桃小食心虫、梨小食心虫、苹小卷叶蛾等),在害虫的预测预报和防治方面起到了非常重要的作用。

目前对昆虫性外激素的应用主要有以下三种方式。

①诱杀法。利用性引诱剂将雄蛾引诱过来,配以粘胶、毒液等方法将其杀死,如利用某些性诱剂来诱杀国槐小卷蛾、桃小食心虫、白杨透翅蛾、大袋蛾等,效果很好。

②迷向法。成虫发生期,在田间喷洒或放置适量的性引诱剂,使其弥漫在大气中,让雄蛾无法辨认雌蛾,从而干扰正常的交尾活动。

③绝育法。将性诱剂与绝育剂配合,用性引诱剂把雄蛾引诱过来,使其接触绝育剂后返回原地,这种绝育后的雄蛾会让雌蛾产下不正常的卵,起到灭绝后代的作用。

3. 病害的生物防治

植物病害的生物防治是指通过对植物无害或有益的一种至多种微生物来削弱或减少病原物的生存与活动,或者促进植物生长发育,从而达到控制植物病害发生与发展的目的。有益微生物广泛存在于土壤、植物根围和叶围等自然环境中。利用有益微生物的方式和方法很多,通常是利用微生物产生的抗生素来控制病害的发生与发展,如由吸水链霉素井冈变种产生的水溶性抗生素(井冈霉素),被广泛用于水稻纹枯病和麦类纹枯病的防治。随着研究的深入,已不限于产生抗生素,还包括营养物质的争夺、侵染点的占领、诱导植物产生免疫力及直接对病原物的攻击等。目前利用的其他方式主要有重寄生物的利用、根际微生物的利用、叶际微生物的利用、抑制性土壤的利用及诱导植物对病原物产生抗性的利用等。

4. 生物防治的特点

生物防治的优势突出,但局限性也很明显。它的优势主要体现在对人畜无害,不污染环境,不产生抗性,仅杀伤或抑制防治对象,能参与生态环境的调控,保持生态平衡,起到长效的作用。局限性主要有防治效果易受环境因素的影响,作用不如化学防治见效快;人工繁殖、培养有益生物的技术难度较高,能用于大量释放的天敌昆虫种类不多;多数天敌昆虫对害虫的捕食和寄生有选择性,作用范围较窄。

4.2.5 化学防治

1. 化学防治的概念

化学防治是指用各种化学农药来防治病、虫、杂草等有害生物的一种方法。

2. 化学防治的特点

从第一个人工合成的化学杀虫剂出现，到目前为止，化学防治在病虫草害防治中地位一直比较高，主要和其优点明显，而缺点却在短时间内无法体现有关。它的优点主要表现在：见效快；使用方便，受环境影响小；化学农药是工业产品，便于大量生产，成本较低；在使用时要求较少的劳动力。缺点主要体现在：引起“3R”问题；污染环境，对人畜产生不良影响；化学农药会对生态平衡产生干扰。

正是化学防治的这些优点，所以当病虫草害大发生时，化学防治就是非常有效的方法。在今后相当长的时期内，化学防治仍然会占据重要地位。至于化学防治的缺点，可通过发展选择性强、高效、低毒、低残留的化学农药以及通过改变施药方式、选择合适药剂、选择恰当施药时间、精准剂量、减少用药次数等措施逐步解决，同时还要与其他防治方法相结合，扬长避短，充分发挥化学防治的优越性，减少其毒副作用。这就需要正确认识化学农药（这部分内容在后面单独阐述），并熟悉病虫害发生特点。

4.3 综合防治方案的制订

综合防治方案的制订包括：调查植物病虫害种类，确定主要防治对象和重要天敌类群；明确主要防治对象的防治指标；熟悉主要防治对象、主要天敌类群的发生规律、种群数量变动规律、相互作用及与各种环境因子的关系；提出综合防治的措施，力求符合“安全、有效、经济、简便”的原则；不断改进和完善综合防治方案。在制订方案时要满足其基本原则。

4.3.1 综合防治的基本原则

1. 生态原则

在植物、病虫、天敌三者之间，有的相互依存，有的相互制约。当它们共同生活在一个环境中时，它们的发生、消长、生存又与这个环境的状态关系极为密切。这些生物与环境共同构成一个生态系统。

综合治理就是在育苗、移栽和管理过程中，通过有针对性地调节和操纵生态系统里某些组成部分，创造一个有利于植物及病虫天敌生存，而不利于病虫发生和发展的环境条件，从而预防或减少病虫的发生与为害。

当前，安全农产品的生产对有害生物治理的生态原则提出了新的要求，例如，有机农产品在土地生产转型方面有严格规定，考虑到某些物质在环境中会残留一段时间，土地从生产其他农产品到生产有机农产品需要 2～3 年的转换期。

2. 安全原则

根据农田生态系统里各组成部分的运动规律和彼此之间的相互关系，既针对不同对象，又考虑对整个生态系统当时和以后的影响，灵活、协调地选用一种或几种适合植物生长的有效技术和方法，如病虫天敌的保护和利用、物理防治、化学防治等措施。对不同的病虫害，采用不同的对策。几项措施取长补短，相互辅佐，并注意实施的时间和方法，以取得最好的效果。同时将对生态系统内、外产生的副作用降到最低，既控制了病虫为害，又保护了人、畜、天敌和植物的安全。

当前,食物中毒事件时有发生,安全农产品成为社会的强烈期盼。与此同时,无公害农产品、绿色农产品和有机农产品相继涌现。安全农产品的生产对有害生物治理提出了更高的要求,因此,在生产不同类型的安全农产品时,应完全按照其生产标准和技术规程开展有害生物的治理,对产品实行"从土地到餐桌"全程质量控制。

3. 经济效益原则

防治病虫的目的是控制病虫的为害,使其为害程度不足以造成经济损失。因而,经济允许水平(经济阈值)是综合治理的一个重要概念。人们必须研究病虫的数量发展到何种程度,才能采取防治措施阻止病虫达到造成经济损失的程度,这就是防治指标。病虫为害程度低于防治指标,可不防治;反之,必须掌握有利时机,及时防治。

例如,麦田蚜虫防治指标为有蚜株(茎)率超过 25%,百株蚜量 250 头以上,因此,它是一种"容忍哲学",即把害虫控制在"有虫无害"的水平。综合治理所采用措施必须有利于维护生态平衡,避免对生态平衡产生破坏及对生态环境产生污染;必须符合社会公德及伦理道德,避免对人、畜的健康造成损害。总之,进行综合治理,目标是实现"三大效益",即在追求经济效益的同时,也要重视生态效益和社会效益。

4. 综合原则

防治方法多种多样,但任何一种方法都并非万能的,各种方法各有利弊,例如,有的对一种病虫有效,而对另一种病虫的防治不利。综合防治不是许多防治方法的机械拼凑和组合,而是必须从经济效益、生态效益、社会效益等方面综合考虑,将其有机地结合。

有害生物综合治理要求协调、应用各种防治措施,其中,自然控制因素的作用非常重要。为了充分发挥自然控制因素的作用,必须贯彻落实"预防为主,综合防治"的植保方针,所有人为的防治措施应该与自然控制因素相协调,要有机地协调农业防治、物理防治、生物防治和化学防治四者之间的关系。以农业防治为基础,充分发挥物理防治和生物防治对病虫害的控制作用,合理运用化学防治技术,将各项防治措施对农业生态系统产生的不利影响降至最低。

4.3.2 综合防治的发展阶段

对于综合防治,各地可以根据本地区的经验和防治水平,本着由易到难,由简单到复杂,由个别病虫害到多种病虫害的发展过程,分三个阶段进行。

①以一个主要虫害或病害为对象,制订它的综合防治措施。

②以一种植物或植物的某一生育阶段为对象,制订这种植物或这一发育阶段的主要病虫害的综合防治措施。

③以整个农田为对象,制订整个农田的各种主要作物上的主要病虫害综合防治措施,并将它们纳入整个农田的生产管理体系中。

我国的植物保护方针是"预防为主,综合防治",这是必须长期坚持的方针。但在新的形势下,出现了新的植物保护观念,即"公共植保、绿色植保"。

"公共植保"就是把植物保护工作与农村公共卫生事业视为同等重要,是政府部门公共管理、公共服务的一项基本职能,必须采用行政法规进行管理或强制实施,把公益性的植物保护工作纳入依法管理的轨道,努力建成以县级以上国家公共植保机构为主导、乡镇公共植保人员为纽带、多元化专业服务组织为基础的新型植保体系。强化"公共"性质(公共植保)和"公共"

管理，开展“公共”服务，提供“公共”产品，着力服务“四大安全”，即农业生产安全、农产品质量安全、农业生态安全和农业贸易安全。

“绿色植保”就是把植保工作作为人与自然和谐系统的重要组成部分，突出其对植物高产、优质、高效、生态安全的保障和支撑作用，着力服务资源节约型、环境友好型农业。在当前食物中毒事件时有发生、安全农产品成为社会强烈期盼的形势下，“公共植保、绿色植保”为21世纪的植保工作指明了方向，例如，以昆虫性诱剂组成的绿色防控模式，性诱剂＋色板剂、性诱剂＋微生物农药等，节约成本75～225元/(hm^2·年)，减少施药50%以上；水稻方面，采用佳多频振杀虫灯＋稻田养鸭/养鱼等技术，这种模式已在多个省、市、自治区得到应用；玉米方面，推广释放赤眼蜂、白僵菌封垛、投撒颗粒剂等防治玉米螟技术；果树、茶树方面，推广以螨治螨生物防治技术等。这些都为“公共植保、绿色植保”提供了新经验和新途径，从而催生出绿色防控技术体系的集成创新，使专业化统防统治重大举措得到贯彻落实。绿色防控是专业化统防统治的技术支撑，专业化统防统治是绿色防控的组织保障。

植物病虫害综合防治是一个病虫害控制的系统工程，即从生态学观点出发，在整个植物生产过程中，都要有计划地应用、改善栽培技术，调节生态环境，预防病虫害的发生，降低病虫害发生程度，不使其超出为害标准。要使自然防治和人为防治手段有机地结合起来，有意识地加强自然防治能力。

第5章

农药基础知识

5.1 农药的名称

农药的名称，一般使用通用名称，即农药品种的“学名”，是标准化机构规定农药生物活性有效成分的名称。

5.2 农药的分类

农药，指用于预防、控制、消灭为害农业、林业的病、虫、杂草和其他有害生物以及有目的地调节植物、昆虫生长的化学合成物，或来源于生物和其他天然物质的一种物质或几种物质的混合物及其制剂。

农药种类繁多，可分为化学农药、植物农药、微生物农药。

5.2.1 根据原料来源分类

1. 化学农药

该类又可分为有机化学农药和无机化学农药两大类。有机化学农药是通过人工合成的，这类已经在许多国家实现大规模的生产，成为当今农药的主体，其特点是：药效高、用量少、见效快、用途广，可适应各种环境的需要，但污染环境，有害生物易产生抗药性，对人畜不安全。无机化学农药大多是由矿物质原料加工、配制而成的，可直接用来杀伤有害生物，如石灰、硫黄、磷化铝、硫酸铜等。

2. 植物农药

该类是由天然植物加工而成的，所含有效成分是天然有机物质，如除虫菊素、苦参素、印楝素等。这类药对人畜安全，对植物无药害，不易使有害生物产生抗性，但药效低、残效期短。

3. 微生物农药

该类是利用微生物及其代谢产物进行防治的农药，如 Bt、井冈霉素、农用抗生素。

5.2.2 根据主要防治对象分类

根据主要防治对象可分为以下几类。

(1)杀虫剂　用来防治有害昆虫的药剂。

(2)杀螨剂　用来防治蛛形纲中有害种类的药剂。

(3)杀菌剂　用来防治植物病原微生物的药剂。

(4)除草剂　用来防治农田杂草的药剂。

(5)杀鼠剂　用来防治鼠害的药剂。

(6)植物生长调节剂　用来促进或抑制农林作物生长发育的药剂。

5.2.3 根据作用方式分类

1. 杀虫剂和杀螨剂

(1)触杀剂　药剂接触到害虫后，通过体壁及气门进入害虫体内，使之中毒死亡。

药剂的转移：表皮(体壁)→血液→作用部位(神经系统)。

(2)胃毒剂　药剂通过害虫取食而进入消化系统，使之中毒死亡。

药剂的转移：口腔→消化道(中肠)→血液→作用部位。

(3)内吸剂　药剂被植物的根、茎、叶吸收进入植物体内，并在植物体内扩散或产生更毒的代谢物，使取食植物的害虫中毒死亡。

药剂的转移：植物吸收→植物汁液(药剂)→口器→消化道→作用部位。

(4)熏蒸剂　药剂能在常温下化为有毒气体，通过呼吸道进入害虫体内，使之中毒死亡。

药剂的转移：气门→气管→微气管→血液→作用部位。

(5)昆虫生长调节剂　药剂能阻碍害虫的正常生理功能，防止昆虫变态，形成没有生命力或不能繁殖的畸形个体，如扑虱灵等。这类药剂活性高、毒性低、无残留，具有明显的选择性，但杀虫速度慢。

(6)引诱剂　药剂以微量的气态分子，将害虫引诱到一处，集而歼之。这类药剂又可分为食物诱剂、性诱剂、迷向剂。

(7)不育剂　药剂进入害虫体内后，可直接干扰或破坏害虫的生殖系统。

2. 杀菌剂

(1)按杀菌剂的使用方式分类

①保护性杀菌剂。在病害流行前，即当病原菌接触寄主或侵入寄主之前，施用于植物体可能受害的部位，以保护植物不受侵染的药剂。目前使用的药剂主要有波尔多液、五氯硝基苯、百菌清、敌克松、代森铵、代森锰锌。

②治疗性杀菌剂。植物发病后使用，通过内吸作用进入植物体内，传导至未施药的部位，使植物体内的病原微生物产生毒性，从而抑制或消灭病原微生物，具有保护性杀菌剂达不到的效果，如多菌灵、甲基托布津、三环唑、粉锈宁。

③铲除性杀菌剂。对病原微生物有强烈的杀伤作用的药剂，这类药剂不能施用于植物生

长期,故一般只用于播前土壤处理、植物休眠期或种苗处理。

(2)按杀菌剂在植物体内的传导特性分类

①内吸性杀菌剂。能被植物叶、茎、根、种子吸入植物体内,经植物体液输导、扩散、存留或产生代谢物,可防治一些深入植物体内或种子胚乳内的病害,以保护作物不受病原物的侵染或对已感病的植物进行治疗,因此具有治疗和保护作用。如多菌灵、力克菌、绿亨 2 号、多霉清、霜疫清、甲霜灵、乙磷铝、甲基托布津、敌克松、粉锈宁、杀毒矾、拌种双等。

②非内吸性杀菌剂。这类药剂不能被植物内吸并传导、存留。目前,大多数品种都是非内吸性的杀菌剂,这类药剂不易使病原物产生抗药性,比较经济,但大多数只具有保护作用,不能防治深入植物体内的病害,如硫酸锌、硫酸铜、多果定、百菌清、绿乳铜、表面活性剂、增效剂、硫合剂、草木灰、波尔多液、代森锰锌、福美双等。

3. 除草剂

(1)按作用方式分类

①选择性除草剂。在一定的浓度和剂量范围内对某些杂草有效而对作物安全的药剂,如敌稗可杀死稗草但不伤害水稻。选择性除草剂也可分为单子叶除草剂和双子叶除草剂。

②灭生性除草剂。在常用剂量下可以杀死所有接触到药剂的绿色植物体的药剂,如克无踪、草甘膦等。

(2)按疏导性能分类

①输导型除草剂。施用后通过内吸作用传至杂草的敏感部位或整个植株,使之中毒死亡的药剂。

②触杀型除草剂。不能在植物体内传导移动,只能杀死所接触到的植物组织的药剂。

(3)按使用方法和时期分类

①茎叶处理剂。可被植物茎、叶、芽鞘等部位吸收,并经输导组织从吸收部位传导至其他器官,破坏植物内部结构和生理平衡,造成杂草死亡的药剂。

②土壤处理剂。又称封闭处理剂,主要用于抑制或杀死正在萌发的杂草。

4. 杀鼠剂

(1)按作用快慢分类

①急性(速效)杀鼠剂。毒杀作用快速、潜伏期短,仅 1～2 d 甚至几小时就可使鼠中毒死亡的药剂。

②慢性(缓效)杀鼠剂。主要为抗凝血杀鼠剂,此类杀鼠剂毒性作用缓慢、潜伏期长,一般 2～3 d 后才使鼠中毒。

(2)按作用方式分类

①胃毒性杀鼠剂。药剂通过鼠取食进入消化系统,使鼠中毒死亡。这类杀鼠剂一般用量低、适口性好、杀鼠效果好,对人畜安全。目前主要使用的杀鼠剂有敌鼠钠、溴敌隆、杀鼠醚等。

②熏蒸性杀鼠剂。药剂蒸发或燃烧释放有毒气体,经鼠呼吸系统进入鼠体内,使鼠中毒死亡,如氯化苦等。优点是不受鼠取食行动的影响,作用快,无二次毒性;缺点是用量大,施药时防护条件及操作技术要求高,适合室内专业化使用,不适合散户使用。

③驱鼠剂和诱鼠剂。驱鼠剂的作用是把鼠驱避,使鼠不愿意靠近施用过药剂的物品,以保护物品不被鼠咬。诱鼠剂是将鼠诱集,但不直接杀害鼠的药剂。

④不育剂。通过药物的作用使雌鼠或雄鼠不育,降低鼠的出生率,以达到防除的目的,属

于间接杀鼠剂，亦称化学绝育剂。

5. 植物生长调节剂

(1)按来源分类

①天然源。吲哚乙酸、赤霉素、诱抗素等属于植物体内自然存在的物质。

②人工合成。乙烯利、矮壮素等属于人工合成的具有激素作用的植物生长调节剂。

(2)按生理功能分类　生长促进剂、生长抑制剂和生长延缓剂等。

(3)按具体用途分类　生根剂、脱叶剂、坐果剂、疏花疏果剂、抑芽剂、促长增产剂、保鲜剂等。

(4)按生理效应分类

①生长素类。该类植物生长调节剂的主要生理作用是促进细胞伸长，促进发根，延迟或抑制离层的形成，促进未受精子房膨胀，形成单性结实，促进形成愈伤组织。代表品种有萘乙酸、4-氯苯氧乙酸、增产灵、复硝钾、复硝酚钠和复硝铵等。

②赤霉素类。植物体内存在内源赤霉素。从高等植物和微生物中找到的赤霉素已有95种之多，用于植物生长调节剂的赤霉素主要是GA3。赤霉素类可以打破植物体某些器官的休眠，促进长日照植物开花，促进茎、叶伸长、生长，改变某些植物雌、雄花比率，诱导单性结实，提高植物体内酶的活性。

③细胞分裂素类。这类物质能促进细胞分裂，诱导离体组织芽的分化，抑制或延缓叶片组织衰老。目前人工合成的细胞分裂素类植物生长调节剂有多种，如糠氨基嘌呤、植物细胞分裂素、苄氨基嘌呤、Zip和PBA等。最新合成的噻苯隆的生理活性是细胞分裂素的1 000倍，兼用作棉花脱叶剂。

④甾醇类。1979年，Grove等从一种芥菜型油菜的花粉粒中提取并纯化出一种甾醇类化合物——油菜素内酯，又称芸苔素内酯。油菜素内酯具有生长素、赤霉素、细胞分裂素的部分生理作用，但与已知的植物激素又有明显的差别。它对植物细胞伸长和分裂均有促进作用，是目前已知植物激素中生理活性最强的一种。从化学结构上看，油菜素内酯与人和高等动物的甾醇类激素(肾上腺皮质激素、性激素)、昆虫的蜕皮激素等同属甾醇类化合物。除了天然油菜素内酯，国内已有多种仿生合成，并且使用效果良好的甾醇类植物生长调节剂面市，如丙酰芸苔素内酯、表高芸苔素内酯、表芸苔素内酯等。

⑤乙烯类。高等植物的根、茎、叶、花、果实等在一定条件下都会产生乙烯。乙烯有促进果实成熟，抑制细胞的伸长、生长，促进叶、花、果实脱落，诱导花芽分化，促进发生不定根的作用。乙烯作为一种气体很难在田间使用，但乙烯利的研制和使用则避免了这一问题。

⑥脱落酸类。S-诱抗素(ABA)以前被称为休眠素或脱落素。最早是20世纪60年代初从将要脱落的棉铃或将要脱落的槭树叶片中分离出的一种植物激素。S-诱抗素是一种抑制植物生长发育和引起器官脱落的物质。它在植物各器官都存在，尤其是进入休眠和将要脱落的器官中含量最多。S-诱抗素能促进休眠，抑制萌发，阻滞植物生长，促进器官衰老、脱落和气孔关闭等。这一类植物生长调节剂的作用特点是促进离层形成，导致器官脱落，增强植物抗逆性。此类化合物结构比较复杂，虽已可人工合成，但价格较贵，尚不能大量生产。

⑦植物生长抑制物质。植物生长抑制物质可分为植物生长抑制剂和植物生长延缓剂。植物生长抑制剂对植物顶芽或分生组织都有破坏作用，并且破坏作用是长期的，不为赤霉素所逆转，即使在药液浓度很低的情况下，对植物也没有促进生长的作用。施用于植物后，植物停止生长或生长缓慢。植物生长延缓剂只是对亚顶端分生组织有暂时抑制作用，延缓细胞的分裂

与伸长、生长，过一段时间后，植物即可恢复生长，而且其效应可被赤霉素逆转。植物生长抑制物质在农业生产中的作用是抑制徒长、培育壮苗、延缓茎和叶衰老、推迟成熟、诱导花芽分化、控制顶端优势、改造株型等，代表品种有矮壮素、丁酰肼、多效唑等。

5.3　农药的毒力与药效

5.3.1　毒力

1. 农药的毒力

农药的毒力是指药剂本身对不同生物发生直接作用的性质和程度。一般是在相对严格控制的条件下，用精密的测试方法及采取标准化饲养的试虫或菌种及杂草进行测定，从而给予药剂的一个量度作为评价或比较标准。

2. 毒力测定方法

胃毒作用：叶片夹毒法、药液饲喂法、口腔注射法。

触杀作用：点滴法、浸渍法、药膜法、喷雾法、喷粉法。

内吸作用：药液培养法、盆栽植物法。

熏蒸作用：广口瓶熏蒸法、滤纸熏蒸法、三角瓶熏蒸法、二重皿熏蒸法。

3. 毒力表示方法

(1)死亡率和校正死亡率：

$$\text{死亡率}=\frac{\text{死亡个体数}}{\text{供试总虫数}}\times 100\%$$

$$\text{校正死亡率}=\frac{\text{对照组内生存率}-\text{处理组内生存率}}{\text{对照组内的生存率}}\times 100\%$$

(2)致死中量(LD_{50})和致死中浓度(LC_{50})：

致死中量(Median Lethal Dose)：在一定条件下，杀死供试生物种群50%的个体所需要的药剂剂量。

致死中浓度(Median Lethal Concentration)：在一定条件下，杀死供试生物种群50%的个体所需要的药剂浓度。

(3)有效中量(ED_{50})和有效中浓度(EC_{50})：

有效中量(Median Effective Dose)：抑制病菌50%的孢子萌发所需的药剂剂量。

有效中浓度(Median Effective Concentration)：抑制病菌50%的孢子萌发所需的药剂浓度。

(4)相对毒力指数：

$$T=\frac{A(B)}{S}\times 100\%$$

式中，T为相对毒力指数；S为标准药剂的致死中量(浓度)；$A(B)$为供测药剂的致死中量(浓度)。

5.3.2 药效

1. 药效

药效是指某种制剂在田间条件下对害虫的杀灭作用，是药剂本身和多种因素综合作用的结果。

田间药效试验可分为小区试验、大区试验、大面积示范试验。

2. 药效表示方法

(1)杀虫剂防效：

$$校正死亡率=\frac{对照组生存率-处理组生存率}{对照组生存率}\times 100\%$$

$$虫口减退率=\frac{防治前活虫数-防治后活虫数}{防治前活虫数}\times 100\%$$

Henderson-Tilton 公式：

$$防治效果=\left\{1-\frac{T_a}{T_b}\times\frac{C_b}{C_a}\right\}\times 100\%$$

式中，T_a 为处理区防治后存活的个体数量；T_b 为处理区防治前存活的个体数量；C_a 为对照区防治后存活的个体数量；C_b 为对照区防治前存活的个体数量。

Sun-Shepard 公式：

$$防治效果=\frac{P_t\pm P_{ck}}{100\pm P_{ck}}\times 100\%$$

式中，P_t 为防治前后处理区的活虫差数，可用死亡率(%)表示；P_{ck} 为防治前后对照区种群增加或减少的百分率；+为种群增加；−为种群减少。

(2)杀菌剂防效：

$$发病率=\frac{发病苗(杆、叶)数}{调查总苗(杆、叶)数}\times 100\%$$

$$相对防治效果=\frac{对照区病情指数-处理病情指数}{对照区病情指数}\times 100\%$$

$$感病指数=\frac{\sum(感病叶(株)数\times 该级代表值)}{调查总叶(株)数\times 最高级值数}\times 100\%$$

$$绝对防治效果=\frac{对照区病情指数增长值-处理区病情指数增长值}{对照区病情指数增长值}\times 100\%$$

$$病情指数增长值=施药后感病指数-施药前感病指数$$

(3)除草剂防效：

$$防治效果=\frac{对照区草量(鲜重或干重)-处理区草量(鲜重或干重)}{处理区草量(鲜重或干重)}\times 100\%$$

$$选择性指数=\frac{作物生长抑制(死亡)10\%的剂量}{杂草生长抑制(死亡)90\%的剂量}$$

3. 影响药效的主要因素

(1)农药本身的因素　农药的化学成分、理化性质、作用机制、使用剂量以及加工性状都直接或间接地影响药效,例如,速灭杀丁对许多鳞翅目害虫有效,但对螨类无效;每亩(1 亩≈667 m^2)用 20 mL 和 40 mL 相同浓度的农药防治鳞翅目害虫的效果有较大差异。要根据防治对象、作物种类和使用时期,选择合适的农药品种、剂型和使用剂量。

(2)防治对象的因素　不同病虫害的生活习性有差异,即使是同一种病害或虫害,由于所处的萌发阶段或发育阶段不同,对不同农药或同类农药的反应也不一样,常表现为防治效果的差异,例如,盖草能对大多数禾本科杂草有效,对阔叶类杂草无效;久效磷对棉铃虫 1 龄、2 龄幼虫防治效果好,但对 3 龄以后的幼虫防治效果较差。

(3)环境因素　温度、湿度、雨水、光照、风、土壤性质等环境因素,直接影响着病虫害的生理活动和农药性能的发挥,从而影响农药的药效,例如,除草剂乙草胺、氟乐灵、拉索同样的使用剂量,干旱时除草效果差,而在适宜的土壤湿度条件下,除草效果好;在砂土地上使用的效果要比在有机质含量高的地内使用的效果好。因此,在使用农药前,必须掌握它的性能特点和防治对象的生物学特性;在施用过程中,充分利用一切有利因素,控制不利因素,以求取得最佳防治效果。

5.3.3 毒性

农药的毒性(毒性分级,见表 5-1),是指一种物质以接触、吃入、吸入动物体内而引起毒害的作用和程度(供试动物:小鼠、大鼠、兔等),主要分为以下几类。

(1)急性中毒　人畜误服、皮肤接触及呼吸道吸入体内一定量的药剂后,在短时间内表现中毒或死亡。

表现症状:头昏、恶心、呕吐、抽搐、痉挛、呼吸困难、大小便失禁等。

表示方法:常用大鼠经口致死中量 LD_{50} 或经皮致死中量 LD_{50} 作为衡量指标。

(2)亚急性中毒　在一段时间内(30～90 d)连续接触一定剂量(LD_{50} 的 5%～20%)的农药后出现与急性中毒类似的中毒症状。

(3)慢性中毒　在长期(6 个月以上,甚至是终生)接触低剂量农药后,逐渐引起内脏机能受损,阻碍正常生理代谢过程而表现出的慢性病理反应。

表 5-1　毒性分级

毒性分级	级别符号语	经口半数致死量/(mg/kg)	经皮半数致死量/(mg/kg)	吸入半数致死浓度/(mg/m^3)
Ⅰa 级	剧毒	≤5	≤20	≤20
Ⅰb 级	高毒	5～50	20～200	20～200
Ⅱ级	中等毒	50～500	200～2 000	200～2 000
Ⅲ级	低毒	500～5 000	2 000～5 000	2 000～5 000
Ⅳ级	微毒	5 000	5 000	5 000

5.4 农药的主要剂型

原药(加工前的农药,固体原药称为原粉,液体原药称为原油)都要经过加工,加入适当的填充剂和辅助剂,制成含有一定成分、一定规格的制剂后才能使用。经过加工的药剂被称为制剂。

5.4.1 农药剂型分类

1. 按农药剂型物态分类

固体制剂:

(1)直接使用的固体制剂　粉剂、颗粒剂、片剂、杀螨纸、挂条、球剂、棒剂。

(2)可分散固体制剂　可湿粉剂、油分散粉剂、乳粉剂、水分散粒剂、乳粒剂、水分散片剂。

(3)可溶固体制剂　可溶粉剂、可溶粒剂、可溶片剂。

液体制剂:

(1)均相液体制剂　可溶液剂、水剂、可溶胶剂、油剂、展膜油剂。

(2)可分散液体制剂　乳油、乳胶、可分散液剂、膏剂。

(3)乳液制剂　水乳剂、油乳剂、微乳剂、脂膏。

(4)悬浮制剂　悬浮剂、微囊悬浮剂、油悬浮剂、可分散油悬浮剂。

(5)多重特性制剂　悬乳剂、微囊悬浮水乳剂、微囊悬浮悬乳剂。

2. 按施用方法分类

(1)直接施用　粉剂、拌种剂、种衣剂、大粒剂、糊剂、超低容量油剂、油剂、静电喷布剂等。

(2)稀释后施用　可湿性粉剂、可溶性粉剂、干悬乳剂、悬乳剂、油悬剂、乳油、油用类剂(加油)、水剂等。

(3)特殊施用　烟剂、蚊香、熏蒸性片剂、气雾剂、热雾、压缩气体等。

5.4.2 农药剂型及其代码

气雾剂(AE)	水溶粉剂(AF)	水剂(AS)
缓释剂(BR)	引诱剂(BY)	微囊粒剂(CG)
微囊悬浮剂(CS)	可分散液剂(DC)	干悬浮剂(DF)
粉剂(DP)	粉尘剂(DPC)	干拌种剂(DS)
泡腾粒剂(EA)	乳油(EC)	静电喷雾液剂(ED)
油乳剂(EO)	水乳剂(EW)	细粒剂(FG,见 GR)
烟烛(FK,见 FU)	种子处理悬浮剂(FS)	悬浮拌种剂(FSB)
烟剂(FU)	诱芯(GD)	大粒剂(GG)
颗粒剂(GR)	干粉种衣剂(GZ)	泡腾颗粒剂(KPP)
微乳剂(ME)	微粒剂(MG)	油悬浮剂(OF)

可分散油剂(OFK)	油剂(OL)	油分散粉剂(OP)
涂抹剂(PF)	泡腾片剂(PP)	毒饵(RB)
饵剂(RG)	热雾剂(RR)	水乳种衣剂(RSC)
悬浮剂(SE)	可溶粒剂(SG)	可溶液剂(SL)
可溶性液剂(SLX)	展膜油剂(SO)	可溶粉剂(SP)
可溶性粉剂(SPX)	水溶性粒剂(SWG)	可湿粉种衣剂(SZ)
片剂(TA)	原药(TC)	原粉(TF)
母药(TK)	超低容量剂(ULV)	熏蒸剂(VP)
水分散粒剂(WG)	可湿性粉剂(WP)	湿拌种剂(WS)

5.4.3 农药助剂

农药助剂又称为农药辅助剂，是指农药制剂加工或使用中添加的，用于改善药剂理化性质的辅助物质。助剂本身基本无生物活性，但是能影响防治效果。农药品种繁多，理化性质各异，剂型加工要求也不同，因此需要的助剂也不同。常用助剂有填充剂、溶剂、助溶剂、湿润剂、乳化剂、分散剂、黏着剂、稳定剂、安全剂、增效剂等，还有发泡剂、消泡剂、着色剂、防尘剂等。

5.5 科学使用农药

5.5.1 原则

1. 对症下药

农药的种类很多，各种农药都有自己的防治对象、适用范围、作用方式、残效期等，可以根据防治对象及作物的特点选择药剂，如防治蚜虫、飞虱等刺吸式口器害虫，选用内吸性杀虫剂效果好；波尔多液防治霜霉病效果好，防治绵腐病、锈病效果差；对蔬菜用药时，要选用毒性低、残留期短的药剂。应用化学防治时，如果选错了药剂，不仅浪费人力、物力，达不到防治效果，延误防治时机，甚至还可能造成药害。

2. 适时用药

掌握有利时机，适时用药，才能发挥农药应有的防治效果，例如，防治虫害一般在低龄幼虫盛期，这时低龄幼虫抗药能力弱，容易被杀死，高龄幼虫抗药能力强，即使加大用药浓度或药量也不一定能杀死幼虫；有些害虫低龄时集中为害，用药能集中消灭。有杀卵作用的杀虫剂在卵高峰期用。由于大多数杀菌剂是保护性杀菌剂，在病害发生初期用药，病害容易被控制，因此防治作物病害宜在病害发生初期。防治草害，就选在杂草幼苗期用药。

3. 适宜的施药方法

田间施药，要把农药施在病虫在作物上为害的部位。不同的农药剂型，就采用不同的施药方法。乳油、可湿性粉剂、水剂等以兑水喷雾为主；颗粒剂以撒施或深层施药为主。防治地下害虫可用拌种、浸种、毒饵、毒土等方法。

4. 合理混用农药

混用的原则:一是混合后药效提高的可以混用;二是混合后发生不良的物理或化学变化,如出现混浊物、分层、沉淀的不可以混用;三是混合后产生药害的不可以混用;四是混合后毒性提高的不可以混用。常见的混用问题是,遇到碱性物质易分解、失效的农药,不能与碱性农药、肥料或碱性物质混用。

5. 轮换或交替使用农药

抗药性是指在同一地区连续使用同一种农药而引起有害生物对药剂抵抗力提高(敏感度下降)的现象。长期单一使用某种农药防治病虫害,就会导致抗药性的产生。合理轮换使用农药,可以延缓抗药性的产生,还可以延长优良农药品种的使用寿命。

6. 严格执行安全间隔期

安全间隔期是指最后一次施药至放牧、收获(采收)、使用、消耗作物前的时期,自喷药后到残留量降到最大允许残留量所需的间隔时间。在果园中用药,最后一次喷药与收获之间必须大于安全间隔期,以防人畜中毒。

5.5.2 农药使用注意事项

①使用农药前认真阅读农药使用说明书,正确安全使用农药。

②配药应在远离饮用水和居民点的地方进行,用后的农药包装物要烧毁或深埋,切不可用农药瓶、农药袋来装食品和饮用水。

③在配药、施药和搬药时,要戴口罩、胶手套,穿长袖衣服、鞋袜,防止药剂沾染皮肤、眼睛。

④在施药、搬药过程中,不得喝酒、饮水、抽烟、吃东西,不能讲话、嬉戏,不能用手擦嘴、脸和眼睛。喷药后,若要进食、饮水、抽烟,应先洗手、洗脸、漱口。每天搬药、施药时间不要超过6 h。

⑤在使用喷雾器喷药时,不要迎风操作,不要左右两边同时喷药,应隔行喷药,并且最好能边倒退行走边操作。在风大或中午高温时应停止施药。

⑥不要让儿童、孕妇、哺乳期的妇女施药。

5.5.3 农药使用中的重大问题

1. "3R"问题

"3R"问题是指抗性、害虫再猖獗和残留。盲用、乱用、滥用现象会引起严重的"3R"问题。

2. "三致"毒性

"三致"毒性是指致畸、致癌、致突变。有一些化学农药虽然急性毒性较低,但在施用后对环境具有严重的潜在危害,有较高的慢性或"三致"毒性,即最终可能会导致生物体畸形、诱发癌症,甚至还可能损害生物体的遗传机制,引起基因突变。

3. 农药的残留与残毒

(1)农药残留　农药残留是指田间施用农药防治病、虫、杂草等有害生物后,一个时期内没有分解而残存于收获物、土壤、水源、大气中的那部分农药及其有毒衍生物。

作物与食品中残留农药主要来源:

①农药对农作物的直接污染。在田间喷洒农药后,部分农药就残留在作物上,可能粘附在

农作物表面，或渗透进植物组织。因农药本身稳定性的差异及作物种类的不同，农药降解或快或慢，农作物收获时就或多或少地带有农药。

②作物对污染环境中农药的吸收。田间施药时，大部分农药散落于农田，有的残存于土壤，有的被雨水冲刷至江河湖泊，污染环境。在被污染的土壤中种植农作物或者用被污染的水灌溉，残留农药就会被吸收进农作物体内。

③生物富集及食物链。生物富集是指生物体从其周围环境中不断吸收低浓度农药，并逐渐在其体内积累的现象。食物链是指动物取食含有残留农药的作物或生物后，使残留农药在生物之间转移的现象。

一般肉类、乳品中含有的农药残留主要是畜、禽取食被残留农药污染的饲料而造成的农药在其体内的积累。水产品中的残留农药主要是因为被农药污染的水质经水生生物富集，而鱼类等水产品取食了这些生物，所以残留农药就被转入鱼、虾等水产品之中。

(2)农药残毒　农药残毒，即农药残留毒性，是指食物或环境中残留农药对人体产生危害，尤其是慢性毒性。

因农药残毒是一种慢性毒性引起的毒害，潜伏期往往很长，所以不易察觉，一旦发现则难以治疗。为害面广，与急性中毒不同，急性中毒往往是少数人，而残毒中毒往往是一个地区的大多数人。

5.5.4 抗药性治理策略

抗药性治理的原则，是降低农药的选择压，减缓有害生物对农药抗药性的发展速度，从而保障农药对有害生物的防治效果。具体方法如下。

(1)降低农药的使用剂量和使用浓度　对有害生物做到适时、适量施药，不要随意加大使用剂量和提高浓度。

(2)减少农药使用次数　降低选择压，延缓抗药性的发展速度。

(3)不广泛施药　不广泛施药，保留一些“避难所”，这些区域的有害生物个体不接触农药而成为敏感个体，保留相当数量的敏感个体，可达到稀释抗药性的杂合子和匀合子种群，降低抗药性的等位基因频率。

(4)严格执行防治指标　达到防治指标才用药，并在有害生物对农药敏感时期用药。不打“保险药”。

(5)交替和轮换使用农药　不要长期使用单一品种的药剂。

5.6 常见农药品种介绍

5.6.1 杀虫剂

5.6.1.1 无机及重金属类杀虫剂

以天然矿物质为原料的无机化合物统称为无机杀虫剂。无机杀虫剂按所含的元素可分为无机砷杀虫剂，如亚砷酸酐、砷酸铅、砷酸钙等；无机氟杀虫剂；其他无机杀虫剂。早期的砷制剂、氟制剂因为毒性高、药效差、药害重已经停产、禁用，现在使用的无机农药主要有铜制剂与硫制剂。铜制剂如波尔多液、碱式硫酸铜悬浮剂等，硫制剂如硫悬浮剂、石硫合剂等，都是目前广泛应用的杀菌剂，在杀菌剂章节中会有详细介绍。

5.6.1.2 有机氯类杀虫剂

有机氯杀虫剂是一类含氯原子的有机合成杀虫剂，也是发现和应用最早的一类人工合成杀虫剂，具有广谱、高效、价廉、急性毒性小等特点。20 世纪 40～70 年代，有机氯杀虫剂在全世界得到广泛应用，在防治卫生害虫和农业害虫方面发挥过重大作用。

有机氯杀虫剂具有高度的化学、物理和生物学稳定性，半衰期长达数年，在自然界中极难降解，因此在被大量、广泛使用后，造成在农产品、食品和环境中的高残留。有机氯农药代表产品有六六六、滴滴涕、艾氏剂、狄氏剂、毒杀芬、硫丹等，自 20 世纪 70 年代以来，高毒有机氯杀虫剂相继被禁用。

5.6.1.3 有机磷类杀虫剂

本类主要有敌敌畏、敌百虫、辛硫磷、丙溴磷、马拉硫磷、喹硫磷、毒死蜱(乐斯本)、三唑磷等，部分老品种已经被禁止使用或限制使用。

有机磷类杀虫剂的主要特点如下：

①广谱、高效，作用方式多种多样。多数具多种杀虫作用方式，杀虫范围广，能同时兼治多种害虫。一般对虫、螨具有较高防治效果。

②在生物体内易于降解为无毒物，如敌百虫等。

③持效期有长有短，可供选择。有的杀虫剂在 2～3 d 完全分解失效，如辛硫磷、敌敌畏等。

④一般温度下不会造成药害。

敌敌畏(Dichlorvos)

【作用特点】

这是一种高效、速效、广谱的有机磷类杀虫剂。抑制昆虫体内乙酰胆碱酯酶，造成昆虫神经传导阻断而死亡。具有触杀、胃毒和熏蒸作用，无内吸性，残效期短。对咀嚼式口器和刺吸式口器害虫均有良好的防治效果。

【毒性】

对高等动物毒性中等。急性毒性：小鼠经口 LD_{50} 50～92 mg/kg；大鼠经口 LD_{50} 50～110 mg/kg，大鼠经皮 LD_{50} 75～107 mg/kg。80%敌敌畏可经口服、皮肤吸收或呼吸道吸入。口服中毒者潜伏期短，发病快，病情严重，常见症状有昏迷等，可在数十分钟内死亡。口服中毒者消化道刺激症状明显。对人、畜、禽、鱼、蜜蜂等毒性较大。

【防治对象】

可防治蔬菜、粮、棉、麻等作物多种害虫，还可用于防治蚊、蝇等卫生害虫和仓储害虫。施用时可采用兑水喷雾、拌毒土撒施、烟剂熏蒸等方法。

【注意事项】

①高粱、月季花对该药剂敏感，易产生药害，不宜使用。玉米、豆类、瓜类幼苗对该药剂敏感。

②该药剂水溶液分解快，应随配随用，不可与碱性药剂混用。

③蔬菜收获前 7 d 停止使用。

敌百虫(Trichlorfon)

【作用特点】

这是一种高效、低毒、低残留、广谱的有机磷类杀虫剂，以胃毒作用为主，兼有触杀作用，也有渗透活性。在农业上应用范围很广。

【毒性】

急性毒性：小鼠经口 LD_{50} 400～600 mg/kg，小鼠经皮 LD_{50} 1 700～1 900 mg/kg；大鼠经口 LD_{50} 450～500 mg/kg；人经口致死剂量为 10～20 g。

【防治对象】

可直接配制水溶液喷雾防治多种刺吸式和咀嚼式口器害虫，如水稻螟虫、稻纵卷叶螟、稻包虫、棉花地老虎、果树刺蛾、蔬菜斜纹夜蛾、菜青虫、玉米螟和家蝇等；可制成毒饵，诱杀蝼蛄及地老虎幼虫等地下害虫；可配制成糖醋液，诱杀柑橘大实蝇等害虫。

【注意事项】

遇碱易分解。

辛硫磷(Phoxim)

【作用特点】

这是一种广谱、高效、击倒力强的乙酰胆碱酯酶抑制剂。对害虫有强烈的触杀、胃毒作用。有一定的杀卵作用，无内吸作用。对菜青虫等鳞翅目害虫非常有效。对光不稳定，见光分解快，残留期短，残留风险小，适用于防治采收安全期短的蔬菜上多种鳞翅目害虫的防治。但应用于土壤中，残留期很长，可达 1～2 个月。

【毒性】

急性毒性：大鼠经口 LD_{50} 2 170 mg/kg(雄)、1 976 mg/kg(雌)；狗经口 LD_{50} 250 mg/kg；雌猫经口 LD_{50} 500 mg/kg。对鱼类等毒性大。对蜜蜂有触杀和熏蒸作用。

【防治对象】

杀虫谱广，对仓储害虫和卫生害虫尤其有效。可用于防治地下害虫，特别是在防治蛴螬、蝼蛄、金针虫时有良好的效果。超低容量茎叶喷雾可防治蝉科害虫。施药方法包括茎叶喷雾、拌种、浇灌等。

【注意事项】

①遇光容易分解，宜在傍晚光线较暗时施用。

②勿与碱性农药混用，以免分解失效。

③贮存于避光阴凉处。

5.6.1.4　氨基甲酸酯类杀虫剂

本类主要有异丙威、抗蚜威、硫双威(拉维因)等，部分品种已被禁止使用。

氨基甲酸酯类杀虫剂的主要特点如下：

①对飞虱、叶蝉、蓟马有效，对螨类和介壳虫无效，不同品种杀虫谱差异大。

②多数品种有较好的内吸作用。

③对人、畜毒性较低，但对蜜蜂毒性较高。

④与有机磷混用一般无增效作用。

⑤与增效磷和芝麻素混用有增效作用。

异丙威（叶蝉散，Isoprocarb）

【作用特点】

异丙威具有较强的触杀作用，速效性强。

【毒性】

异丙威属于中等毒性杀虫剂。对兔的眼睛和皮肤刺激性小，无明显积累毒性，在试验剂量内未见致癌、致畸、致突变作用。对蜜蜂有毒。

【防治对象】

主要防治水稻叶蝉、飞虱类害虫，能兼治蓟马，亦能防治其他咀嚼式口器害虫。对稻田蜘蛛类天敌较为安全，持效期较短。

【注意事项】

①在一般使用浓度下对作物安全，但对芋有药害，不宜与碱性农药混施。

②异丙威与其他氨基甲酸酯类药剂一样，不能与除草剂敌稗同时使用或混用，否则易发生药害，使用这两种农药的间隔期应在 10 d 以上。施颗粒剂时，田里要保持有浅水。

抗蚜威（辟蚜雾，Pirimicarb）

【作用特点】

这是选择性强的杀蚜虫剂，具有触杀、熏蒸和叶面渗透作用。杀虫迅速，但残效期短。对作物安全，不伤天敌，是综合防治的理想药剂。

【毒性】

对高等动物毒性中等，对蜜蜂和鸟毒性小。

【防治对象】

能有效防治除棉蚜以外的所有蚜虫，亦能防治对有机磷类杀虫剂产生抗性的蚜虫。

【注意事项】

①抗蚜威在 20 ℃以上时才有熏蒸作用，在 15 ℃以下时只有触杀作用，因此，在低温时喷雾要均匀、细致，否则影响防治效果。

②抗蚜威对棉蚜基本无效，不宜使用。

③必须用金属容器盛装该药剂。

5.6.1.5 拟除虫菊酯类杀虫剂

溴氰菊酯、氯氰菊酯等，多属中低毒性农药，对人畜较为安全，但也不能忽视安全操作规程，不然也会引起中毒。这类农药是一种神经毒剂，作用于神经膜，可改变神经膜通的透性，干扰神经传导而中毒。但是这类农药在哺乳类肝脏酶的作用下能水解和氧化，且大部分代谢物可迅速排出体外。

拟除虫菊酯类杀虫剂的主要特点如下：

①广谱。对绝大多数农林害虫、仓储害虫、畜牧害虫、卫生害虫都有良好的防效。但大多数品种的拟除虫菊酯类杀虫剂，对植食性螨类以及介壳虫类防效较差。

②高效、速效。这类杀虫剂的毒力比常用杀虫剂的毒力提高 1～2 个数量级，是目前毒力最高的一类杀虫剂。有些品种如溴氰菊酯，大田用量仅为 15 g/hm^2，而且作用迅速，击倒快。

③对哺乳动物毒性低，加上单位面积用药量小，因而使用安全。但这类杀虫剂的大多数品种对蜜蜂、鱼类及天敌昆虫毒性大。

④具有强大的触杀作用和胃毒作用，无内吸作用，因此，以叶面喷洒为主，很少用作土壤处理或种子处理。

⑤由于主要成分化学结构大多属酯、醚，在生物体内及环境中易降解，加上单位面积用药量小，因此在正常使用情况下不会污染环境。

溴氰菊酯（敌杀死，Deltamethrin）

【作用特点】

以触杀作用和胃毒作用为主，对害虫有一定的驱避与拒食作用，无内吸作用及熏蒸作用。杀虫谱广，击倒速度快，对鳞翅目幼虫及蚜虫杀伤力大，但对螨类无效。这是一种作用于昆虫神经系统的神经性毒剂，可以使昆虫过度兴奋、麻痹而死。

【毒性】

中等毒性。急性毒性：纯品，小鼠经口 LD_{50} 27～42 mg/kg，大鼠经口 105～168 mg/kg。工业品，雄性大鼠经口 LD_{50} 128 mg/kg，大鼠经皮剂量达 2 940 mg/kg 无死亡。狗经口 LD_{50} 300 mg/kg，仅出现呕吐、兴奋和后肢发僵，48 h 后逐渐恢复正常。大鼠和狗静脉注射 LD_{50} 2～2.5 mg/kg。兔经皮 LD_{50}＞2 000 mg/kg，2.5％乳油涂于兔皮肤，可见轻微刺激作用，引起鳞状上皮脱落，0.1％乳油无刺激作用。

【防治对象】

可用于防治小麦、苹果树蚜虫，甘蓝菜青虫和棉花棉铃虫等。

【注意事项】

①与非菊酯类农药交替使用或混用，有利于减缓害虫抗药性的产生。

②不可与碱性物质混用，否则会降低药效。

③该药剂对螨、蚧类的防效甚低，不可专门用作杀螨剂。

④对鱼、虾、蜜蜂、家蚕毒性大。

⑤安全间隔期：叶菜类收获前 15 d 禁用此药。

氯氰菊酯（Cypermethrin）

【作用特点】

氯氰菊酯和高效氯氰菊酯（高效灭百可，药效比氯氰菊酯高约 1 倍）均为高效、广谱，且具有触杀作用和胃毒作用的杀虫剂。

【毒性】

中等毒性。急性毒性：大鼠经口 LD_{50} 251 mg/kg，经皮剂量达 1 600 mg/kg 未见死亡，吸入 LC_{50}＞0.048 mg/L，大鼠静脉注射 LD_{50} 6 mg/kg；小鼠经口 LD_{50} 82 mg/kg；兔经皮 LD_{50}＞2 400 mg/kg；禽鸟口服 LD_{50}＞2 000 mg/kg。对鱼高毒，对蜂、蚕巨毒。动物急性中毒表现为

共济失调，步态不稳，偶有震颤，存活者 3 d 后恢复正常。该药剂对皮肤黏膜有刺激作用。

【防治对象】

主要用于防治果树、棉花、小麦、大豆等作物上的鳞翅目、鞘翅目和双翅目害虫，对植食性半翅目害虫也有很好的防效，对土壤害虫有较好的持久活性。在害虫发生期采取喷雾施用。

【注意事项】

通常情况下，高效氯氰菊酯的安全间隔期为收获前 10～15 d。

高效氯氟氰菊酯(功夫菊酯，Iambda-cyhalothrin)

【作用特点】

抑制昆虫神经轴突部位的传导，对昆虫具有趋避、击倒及毒杀作用。杀虫谱广，活性较高，药效迅速，喷洒后耐雨水冲刷，但长期使用易使防治对象对其产生抗性。对刺吸式口器的害虫及害螨有一定防效，作用机理与氰戊菊酯、氟氰菊酯相同，不同的是它对螨类有较好的抑制作用，在螨类发生初期使用，可抑制螨类数量上升；当螨类已大量发生时，抑制作用减弱，因此，只能用于虫、螨兼治，不能作为专用杀螨剂使用。

【毒性】

中等毒性。原药急性经口 LD_{50}：雄大鼠 79 mg/kg，雌大鼠 56 mg/kg。大鼠急性经皮 LD_{50}：雄大鼠 632 mg/kg，雌大鼠 696 mg/kg。兔急性经皮 LD_{50}＞2 000 mg/kg。对蜜蜂、鱼、虾、家蚕等毒性高。

【防治对象】

用于小麦、玉米、果树、棉花、十字花科蔬菜等，防治麦蚜、吸浆虫、黏虫、玉米螟、甜菜夜蛾、食心虫、卷叶蛾、潜夜蛾、凤蝶、吸果夜蛾、棉铃虫、红龄虫、菜青虫等，也可用于草原、草地、旱田作物防治草地螟等。

【注意事项】

①不要与碱性农药等混用。

②无内吸作用，喷雾应均匀、细致。

③使用时注意不要污染河流、池塘、桑园、养蜂场所等。

氰戊菊酯(杀灭菊酯、速灭杀丁，Fenvalerate)

【作用特点】

这是一类高效、广谱触杀性杀虫剂，有一定胃毒作用，无内吸作用和熏蒸作用。可以防治大多数作物的大多数害虫，对螨类的防治效果差。害虫易产生抗药性。

【毒性】

中等毒性。原药大鼠急性经口 LD_{50} 451 mg/kg，大鼠急性经皮 LD_{50}＞5 000 mg/kg，大鼠急性吸入 LC_{50}＞101 mg/m^3。对兔皮肤有轻度刺激，对兔眼睛有中度刺激。没有致突变、致畸和致癌作用。对蜜蜂、鱼、虾、家蚕等毒性高。

【防治对象】

防治鳞翅目幼虫效果良好。防治同翅目、直翅目、半翅目等害虫也有较好的效果，但对螨无效。适用于棉花、果树、蔬菜、大豆、小麦等作物。

【注意事项】

①不要与碱性农药等混用。

②使用时注意不要污染河流、池塘、桑园、养蜂场所。

③禁止在茶叶上使用。

甲氰菊酯（灭扫利，Fenpropathrin）

【作用特点】

这是一种拟除虫菊酯类中等毒性、广谱性杀虫、杀螨剂，具有触杀作用、胃毒作用和一定的驱避作用，无内吸作用、熏蒸作用，对多种叶螨有良好的防效。在虫、螨并发时使用，可虫、螨兼治。用于棉花、葡萄、观赏植物、果树、蔬菜和其他农作物上，防治螨科、粉虱科、蚜科和鳞翅目害虫，对锈螨防效差。

【毒性】

急性毒性：纯品，大鼠经口 LD_{50} 49～54 mg/kg，经皮 LD_{50} 900～1 410 mg/kg，腹腔注射180～225 mg/kg；小鼠经口 LD_{50} 58～67 mg/kg，经皮 LD_{50} 900～1 350 mg/kg，腹腔注射210～230 mg/kg。慢性毒性：原药，大鼠经口无作用剂量，雌鼠 25 ppm，雄鼠＞500 ppm。对鸟低毒，对鱼高毒。

【防治对象】

防治棉铃虫、棉蚜、卷叶虫、桃小食心虫等。

联苯菊酯（天王星、虫螨灵，Bifenthrin）

【作用特点】

联苯菊酯是拟除虫菊酯类杀虫、杀螨剂，具有触杀作用、胃毒作用，无内吸作用、熏蒸作用。杀虫谱广，作用迅速，在土壤中不移动，对环境较为安全，持效期较长。

【毒性】

对鱼毒性很高，虹鳟鱼 LC_{50}(96 h)0.000 15 mg/L，水蚤 LC_{50}(48 h)0.000 16 mg/L。但由于该药剂在土壤中具有很高的亲和作用，且其水溶性低，故实际影响较小。对蜜蜂毒性中等，对家蚕高毒。

【防治对象】

棉花、果树、蔬菜、茶树等作物害虫，如潜叶蛾、食心虫、卷叶蛾、尺蠖等鳞翅目幼虫，粉虱、蚜虫、叶蝉、叶蛾、瘿螨等害虫、害螨。

【注意事项】

①不要与碱性物质混用，以免分解。

②使用时特别注意不要污染池塘、河流、桑园等。

5.6.1.6 氯化烟酰类杀虫剂

本类主要有吡虫啉（咪蚜胺）、啶虫脒、噻虫嗪、吡蚜酮、烯啶虫胺等。

氯化烟酰类杀虫剂主要特点如下：

①具有内吸性，对刺吸式口器类害虫具有较好的防治效果。

②在某些地区长期单一施用某一种，会导致抗性较高。

吡虫啉（咪蚜胺，Imidacloprid）

【作用特点】

吡虫啉是第一个作用于烟碱型乙酰胆碱受体的氯化烟酰类化合物。高效、低毒、广谱，具有内吸性，兼具胃毒作用和触杀作用，持效期长，对刺吸式口器害虫防效好。具有对人、畜、植物和天敌安全等特点。害虫接触药剂后，中枢神经正常传导受阻，因此麻痹死亡。速效性好，药后 1 d 即有较好的防效，残留期在 25 d 左右。

【毒性】

大鼠急性经口 LD_{50} 450 mg/kg，急性经皮 LD_{50} ＞5 000 mg/kg，急性吸入 LC_{50}（4 h）＞5 323 mg/m^3。对兔眼睛和皮肤无刺激作用。

【防治对象】

主要用于防治水稻、小麦、棉花等作物上的刺吸式口器害虫，如蚜虫、叶蝉、蓟马、白粉虱、马铃薯甲虫和麦秆蝇等。

【注意事项】

①不能与碱性农药混用。

②药品应于阴凉、干燥处存放。

③在使用过程中不可污染养蜂、养蚕场所及相关水源。

④果品采收前 15 d 停用。

啶虫脒（Acetamiprid）

【作用特点】

作用于昆虫神经系统突触部位的烟碱型乙酰胆碱受体，干扰昆虫神经系统的刺激传导，引起神经系统通路阻塞，造成神经递质乙酰胆碱在突触部位的积累，从而导致昆虫麻痹，最终死亡。

【毒性】

大鼠急性经口 LD_{50}：雄鼠 217 mg/kg，雌鼠 146 mg/kg。小鼠急性经口 LD_{50}：雄鼠 198 mg/kg，雌鼠 184 mg/kg。大鼠急性经皮 LD_{50}＞2 000 mg/kg。

【防治对象】

可用于水稻、蔬菜、果树、茶叶的蚜虫、飞虱、蓟马和部分鳞翅目害虫等的防治。对同翅目（尤其是蚜虫）、缨翅目和鳞翅目害虫有高效，对有机磷、氨基甲酸酯和拟除虫菊酯等有抗药性的害虫也有高效。防治蚜虫、小菜蛾和桃小食心虫的持效期为 13～22 d。

【注意事项】

①该药剂对桑蚕有毒性，切勿喷洒到桑叶上。

②不可与强碱性农药混用。

③该药剂对皮肤有低刺激性，注意加强防护，若皮肤沾染药剂，立即用肥皂水洗净。

5.6.1.7　昆虫生长调节剂

昆虫生长调节剂是一类特异性杀虫剂，在使用时不直接杀死昆虫，而是在昆虫个体发育时期阻碍或干扰昆虫正常发育，使昆虫个体生活能力降低或死亡，进而使种群灭绝。这类杀虫剂包括保幼激素、抗保幼激素、蜕皮激素和几丁质合成抑制剂等。常见的农药品种有灭幼脲、氟啶脲、噻嗪酮（扑虱灵）、虫酰肼等。

昆虫生长调节剂主要特点如下：

①活性高。

②选择性强。

③作用缓慢。

④主要抑制昆虫生长发育。

灭幼脲(灭幼脲3号,Chlorbenzuron)

【作用特点】

通过抑制昆虫表皮几丁质合成酶和尿核苷辅酶的活性,来抑制昆虫几丁质合成,从而导致昆虫不能正常蜕皮而死亡。主要表现为胃毒作用。在幼虫期施用,使害虫新表皮形成受阻,延缓发育,或缺乏硬度,不能正常蜕皮而导致死亡或形成畸形蛹死亡。对变态昆虫,特别是鳞翅目幼虫,表现出很好的杀虫活性。

【毒性】

低毒。小鼠急性经口 LD_{50} >1 000 mg/kg。原药,大鼠急性经口 LD_{50} >20 000 mg/kg(15 000 mg/kg)。对兔眼睛和皮肤无明显刺激作用。动物试验未发现致畸、致癌、致突变作用。在动物体内无累积作用。对鱼类、鸟类、天敌、蜜蜂安全。

【防治对象】

防治黏虫、天幕毛虫、舞毒蛾、螟虫、甘蓝夜蛾、茶尺蠖的用量为有效成分 120~150 g/hm^2;防治美国白蛾、枣步曲的用量为有效成分 150~225 g/hm^2;防治松毛虫的用量为有效成分 150~300 g/hm^2;防治菜青虫、小菜蛾的用量为有效成分 30~75 g/hm^2。

【注意事项】

①该药剂在2龄前幼虫期进行防治效果最好,虫龄越大,防效越差。

②该药剂于施药3~5 d后药效才明显,7 d左右出现死亡高峰。

③不能与碱性物质混用,以免降低药效。

氟啶脲(定虫隆、抑太保,Chlorfluazuron)

【作用特点】

抑制几丁质合成,阻碍昆虫正常蜕皮,使卵的孵化、幼虫蜕皮及蛹发育畸形,成虫羽化受阻。以胃毒作用为主,兼有触杀作用。药效高,但作用速度较慢,对鳞翅目、鞘翅目、直翅目、膜翅目、双翅目等害虫药效高,对甜菜夜蛾、斜纹叶蛾有特效,对蚜虫、叶蝉、飞虱无效。

【毒性】

低毒。大鼠急性经口 LD_{50}≥5 000 mg/kg,急性经皮 LD_{50}≥20 000 mg/kg,吸入 LC_{50}≥20 mg/L。对眼睛无刺激,对皮肤在72 h内有轻微的刺激。

【防治对象】

用于防治小菜蛾、菜青虫、豆野螟、棉铃虫、棉红铃虫、柑橘潜叶蛾、苹果小食心虫、桃小食心虫等鳞翅目害虫。

【注意事项】

①对水生甲壳类生物毒性高,旱田使用时应避免药液进入水体。

②对家蚕有危害,在采桑期应避免在桑园和蚕室附近使用。在农田使用时,应避免农药飘移到桑叶上。

③无特殊解毒药。如误食不要引吐,立即饮1~2杯水,并送医院洗胃治疗。

噻嗪酮(扑虱灵,Buprofezin)

【作用特点】

噻嗪酮为噻二嗪类昆虫生长调节剂,接触药剂的害虫死于蜕皮期。作用缓慢,不能直接杀死成虫,但能减少产卵和阻止卵孵化。

【毒性】

低毒。大鼠急性经口 LD_{50}≥5 000 mg/kg,急性经皮 LD_{50} 2 198 mg/kg。

【防治对象】

主要用于水稻、果树、茶树、蔬菜等作物的害虫防治,对鞘翅目、部分同翅目以及蜱螨目具有持效性杀幼虫活性。可有效防治水稻上的大叶蝉科、飞虱科;马铃薯上的大叶蝉科;柑橘、棉花和蔬菜上的粉虱科;柑橘上的蚧科、盾蚧科和粉蚧科。

【注意事项】

①该药剂应兑水稀释后均匀喷洒,不可用毒土法使用。

②药液不宜直接接触白菜、萝卜,否则将出现褐斑及绿叶白化等药害。

虫酰肼(Tebufenozide)

【作用特点】

虫酰肼是非甾族新型昆虫生长调节剂,是昆虫激素类杀虫剂。虫酰肼杀虫活性高,选择性强,对有抗药性的害虫棉铃虫、菜青虫、小菜蛾、甜菜夜蛾等有特效。对非靶标生物更安全。虫酰肼对眼睛和皮肤无刺激性,对高等动物无致畸、致癌、致突变作用,对哺乳动物、鸟类、天敌均十分安全。

【毒性】

大鼠、小鼠急性经口 LD_{50}>5 000 mg/kg。大鼠急性经皮 LD_{50}>5 000 mg/kg。对眼、皮肤略有刺激。诱变性为阴性。野鸭 8 d 日食量 LC_{50}>5 000 mg/kg,虹鳟鱼 96 h LC_{50} 5.7 mg/L,水蚤属 48 h EC_{50} 3.8 mg/L,蜜蜂 96 h 接触 LD_{50}>234 μg/只,对蜜蜂幼虫生长无影响。

【防治对象】

用于防治柑橘、棉花、马铃薯、大豆、烟草等作物上的蚜科、叶蝉科、鳞翅目、斑潜蝇属、叶螨科、缨翅目、根疣线虫属、鳞翅目幼虫,如梨小食心虫、葡萄小卷蛾、甜菜夜蛾等害虫。该药剂持效期 2~3 周。对鳞翅目害虫有特效。高效,每亩用量 0.7~6 g(活性物)。

【注意事项】

①该药剂在幼虫发生初期喷药效果好。

②该药剂对鱼和水生脊椎动物有毒,对蚕高毒。用药时不要污染水源,严禁在桑蚕养殖区用药。

5.6.1.8 熏蒸类杀虫剂

熏蒸类杀虫剂最大的特点是药剂能在常温下化为有毒气体,通过呼吸道进入害虫体内,使其死亡。该类药剂一般适合在密闭空间使用,前面很多有机磷类杀虫剂也有熏蒸作用,这里不再介绍。

磷化铝(Aluminium Phosphide)

【作用特点】

磷化铝是一种广谱性熏蒸类杀虫剂。磷化铝吸水后会立即产生高毒的磷化氢气体,通过昆虫或老鼠等动物的呼吸系统进入体内,作用于细胞线粒体的呼吸链和细胞色素氧化酶,抑制其正常呼吸,使其死亡。

【毒性】

磷化氢对人有剧毒,空气中含量达 0.01 mg/L 时,对人就很危险;含量达 0.14 mg/L 时,使人呼吸困难,以致死亡。

【防治对象】

主要用于熏杀货物的仓储害虫、粮食的储粮害虫、种子的储粮害虫等。

【注意事项】

①严禁和该药剂直接接触。

②用该药剂应严格遵守磷化铝熏蒸的有关法规和安全措施;该药剂熏蒸时,须有熟练的技术人员或有经验的工作人员指导,严禁单人作业;在晴朗的天气下进行,不要在夜间进行。

③用过的空容器应及时销毁。

④该药剂对蜜蜂、鱼类、家蚕有毒,施药期间避免对周围的影响。蚕室禁用。

⑤施药时,应佩戴合适的防毒面具,穿工作服,戴专用手套。禁止吸烟或进食。施药后洗净手、脸或洗澡。

5.6.1.9 生物杀虫剂

生物杀虫剂主要分为苏云金杆菌、昆虫病毒、植物浸提液三大类,具有取材方便、成本低廉、持效期长,高效、经济、安全、无污染,与环境高度相容等特点,是当前无公害绿色蔬菜生产的最佳农药选择。

生物杀虫剂的主要特点如下:

①大多数生物源天然产物农药对哺乳动物毒性较低,使用中对人畜比较安全。

②防治谱较窄,甚至有明显的选择性。

③对环境的压力较小,对非靶标生物比较安全。

目前应用广泛的有:苏云金杆菌(Bt)、核型多角体病毒、多杀菌素、苦参碱、印楝素、白僵菌、绿僵菌等。

5.6.2 杀螨剂

用于防治植食性害螨的药剂称为杀螨剂。本类主要有溴螨酯、阿维菌素、哒螨灵等。

溴螨酯

【作用特点】

这是一种广谱性卤代芳烃脂肪酸类低毒杀螨剂。有较强的触杀作用,无内吸作用,对成、若螨和卵均有一定的杀伤作用。杀螨谱广,持效期长,对天敌、蜜蜂及作物比较安全,温度变化对药效影响不大。

【毒性】

溴螨酯属低毒杀螨剂，对兔眼无刺激作用，对兔皮肤有轻微刺激作用。在试验剂量下未见致畸、致癌、致突变作用。对鱼、鸟高毒。

【防治对象】

适用于棉花、果树、蔬菜等作物，防治叶螨、瘿螨、跗线螨。

【注意事项】

①蔬菜和茶叶采摘期勿用药。

②对三氯杀螨醇产生抗性的害螨，具有交互抗性。

③贮存于通风的阴凉、干燥处，勿超过 35 ℃。

阿维菌素

【作用特点】

阿维菌素对螨类和昆虫具有胃毒作用和触杀作用，不能杀卵。渗透性强，药液喷到植物叶面后迅速渗入叶肉内，形成众多的微型药囊。螨类的成虫、若虫及昆虫的幼虫取食和接触药液后立即出现麻痹症状，不活动、不取食，经 2～4 d 死亡。阿维菌素残留叶面的药剂极少，并很快被分解为无毒物质，所以对天敌杀伤性小。

【毒性】

因不会引起昆虫迅速脱水，所以阿维菌素致死作用较缓慢。

【防治对象】

对有抗药性的害虫有特效，如小菜蛾、潜叶蛾、红蜘蛛等。

【注意事项】

阿维菌素对鱼类高毒，因此施药时不要使药液污染河流、池塘，不要在蜜蜂采蜜期施药。

哒螨灵

【作用特点】

高效、广谱，触杀性强，无内吸作用。对叶螨、全爪螨、小爪螨合瘿螨等植食性害螨均具有明显的防治效果，而且对卵、若螨、成螨均有较好的防治效果。速效性好，持效期长，可达 30～60 d。与常用杀螨剂无交互抗性。

【毒性】

急性经口：雄大鼠 LD_{50} 1 350 mg/kg，雌大鼠 LD_{50} 820 mg/kg，雄小鼠 LD_{50} 424 mg/kg，雌小鼠 LD_{50} 383 mg/kg。大鼠和兔急性经皮 LD_{50} >2 000 mg/kg。对兔眼睛和皮肤无刺激作用，对豚鼠皮肤无过敏性。鹌鹑急性经口 LD_{50} >2 250 mg/kg。野鸭急性经口 LD_{50} >2 500 mg/kg。

【防治对象】

适用于柑橘、苹果、梨、山楂、棉花、烟草、蔬菜（茄子除外）及观赏植物。如用于防治柑橘和苹果红蜘蛛、梨和山楂等锈壁虱时，在害螨发生期均可施用（为提高防治效果，最好在平均每叶2～3 头时使用）。

【注意事项】

安全间隔期为 15 d,即在收获前 15 d 停止用药。

炔螨特

【作用特点】

这是一种广谱有机硫类杀螨剂,能杀灭多种害螨,还可杀灭对其他杀虫剂已产生抗药性的害螨。杀成螨、若螨、幼螨及螨卵的效果较好,至今未见抗药性的问题。炔螨特具有选择性,对蜜蜂及天敌较安全,残效持久,毒性很低,对人、畜及自然环境为害小,是综合防治的理想杀螨剂。

【毒性】

低毒。大鼠急性经口 LD_{50} 4 029 mg/kg,急性吸入 LC_{50} 0.05 mg/L。兔子急性经口 LD_{50} 2 940 mg/kg。对兔子的眼睛和皮肤有强烈刺激性。

【防治对象】

可用于防治棉花、蔬菜、苹果、柑橘、茶、花卉等作物上的各种害螨,对多数天敌安全。

【注意事项】

①高温、高湿下,该药剂对某些作物的幼苗和新梢嫩叶有药害。

②除不能与波尔多液及强碱农药混合使用外,可与一般农药混用。

③蔬菜收获前 7 d、棉花收获前 21 d、柑橘收获前 20～30 d 停用。

唑螨酯

【作用特点】

唑螨酯为肟类杀螨剂,以触杀作用为主,杀螨谱广,并兼有杀虫治病作用。

【毒性】

中等毒性。雄大鼠急性经口 LD_{50} 480 mg/kg,雌大鼠急性经口 LD_{50} 240 mg/kg。雄、雌大鼠急性经皮 LD_{50}＞2 000 mg/kg。鲤鱼 LC_{50}(48 h)6.1 mg/L。

【防治对象】

适用于防治多种植物上的红叶螨和全爪叶螨,对小菜蛾、斜纹夜蛾、二化螟、稻飞虱、桃蚜等害虫及稻瘟病、白粉病、霜霉病等病害亦有良好的防效。

【注意事项】

①不能与碱性物质混合使用。

②对鱼有毒,使用时注意安全。

螺螨酯

【作用特点】

作用机理独特,具触杀作用,没有内吸性。主要抑制螨的脂肪合成,阻断螨的能量代谢,对害螨的卵、幼螨、若螨具有良好的杀伤效果,对成螨无效,但具有抑制雌螨产卵孵化的作用。杀螨谱广、适应性强。与现有杀螨剂之间无交互抗性,适用于防治对现有杀螨剂产生抗药性的有害螨类。持效期长,能控制柑橘全爪螨为害达 40～50 d。

【毒性】

大鼠急性经口 LD_{50}>2 500 mg/kg,急性经皮 LD_{50}>4 000 mg/kg。翻车鱼 LC_{50}>0.045 5 mg/L,虹鳟鱼 LC_{50}>0.035 1 mg/L,水蚤 LC_{50}>100 mg/L。蜜蜂 LD_{50}>100 μg/只。北美鹌鹑 LD_{50}>2 000 mg/kg。

【防治对象】

对红蜘蛛、黄蜘蛛、锈壁虱、茶黄螨、朱砂叶螨和二斑叶螨等均有很好的防效,可用于柑橘、葡萄等果树和茄子、辣椒、番茄等茄科作物的螨害治理。此外,对梨木虱、榆蛎盾蚧以及叶蝉类等害虫有很好的兼治效果。

5.6.3 杀菌剂

杀菌剂是一类用来防治植物病害的药剂。凡是对病原物有杀死作用或抑制生长作用但又不妨碍植物正常生长的药剂,统称为杀菌剂。杀菌剂的分类已做过详细介绍,在此不再赘述。

5.6.3.1 植物病害的化学防治原理

(1)化学保护　化学保护是指在病菌侵入植物之前用药把病菌杀死或阻止其侵入,使植物避免受害,得到保护。

(2)化学治疗　化学治疗是指在植物被侵染后用化学药剂控制病害的发展,包括局部化学治疗、表面化学治疗、内部化学治疗。

①局部化学治疗(外科治疗)。如切除腐烂部分,涂抹保护剂。

②表面化学治疗。有少数病菌在植物表面或在角质层与表皮之间活动,前者如白粉病菌,后者如苹果黑星病菌等,可用杀菌剂处理植物体表面。

③内部化学治疗。药剂能进入已感病的植物体内,使病害得到控制。

典型的化学治疗剂必须具有内吸活性;对病菌有直接的毒杀作用、抑制作用或影响致病过程;影响植物代谢,改变植物对病菌的反应,减轻或阻止病害的发生(提高抗病力)。

(3)化学免疫　化学免疫是指利用化学物质使植物产生抗病性。

5.6.3.2 杀菌剂的作用方式及作用机理

(1)作用方式　杀菌作用;抑菌作用;影响植物代谢,改变其对病菌的反应或影响致病过程——增强植物的抗病性。

(2)作用机理　对菌体细胞结构和功能的破坏,包括对细胞壁的影响、破坏细胞膜、破坏菌体细胞器或其他细胞结构;对菌体内能生成的影响;对代谢物质的生物合成及其功能的影响。

5.6.3.3 杀菌剂主要品种介绍

1. 保护性杀菌剂

保护性杀菌剂不会进入植物体内,只沉积在作物表面,起保护作用。防病谱广,防效稳定,不易使病菌产生抗药性。

波尔多液

【作用特点】

波尔多液的有效成分为碱式硫酸铜，可有效阻止孢子发芽，防止病菌侵染，并能促使叶色浓绿、生长健壮，提高作物体抗病能力。对人、畜低毒，是应用历史最长的一种杀菌剂。

在相对湿度较高、叶面有露水或水膜的情况下，药效较好，但对耐铜力差的植物易产生药害。该制剂具有杀菌谱广、持效期长、病菌不会产生抗药性等特点。广泛用于防治蔬菜、果树、棉、麻等的多种病害，对霜霉病、炭疽病、马铃薯晚疫病等叶部病害效果尤佳。波尔多液各式用料配比及适用作物见表5-2。

表5-2 波尔多液各式用料配比及适用作物

原料	配比				
	1%等量式	1%半量式	0.5%倍量式	0.5%等量式	0.5%半量式
硫酸铜	1	1	0.5	0.5	0.5
生石灰	1	0.5	1	0.5	0.25
水	100	100	100	100	100
适用作物	梨、苹果	葡萄	梨、苹果、柿	梨、苹果	葡萄
原因	某些品种对铜离子敏感	易受石灰伤害	某些品种对铜离子敏感	某些品种对铜离子敏感	易受石灰伤害

【防治对象及使用方法】

防治苹果早期落叶病、炭疽病、轮纹病，可于苹果落花后开始喷倍量式波尔多液200～240倍液，半月喷1次，并和其他杀菌剂交替使用，共喷3～4次。防治苹果烂果病(轮纹病、炭疽病)，可在往年出现病果时间前10～15 d喷倍量式或多量式波尔多液200倍液，每15～20 d喷1次，连喷3～4次，采果前25 d停用。防治苹果霉心病，应在苹果显蕾期开始喷倍量式波尔多液200倍液。防治苹果梨锈病，可在苹果园周围的桧柏上，喷洒石灰等量式波尔多液160倍液。防治葡萄黑痘病、炭疽病、霜霉病，可喷少量式波尔多液160倍液，每12～15 d喷1次，共喷2～4次。进入雨季之后，使用波尔多液防治葡萄病害效果好。

【配制方法】

硫酸铜、生石灰的比例及加水量，要根据树种或品种对硫酸铜和石灰的敏感程度(对铜敏感的少用硫酸铜，对石灰敏感的少用石灰)以及防治对象、用药季节和气温而定。

具体方法如下：

先把配药的总用水量平均分为2份，1份用于溶解硫酸铜，制成硫酸铜水溶液；1份用于溶解生石灰，可先用少量热水浸泡生石灰让其吸水、充分反应，生成氢氧化钙(泥状)，然后再把配制好的石灰泥，过细箩加入剩余的水中，配制成石灰乳(氢氧化钙水溶液)。

两种药液配制完成后不必立即兑制，可在容器内暂时封存，待喷药时现兑现用。配药时把两种等量药液同时徐徐倒入喷雾器内或另一容器内，边倒药液边搅拌，搅匀后随即使用。

【注意事项】

现用现配。呈碱性，不易用金属容器。注意药害。

氢氧化铜(可杀得)

【作用特点】

这是一种广谱性杀菌剂,通过释放铜离子均匀覆盖在植物表面,防止真菌孢子侵入,起保护作用。当病菌的细胞接触铜离子之后,将其杀死,对植物没有影响,所以是一种无残留、无公害的农药。药效持久,对高等动物低毒。

【防治对象】

氢氧化铜能防治多种作物上的真菌性病害和细菌性病害,如瓜类的叶斑病、炭疽病、早(晚)疫病、立枯病、霜霉病等。在发病初期,用53.8%干悬浮剂1 000倍液,或77%可杀得101粉剂500~1 000倍液喷施。防治枯萎病,用77%可杀得101粉剂500~600倍液浇根。

【注意事项】

①桃、李等果树对铜敏感,应禁用。苹果、梨花期、幼果期禁用。

②须单独使用,避免与其他农药混用。

③施药时宜在作物发病初期进行,发病后期效果差。

④对鱼类及水生生物有毒,应避免药液污染水源。

石硫合剂

【作用特点】

石硫合剂是用硫黄、生石灰和水熬制的药剂,有效成分是多硫化钙。有100余年的应用历史,目前还是生产中的常用药剂,主要用来防治白粉病、红蜘蛛、介壳虫等。石硫合剂有较强的杀菌、杀虫活性,对昆虫表皮蜡质层有侵蚀作用,故对介壳虫、红蜘蛛及其卵有较强的杀伤力。

【防治对象】

石硫合剂呈碱性,具有渗透和侵蚀病菌体细胞及害虫体壁,破坏病菌和害虫生理活动的能力。该药剂能防治多种果树的害螨,锈壁虱,介壳幼虫、若虫,蚜虫,也可防治褐腐病、流胶病、疮痂病、溃疡病、炭疽病、白粉病、锈病、煤病、梅黑星病、膏药病、细菌性穿孔病等多种病害。主要起保护作用,因此,对果树病害在发病前或发病初期施用效果才好。但是,在桃、梨、李、梅、葡萄等果树生长期施用该药剂易发生药害,因此只能在冬季休眠期和早春施用。

【注意事项】

①石硫合剂为红棕色液体,遇酸易分解,在空气中易被氧化,从而生成游离的硫黄结晶,特别是在高温及日光的照射下,更易氧化,因此贮存时要加入机油或柴油。

②在生长季节使用,如遇高温、干旱,易发生药害。

③原液对皮肤和衣服有腐蚀性,应小心使用。

④不能与其他农药混合使用。

代森锰锌

【作用特点】

这是一种广谱性的保护性杀菌剂,其杀菌原理主要是抑制菌体丙酮酸的氧化,常与多种内吸性杀菌剂、保护性杀菌剂复配混用,以延缓抗药性的产生。

【防治对象】

果树病害：苹果斑点落叶病、梨黑星病、葡萄霜霉病、柑橘疮痂病、杧果炭疽病。蔬菜病害：黄瓜霜霉病、番茄早疫病、辣椒炭疽病。还有其他作物，如棉花等的多种病害。

【注意事项】

①可与多种杀虫剂、杀菌剂、杀螨剂混用，但不能与碱性物质或铜制剂混用。

②在高温季节，中午避免用药。

③使用大生 M45、喷克、新万生等宜雨前喷施，雨后不必补喷，喷药要细致、均匀。

百菌清(达科宁)

【作用特点】

百菌清是一种广谱性杀菌剂，可替代有机硫和铜制剂，具预防作用，没有内吸传导作用。其作用机理是与真菌细胞中的3-磷酸甘油醛脱氢酶发生作用，与该酶中含有半胱氨酸的蛋白质结合，破坏菌的活力，使真菌细胞的新陈代谢受到破坏而丧失生命力。百菌清在植物表面有良好的粘着性，不易受雨水冲刷，药效稳定，残效期长。纯品为白色结晶，无臭味；工业品为黄色结晶，稍有刺激性臭气，不溶于水，微溶于丙酮等有机溶剂，在常温下稳定，对一般酸、碱及紫外光稳定，但不耐强酸，耐雨水冲刷，无腐蚀性。对高等动物低毒，对鱼类毒性大。

【防治对象及使用方法】

防治瓜类霜霉病、炭疽病、疫病，在发病初期，用75%可湿性粉剂500～800倍液喷雾防治，每公顷用药液量为1 000 kg，隔7～10 d后再喷施1次。500～600倍液可防治苗期猝倒病、立枯病等病害。

【注意事项】

①不能与强碱性农药混用。

②对鱼类及甲壳类动物毒性较大，避免污染鱼塘、河流等水源。

③对眼睛和皮肤有刺激作用，少数人有过敏反应，能引起皮炎。

2. 内吸性杀菌剂

多菌灵(苯并咪唑44号、棉萎灵)

【作用特点】

多菌灵是一种低毒、广谱性、内吸性杀菌剂，具保护和治疗作用。其作用机理是干扰菌的有丝分裂中纺锤体的形成，从而影响细胞分裂。纯品为白色结晶，可溶于稀盐酸和醋酸中，并形成相应的盐，即防霉宝或溶菌灵。对高等动物低毒，对鱼类、蜜蜂毒性很低，对植物安全。

【防治对象及使用方法】

对许多子囊菌和半知菌都有防效，防治瓜类枯萎病、蔓枯病、炭疽病、白粉病、霜霉病、叶斑病等多种病害，可用50%可湿性粉剂600～800倍液在发病初期喷雾，隔7～10 d喷施1次，共喷2～3次；可用种子重量的0.1%～0.3%进行拌种；可用500倍液灌根，每株浇250 mL。用于土壤消毒，每平方米苗床用6～8 g。

【注意事项】

多菌灵可与多种农药混用，但不能与碱性物质及铜制剂混用。

甲基硫菌灵(甲基托布津)

【作用特点】

甲基硫菌灵是一种高效、低毒、低残留、广谱性、内吸性杀菌剂,具保护和治疗两种作用。其作用机理是当该药剂喷施于植物表面,并被植物体吸收后,在植物体内经一系列生化反应,被分解为甲基苯并咪唑-乙-氨基甲酸酯,即多菌灵。干扰菌的有丝分裂中纺锤体的形成,使病菌孢子萌发长出的芽管扭曲异常、芽管细胞壁扭曲等,从而使病菌不能正常生长,达到杀菌目的。纯品为无色结晶,难溶于水,对酸、碱稳定。对高等动物低毒,对皮肤、黏膜刺激性小,对鱼类毒性低,对植物安全。

【防治对象及使用方法】

用70%可湿性粉剂500～700倍液防治灰霉病、白粉病、炭疽病、褐斑病、叶霉病等,均可取得良好的预防和治疗效果,隔7～10 d喷施1次,共喷2～3次;用种子重量的0.3%～0.4%进行拌种处理;用70%可湿性粉剂500倍液灌根,防治枯萎病。

【注意事项】

①可与石硫合剂等碱性农药混用,但不能与含铜制剂混用或前后使用,也不能长期单独使用。

②贮存于阴凉、干燥处。

③作物收获前14 d停止使用。

三唑酮(粉锈宁、粉锈灵)

【作用特点】

三唑酮是高效、低毒、低残留、持效期长的强内吸性杀菌剂,被植物的各部分吸收后,能在植物内传导,对锈病和白粉菌具有预防、治疗、铲除和熏蒸等作用。其作用机理主要是抑制病菌麦角甾醇的合成,从而抑制菌丝生长和孢子形成。三唑酮可以与许多杀菌剂、杀虫剂、除草剂等混用。

【防治对象及使用方法】

防治瓜类白粉病,用25%可湿性粉剂,稀释4 000～6 000倍,每公顷用稀释药液750～1 000 kg,在病害发生前或初期喷施,隔7～10 d再喷施1次,共喷2～3次。

【注意事项】

①三唑酮虽是低毒杀菌剂,但也要按农药安全使用规定使用,目前尚无解毒剂。

②安全间隔期为20 d。

甲霜灵(瑞毒霉、甲霜安)

【作用特点】

甲霜灵对植物病害具有保护、治疗和铲除作用,有很强的双向内吸、输导作用,渗透以及在植物体内传导很快,进入植物体内的药剂可向任何方向传导,即有向顶性、向基性,还可进行侧向传导。甲霜灵持效期较长,选择性强,仅对卵菌纲中的霜霉菌、疫霉菌有效。甲霜灵易使病菌产生耐药性,尤其是叶面喷雾,连续单用两年即可发现病菌出现抗药现象,使药剂突然失效。

【防治对象及使用方法】

可防治瓜类霜霉菌、疫霉菌等引起的病害。在田间初发病时施用，之后隔 10～15 d 再喷施 1 次，共喷 2～3 次。叶面喷雾应与保护性杀菌剂混用或加工成混剂，可以大大延缓耐药性的出现时间，尤其是与代森锰锌混用效果最好。甲霜灵混剂有甲霜·铜(甲霜灵＋琥胶肥酸铜)、甲霜·铝·铜(甲霜灵＋三乙磷酸铝＋琥胶肥酸铜)、甲霜·锰锌(甲霜灵＋代森锰锌)等。

【注意事项】

甲霜灵单独喷施容易诱发病菌抗药性，除土壤处理能单用外，一般都用复配制剂。

噁霉灵(土菌消、立枯灵)

【作用特点】

这是一种内吸性杀菌剂，同时也是一种土壤消毒剂，对腐霉菌、镰刀菌引起的猝倒病有较好的防治效果。噁霉灵与土壤中的铁、铝离子结合，可抑制孢子发芽，起到土壤消毒、杀菌的作用。能被植物的根吸收及在根系内移动，在植株内代谢产生两种糖苷，对作物有提高生理活性的效果。原粉为无色结晶，在酸、碱溶液中均稳定，无腐蚀性。对高等动物低毒。对皮肤、眼睛有轻度刺激作用。对鸟和鱼类低毒。

【防治对象及使用方法】

适用于瓜类立枯病、猝倒病的防治。防治瓜类立枯病，每千克种子用 70%可湿性粉剂 4～7 g 和 50%福美双可湿性粉剂 4～8 g，先将药粉混合均匀，再用混合粉干拌种子。也可在瓜类苗期立枯病初期用 90%可湿性粉剂 1 000 倍液喷雾，隔 7～10 d 施 1 次，连施 2～3 次。

【注意事项】

①用该药剂拌种时以干拌最为安全，湿拌或闷种易发生药害。

②应严格控制用药量，以防抑制作物生长。

③噁霉灵和福美双混配拌种，可增加防效。

腐霉利(速克灵)

【作用特点】

腐霉利是一种新型的内吸性杀菌剂，具有保护和治疗作用，对葡萄孢属和核盘菌属所引起的病害有特效，如在高湿、低温条件下发生的灰霉病、菌核病和对甲基托布津、多菌灵具有抗药性的病菌有特效。纯品为白色结晶，对人畜低毒，在试验条件下对动物未见“三致”作用。

【防治对象及使用方法】

用于防治灰霉病、菌核病等病害。一般在发病初期，每公顷每次用 50%腐霉利可湿性粉剂 495～750 g 加水 750 kg 喷雾，隔 7～10 d 喷施 1 次，共喷 2～3 次。

【注意事项】

①不能与碱性农药混用，不宜与有机磷类药剂混配。

②在幼苗、弱苗、高温、高湿条件下喷洒，要注意施药浓度，避免药害产生。

③长期使用同一种药剂容易使病菌产生抗药性，建议与其他杀菌剂轮换使用。

嘧菌酯

【作用特点】

嘧菌酯是甲氧基丙烯酸酯类杀菌剂，高效、广谱，对绝大部分的真菌界（子囊菌亚门、担子菌亚门、鞭毛菌亚门等）病害，如白粉病、锈病、颖枯病、网斑病、霜霉病、稻瘟病等均有良好的防效。可用于茎叶喷雾、种子处理，也可用于土壤处理。

【防治对象】

主要用于水稻、花生、葡萄、马铃薯、草坪等的防治。

【注意事项】

嘧菌酯不能与杀虫剂乳油，尤其是有机磷类乳油混用，也不能与有机硅类增效剂混用，会由于渗透性和展着性过强引起药害。

醚菌酯

【作用特点】

与嘧菌酯基本相似，线粒体呼吸抑制剂，阻止线粒体呼吸链中的电子转移，抑制线粒体的呼吸，具有很好的抑制孢子萌发作用，具有保护、治疗、铲除作用，渗透、内吸活性强。

【毒性】

微毒，大鼠急性经口 $LD_{50}>5\ 000$ mg/kg，大鼠急性经皮 $LD_{50}>2\ 000$ mg/kg。对眼睛和皮肤没有刺激性。对作物、人畜及有益生物安全，对环境基本无污染。

【防治对象】

防治草莓、黄瓜白粉病。

吡唑醚菌酯

【作用特点】

线粒体呼吸抑制剂，具有保护、治疗作用。

【毒性】

微毒，大鼠急性经口 $LD_{50}>5\ 000$ mg/kg，大鼠急性经皮 $LD_{50}>2\ 000$ mg/kg。对眼睛无刺激性，对皮肤有中度刺激性，无致敏性。

腈菌唑

【作用特点】

腈菌唑属三唑类杀菌剂，是甾醇脱甲基化抑制剂，具有内吸、保护和治疗作用，杀菌谱广。对白粉病、锈病、黑星病、腐烂病等均有良好的防治效果。原药为淡黄色固体，微溶于水，溶于多数有机溶剂，不溶于脂族烃。在日光下易降解。对高等动物低毒，对兔眼睛有轻微刺激。

【防治对象及使用方法】

瓜类白粉病，在发病初期喷施，用12.5%腈菌唑乳油2 500～3 000倍液，隔7～10 d喷1次，共喷2～3次，即可取得预期的防治效果。

【注意事项】

①本药剂易燃,应贮存于干燥、避光和通风处。

②若中毒,立即送医院治疗。

多抗霉素(多效霉素)

【作用特点】

多抗霉素是一种广谱性抗生素类杀菌剂,具有较好的内吸、传导作用。其作用机理是干扰病菌细胞壁几丁质的生物合成。芽管和菌丝接触药剂后,局部膨大、破裂,溢出细胞内含物,从而不能正常发育,然后死亡。还具有抑制病菌产孢和病斑扩大的作用。多抗霉素易溶于水,不溶于甲醇、丙酮等有机溶剂,对紫外线及在酸性和中性溶液中稳定,在碱性溶液中不稳定,常温下贮存稳定。对高等动物低毒,对鱼、蜜蜂低毒。

【防治对象及使用方法】

防治瓜类枯萎病,一般使用浓度为10%可湿性粉剂500～1 000倍液。也可用于瓜霜霉病和白粉病的防治。

【注意事项】

不能与碱性农药混用,以免分解失效。

咪鲜胺

【作用特点】

咪鲜胺主要抑制麦角甾醇的生物合成,使病菌细胞膜失去正常功能,从而导致病菌死亡。有保护和治疗作用,它对由子囊菌等引起的多种病害具特效。纯品为白色结晶,在常温及中性介质中稳定,在光、浓酸和碱性条件下不稳定。对高等动物低毒,无致畸、致癌及基因诱变作用。

【防治对象及使用方法】

防治瓜类炭疽病、白粉病,可用1 500倍液的咪鲜胺喷雾,隔7～10 d喷施1次,共喷2～3次;防治瓜类枯萎病,可用750～1 000倍液的咪鲜胺灌根或1 500倍液叶面喷施。

【注意事项】

①该药剂对鱼类及水生生物有毒,使用时避免污染水源、鱼塘。

②该药剂对眼睛、皮肤有刺激作用,要注意安全防护。

5.6.4　除草剂

杂草对农业生产的为害很大,它与农作物争夺地面和空间,争夺水分、养分、光照,使农作物生长发育不良,降低产量和品质。许多杂草还是农作物病虫害的中间寄主,造成病虫害的传播、蔓延。有些杂草还直接威胁人、畜健康及生命,如毒麦混入小麦后磨成的面粉,人食用后会中毒。

1. 除草剂的分类

①按作用特点分,选择性除草剂、灭生性除草剂、内吸性除草剂、触杀性除草剂。

②按使用方法和时期分，茎叶处理剂、土壤处理剂。

③按化学结构分，苯氧脂肪类、酰胺类、均三氮苯类、取代脲类、酚及醚类、氨基甲酸酯及硫代氨基甲酸酯类等。

2. 除草剂的使用要求

一平：地要平。

二匀：药在载体上要混均匀（药水、药土、药肥），喷雾或撒毒土要均匀。

三准：施药时间要准，施药量要准，施药地块面积要准。

四看：看苗情、看草情、看天气、看土质，灵活掌握施药期、施药量和施药方法。

五不：苗弱、苗倒不施药；水田水浅不足 3 cm 或水深淹住心叶不施药；毒土太干或田土太干不施药；大雨时或叶上有露水、雨水时，某些除草剂不能施；漏水田不施药。

3. 除草剂引起药害的原因

①保管不严，错售错用。

②除草剂用于"敏感"作物。

③在作物的"敏感"生育期使用除草剂。

④用药方法不当。

⑤用量过多，浓度过大。

⑥农药的盲目混用。

⑦外界环境影响。

⑧除草剂残留药害。

⑨喷雾器清洗不干净。

⑩其他：除草剂的淋溶性、移动性大等。

4. 除草剂引起药害的对策

①排毒，采用放水冲洗，或结合排水施入石灰等方法。

②加强田间管理，增施肥料、科学管理等。

③应用植物生长调节剂，促进作物生长。

5.6.5 植物生长调节剂

1. 分类

植物生长调节剂的分类已做过详细介绍，在此不再赘述。

2. 植物生长调节剂常用品种

①乙烯利，促进成熟。

②复硝钾，促进新根形成，提高受粉率，延缓衰老，愈合伤口。

③核苷酸，增加叶绿素含量，促进光合作用。

④细胞分裂素，刺激细胞分裂，促进叶绿素形成，加速蛋白质合成，阻止蛋白质分解。

⑤氯化胆碱，活化反应关键酶，促使吸收和利用光能，增加碳水化合物、蛋白质和叶绿素的含量。

⑥助壮素，抑制赤霉素合成，使节间缩短，叶片增厚，面积变小，提前开花，提高坐果率。

⑦多效唑，抑制赤霉素合成，减弱顶端优势，促进侧芽滋生，茎变粗、矮化，通过根系吸收起作用。

⑧芸苔素内酯，增加营养体收获量，提高坐果率，促进果实肥大，增加干重。

⑨赤霉素，促进植物生长发育。

⑩萘乙酸，促进细胞分裂与扩大，诱导形成不定根。

⑪矮壮素，抑制赤霉素的合成。

第6章

常见病虫害防治

植物病虫害种类非常多,但对其防治是有规律可循的,对于某一具体虫害或病害,一般是根据其发生特点,采用相应的防治方法进行防治。本部分内容就以常见的部分病虫害为例,对其进行阐述。

6.1 虫害

6.1.1 桃蚜

桃蚜是蚜虫大家族中的一员。蚜虫是植物上非常常见的一种虫害,目前世界已知约5 000种,中国超过1 000种,属于半翅目昆虫。蚜虫还有很多别称,如腻虫、蜜虫、油汗等。日常比较常见的蚜虫种类有:棉蚜、桃蚜、萝卜蚜、甘蓝蚜、麦长管蚜、麦二叉蚜、梨二叉蚜,等等。有的时候习惯把一种植物上发生的蚜虫叫作某植物蚜虫,如在玉米田发生的蚜虫被俗称为玉米蚜虫,实际是指玉米田中的玉米蚜、棉蚜、麦二叉蚜、麦长管蚜、禾谷缢管蚜等种类。

1. 为害特点

桃蚜可为害桃树、柑橘、马铃薯、油菜、棉花和人参等350多种植物。以成虫和若虫群集在叶片和嫩茎上吸食植物的汁液,受害叶片向叶背面横卷或不规则卷缩、黄化,甚至枯萎,导致植株生长不良,同时还会分泌蜜露,污染植物叶片,造成霉污病。该虫还是多种(约115种)植物病毒病的传播媒介。

2. 形态特征

有翅胎生雌蚜:体长1.7～2.2 mm,宽约1 mm。头部、胸部、触角和腹管均黑色,腹部淡绿色或红褐色。腹部第8节背面有1对小凸起。腹管细长,中部稍缢缩,顶端平,基部有膨大现象。尾片圆锥形,每侧有刺毛3根。

无翅胎生雌蚜:体长约2.6 mm,宽约1.1 mm。体卵圆形,体色变化大,一般为淡绿色、黄绿色或樱红色。头部色较深,复眼红色,额瘤显著,触角比体短。腹管长筒形,向端部变细,中部稍膨大,端部黑色。尾片圆锥形,黑褐色,有曲毛。

有翅雄蚜:体长1.3～1.9 mm。体色有深绿色、灰黄色、暗红色、红褐色;头部、胸部黑色。

若虫：与无翅蚜相似，体小，大多为淡红色。

卵：长不到 1 mm，椭圆形，初为绿色，后变成黑色，并有光泽。

3. 发生规律

不同地区发生 12～46 代不等，长江流域一年发生 20～30 代。发育起始温度在 5 ℃以内，越冬场所较多，以卵在寄主上越冬；以成虫、若虫在温室中越冬或继续繁殖为害（主要取决于温室温度）；以无翅蚜在贴近地面的油菜叶背面等处越冬。虽然越冬寄主多，但第二年在不同寄主上的虫源繁殖发育差异较大。

当气温达 5 ℃时，桃蚜开始活动，其发育温度范围为 5～29 ℃，数量增长最快温度范围为 16～24 ℃，当温度高于 28 ℃时，则会开始抑制其发育。桃蚜生长发育除受温度影响大外，另一影响较大的因素就是湿度，湿度过高或过低均抑制其繁殖。降雨，特别是暴风雨会使蚜虫数量在短时期内急剧下降，但雨后气候适宜，蚜虫数量又可快速增长。

4. 防治方法

（1）农业防治　选用抗蚜虫植物品种；在作物周边尽量不种植越冬寄主；清洁田园，及时铲除田边杂草，减低虫口基数。

（2）生物防治　利用多种蚜虫天敌，如七星瓢虫、异色瓢虫、中华草蛉等，抑制蚜虫，可以在蚜虫发生初期人工释放瓢虫、草蛉、蚜茧蜂等天敌，来控制蚜虫的发生；利用蚜虫报警信息素，将该类信息素施用于田间，可使蚜虫的虫口密度被控制在一定阈值内，从而减轻其对作物的影响。

（3）物理防治　黄板诱蚜，按 300 片/hm^2 在田间均匀悬挂黄板，黄板面积为 30 cm×60 cm，黄板上均匀涂抹黄油，诱杀有翅成蚜，黄板悬挂高度以高出植株 40～50 cm 为宜；银膜驱蚜，在田边或地内间隔铺设银灰色地膜或悬挂银灰色膜条，可抑制有翅蚜的着落和定居。

（4）化学防治　防治蚜虫的药剂非常多，根据其口器特点，选用内吸性药剂较好。在蚜虫大量发生时，其大部分都是无翅蚜，其移动能力弱，用触杀类药剂效果也较好。

6.1.2　菜粉蝶

菜粉蝶属鳞翅目粉蝶科昆虫，可为害大约 35 种植物，以十字花科植物为主。菜粉蝶识别与流行规律见二维码 6-1。

二维码 6-1

菜粉蝶识别与流行规律

1. 为害特点

幼虫为害寄主叶片，2 龄前仅啃食叶肉，会在啃食部位留下一层透明表皮；3 龄后蚕食叶片，将其咬成孔洞或缺刻，严重时叶片全部被吃光，只残留粗叶脉和叶柄，造成植物严重减产。

2. 形态特征

成虫：体长 12～22 mm，翅展 45～55 mm。身体灰黑色，腹部密被白色及黑褐色长毛。雌蝶前翅正面近翅基部呈灰黑色，顶角有 1 个三角形黑斑，在翅的中室外侧有 2 个黑色圆斑；后翅正面前缘离翅基 2/3 处有 1 个黑斑。雄蝶前翅较白，翅正面的灰黑色部分较小，前翅中室外侧只有 1 个明显的黑斑。成虫具有季节二型性，春型翅面黑斑小或消失，夏型翅面黑斑显著，颜色鲜艳（图 6-1）。

卵：竖立，似瓶形，表面有较规则的纵横脊纹 12～15 条，初产时为乳白至淡黄色，后变橙黄色（图 6-2）。

幼虫：共5龄。初孵化的幼虫为黄色，随后背面变为浅绿色，老熟时背中央显现1条模糊的黄线，密被细毛。腹面淡绿至白色，各腹节均有横皱纹，黄色气门线有黄斑(图6-3)。

蛹：纺锤形，长18～21 mm，两端尖，中间膨大，中间靠前有棱角状凸起，背部有3条纵隆线和3个棱角状凸起。蛹色因化蛹环境而异，在叶片化蛹的多呈绿色，在其他场所则为淡褐色、灰黄色、灰褐色等(图6-4)。

图6-1 菜粉蝶成虫

图6-2 菜粉蝶卵

图6-3 菜粉蝶幼虫

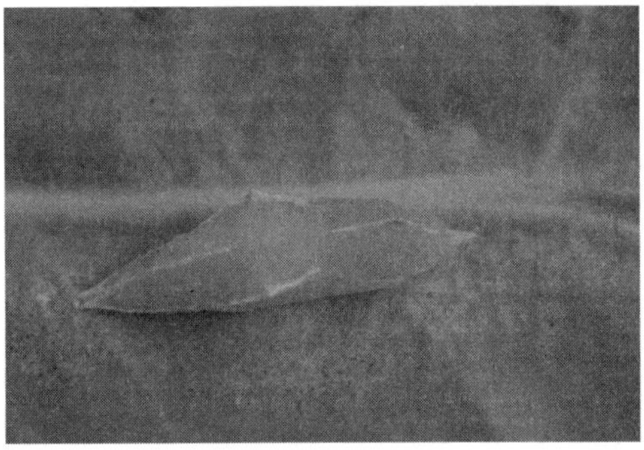

图6-4 菜粉蝶蛹

3. 发生规律

菜粉蝶以蛹在菜地附近的屋檐下、墙壁或树干、杂草、残株、土缝等处的背阴面越冬。蛹的发育起始温度约为14.5 ℃，幼虫在6 ℃时开始发育，卵大约在8.4 ℃时开始发育。菜粉蝶在16～30 ℃时都能正常完成世代发育，但随着温度升高所需时间变短，在16 ℃时，一个世代约需49.5 d；在30 ℃时，一个世代约需20.4 d。其生长发育的适宜温度为20～25 ℃。在25 ℃时，产卵量最大，平均每头雌蝶产卵量为120粒左右。但当气温超过32 ℃或低于－9.4 ℃后，幼虫死亡，成虫的生殖力显著降低。

秋季种植十字花科植物，特别是甘蓝类蔬菜，面积大，食物丰富，成虫补充营养越充足，其繁殖力越大，越冬蛹越多，则翌春菜粉蝶越会大量发生。

4. 防治方法

(1)农业防治　及时清除田间杂草和残株败叶，杀灭虫蛹，减少下代虫源，尽量避免油菜与十字花科蔬菜连作；幼虫盛发期时可在清晨露水未干时进行人工捕捉，或在成虫活动时进行网捕；用1%～3%过磷酸钙溶液在成虫产卵时喷在植物叶片，可减少植株上着卵量50%～70%，并且有叶面施肥效果。

(2)生物防治 保护、利用天敌(已知约70种),尽量减少化学农药的使用,有条件的地区可应用赤眼蜂,能有效防治菜粉蝶;选用微生物杀虫剂,如苏云金杆菌,但要依据预测预报的防治适期提前2～5 d施药,也可选用抗生素类、植物源类杀虫剂。

(3)化学防治 一般田中百株虫量达到20～40头时,需进行防治。防治菜粉蝶的药剂很多,如氟啶脲、氟虫脲、灭幼脲、除虫脲等,但这类药的施药时间要比常用杀虫剂提早3 d左右。常用药剂有氟氯氰菊酯、氯氰菊酯等速效型杀虫剂。

6.1.3 二化螟

二化螟属鳞翅目螟蛾科昆虫,是水稻上的常发性害虫,分布在我国的大部分稻区,其中,湖南、湖北、福建、浙江、江西、江苏等地发生较多。

1. 为害特点

二化螟食性较杂,除水稻外,还为害茭白、玉米、甘蔗等作物。越冬后未成熟的幼虫或早春越冬幼虫还能为害麦类、油菜、蚕豆、绿肥等。在水稻上蛀茎,形成枯鞘、枯心、枯孕穗、白穗和虫伤株等症状。

2. 形态特征

成虫:雌蛾体长14.5～16.5 mm,翅展22.5～26 mm。触角丝状,复眼半圆形,黑褐色。体黄褐色,前翅灰黄色,翅面有少量褐色小点,翅外缘有7个小黑点,后翅白色,三角形。腹部为纺锤形,被灰白色鳞毛,末端无丛毛。雄蛾较小,体长13～15.3 mm,翅展20.8～23.2 mm。前翅中央有1个黑斑,下面有3个不太明显的小黑斑。翅色、体色较雌蛾深,腹部比雌蛾瘦,圆筒形,其他与雌蛾相同。

卵:聚集产卵,每个卵块数十粒至二百粒不等,排列呈鱼鳞状。卵块呈长圆形或长方形。初产时为白色,后渐变为淡黄色、深黄色、黄褐色、灰黑色,孵化时为紫黑色。

幼虫:5～8龄不等,大多数为6龄。各龄幼虫的体长因寄主和营养条件的不同相差很大。一般1龄为1.6～3.3 mm,6龄为20～23.5 mm。幼虫初孵化时为淡褐色,头为淡黄色,背部5条棕色条纹不明显,但随龄数增加会越来越明显。成熟幼虫头部除大颚为棕色外,其余为红棕色。体色为淡褐色,条纹呈红棕色(图6-5)。

图6-5 二化螟幼虫

蛹：长 9.8～13.1 mm。初化蛹时为米黄色，腹部背面有 5 条纵纹，不久，体色逐渐变为淡黄褐色、褐色，此时纵纹不明显。

3. 发生规律

二化螟年发生代数从南到北逐渐减少，如黑龙江的中南部，每年发生 1 代或不完全的 2 代；浙江、江西、湖南、湖北、四川等省的大部分地区，每年发生 3 代；云南的西双版纳发生 5 代。二化螟的幼虫主要在寄主植物的根茬或茎秆中越冬，最喜欢在稻桩或茭白茎秆中越冬，也有少数在土内越冬。翌年，当土温达 7 ℃时，稻桩内的幼虫开始爬出稻桩，转入小麦、油菜、蚕豆等冬季作物的茎秆中取食，而后陆续化蛹羽化。

二化螟成虫昼伏夜出，具有趋光性和趋嫩绿性。成虫羽化常在 15:00 左右开始，以 19:00～21:00 为盛，23:00 终止。成虫白天多静伏在稻丛或杂草中，以稻株下部为多。趋光性强，对黑光灯敏感，灯下诱得的雌蛾量比雄蛾多，且雌蛾多是未产过卵或未产完卵的。雌蛾喜产卵于叶色浓绿及粗壮高大的稻株上，苗期和分蘖期多产卵于稻叶正面距叶尖 3～7 cm 处，分蘖后期至抽穗期多产卵于离水面 2～7 cm 的叶鞘上。稻叶上的卵孵化后，蚁螟从叶上爬至茎秆或吐丝下垂至茎秆基部，咬孔侵入；叶鞘上的卵孵化后，先集中在叶鞘上为害。幼虫老熟后会转移到健株茎内或健株叶鞘内侧化蛹，也有在被害株叶鞘内化蛹的。在有水稻田中，化蛹部位一般高于水面 3 cm 左右。

4. 防治方法

(1)农业防治　充分利用现代农业机械设备，杀灭越冬代幼虫，使其无法越冬，从而减少第二年害虫基数，如选用离地间隙小的收割机低茬收割，若能控制稻桩高度在 5～9 cm，则可清除大约 75%的越冬幼虫；冬前利用旋耕机旋耕灭茬，可杀灭稻田中约一半的各种残余二化螟，且旋耕破坏了越冬场所，可将二化螟的越冬死亡率提高到 90%左右；灌水灭蛹，一是耕前灌水，二是水稻生长期，在二化螟初蛹期烤、搁田或灌浅水，以降低老熟幼虫化蛹的部位，在化蛹高峰期时，突然灌深水达 10 cm 以上，保水 3～4 d，使大部分老熟幼虫和蛹淹死。

(2)生物防治　天敌利用，注意保护和利用田间青蛙、蜘蛛和寄生蜂等天敌，发挥天敌的自然控制作用，有条件地区也可采用人工放蜂；性诱剂诱捕技术，性诱剂不光可用于害虫监测，也可用于害虫的田间防治，但要注意在诱捕技术的应用中，必须大面积统一设置诱捕器，才能取得良好的防治效果；诱虫植物利用技术，二化螟对香根草及其提取物表现出很强的产卵选择趋性，可在稻田四周种植香根草，减轻稻田二化螟为害。

(3)物理防治　利用二化螟强趋光性，采用灯光诱杀技术，安装杀虫灯，但要注意灯周围二化螟的防治，一般杀虫灯附近的水稻上虫卵量明显高于其他地方，可采用化学防治方法进行挑治，以免造成大的危害。

(4)化学防治　当田间虫情达到防治指标时，一般应及时用药防治，如枯鞘丛率为 5%～8%或早稻丛害率为 1.0%～1.5%时；未达到防治指标的田块可进行挑治。可选用药剂，如氯虫苯甲酰胺、氟虫双酰胺等，但这类药剂一般应在卵孵盛期时施用。田间见虫时应添加速效型药剂，如有机磷类药剂，施药后田间应保水 3～5 cm、5～7 d。

6.1.4　温室白粉虱

温室白粉虱属半翅目粉虱科害虫，多食性，世界已记录的寄主植物约 121 科近 900 种植物，我国大约 65 科近 300 种。为害植物如黄瓜、西瓜、番茄、茄子、菜豆、豇豆、烟草等。

1. 为害特点

温室白粉虱以成虫和若虫群集在植物叶片背面，以刺吸式口器的口针吸食植物汁液，被害叶片褪绿、黄化、萎蔫，甚至枯死，影响作物正常生长发育。同时，它还会大量分泌蜜露，污染叶面、嫩梢和果实，堵塞气孔，在潮湿条件下引起煤污病，影响植物光合作用，对产量和品质影响很大。

2. 形态特征

温室白粉虱属不完全变态，若虫分 4 个龄期，4 龄末期不吃不动，一般称为伪蛹。

成虫：体长不到 2 mm，体淡黄色，体和翅均覆盖白色蜡粉。复眼红褐色，哑铃形，每只复眼上方有 1 只单眼。前胸窄，中、后胸大。前翅有纵脉 2 条，一长一短，后翅 1 条，前翅较长的纵脉中部有 1 个小分支，翅外缘有 1 排小颗粒。温室白粉虱停息时，左、右翅合拢覆盖在腹部上，略呈屋脊状。雄虫个体小于雌虫，腹部比雌虫腹部细，腹部末端可看到黑色交配器（图 6-6）。

图 6-6　温室白粉虱成虫

卵：长不到 0.3 mm，宽约 0.1 mm，长椭圆形，顶端稍尖，基部带卵柄，卵柄长约 0.02 mm，一般从叶背插入叶片中。初产时淡绿色，然后渐变为黑褐色，孵化前紫黑色，有光泽，2 个红色眼点明显。

1 龄若虫：体长不到 0.3 mm，宽约 0.1 mm，长椭圆形，头略圆，尾稍尖，有触角，有胸足，可爬行。体缘有 17 对蜡丝，背面有 5 对蜡丝。腹部末端有 1 对尾须，约为体长的 1/3。当若虫固定在叶片上生活后，其触角、足和尾须均退化。

2 龄若虫：体长不到 0.5 mm，宽约 0.2 mm，扁平，附肢退化，体侧缘和背面有蜡丝，体背有蜡孔 5 对。

3 龄若虫：形似 2 龄若虫，但略厚。体侧缘和背面有蜡丝，体背有蜡孔 12 对。

4 龄若虫：初期体长不到 0.7 mm，宽约 0.4 mm，较扁平，体色半透明至淡绿色，然后逐渐变为淡黄色，边缘明显增厚，呈蛋糕状，中央纵向略高，周缘排列细小蜡丝 38 对。

3. 发生规律

设施蔬菜生产为温室白粉虱的安全越冬和周年发生提供了良好条件。18～24 ℃是温室白粉虱适宜生长发育的温度。一般当温度超过 30 ℃，且降水量多和空气湿度大时，温室白粉虱的存活、繁殖会受到明显的抑制，不利于种群的建立与发展。低温对温室白粉虱也有显著影响，在温度低于 5.7 ℃时，温室白粉虱成虫种群数量下降可达 90%以上，据目前资料估计，温室白粉虱在长江以北不能正常露地越冬。温室白粉虱的寄主植物很多，但不同寄主植物对该虫种群影响差异较大，如在黄瓜、番茄、茄子等寄主植物上死亡率低、生殖力强，种群数量增加快，而在甜椒、辣椒上种群数量发展趋势显著降低。

4. 防治方法

目前温室白粉虱的防控策略是：断（切断虫源和生活史）、洁（培育无虫苗）、诱（黄板诱杀成虫）、寄（释放天敌寄生若虫）和治（科学用药），以农业防治、物理防治为主，生物防治加强推广应用，化学防治为辅。

(1)农业防治　降低虫源,如培育无虫苗或通过种植非嗜食植物阻断其生活年史;清洁田园,摘除带虫的枯黄老叶进行无害化处理,在作物收获后搞好棚室的清洁卫生,不留残体。

(2)生物防治　当该虫发生密度较低时(平均 0.5 头/株以下),有条件地区可每亩释放丽蚜小蜂或桨角蚜小蜂 1 000～2 000 头/次,7～10 d 1 次。

(3)物理防治　应用防虫网,在设施的通风口、门、窗加设 40 筛目白色或灰白色防虫网,可阻止成虫迁入,有利于切断温室白粉虱的虫源,起到预防作用,同时可兼治斑潜蝇、蚜虫、蓟马等害虫;黄色粘板诱杀成虫,在该虫发生初期,每亩挂 20～30 片规格为 40 cm×25 cm 黄色诱虫粘板,黄板下沿比植株顶部略高,一般 1～2 个月更换 1 次。

(4)化学防治　采用化学药剂防治,可采用灌根、喷雾和熏烟等几种施药方式。

①灌根法。在黄瓜定植前 3～5 d 或定植后,用 10%吡虫啉可湿性粉剂 1 000 倍液,均匀喷淋幼苗根颈部,或灌根处理(药液量为 50 mL/株)。

②喷雾法。在未施行生物防治的田块,当平均成虫密度 1～3 头/株时,及时选用敏感杀虫剂进行叶面喷雾,如噻嗪酮、烯啶虫胺、吡蚜酮、阿维菌素、溴氰虫酰胺、螺虫乙酯等。对菊酯类药剂敏感的地区,也可选用,但尽量一种(类)杀虫剂在一茬(季)蔬菜作物上仅用 1 次,防止产生抗药性。

③熏烟法。能创造较为密闭空间的田块,可用敌敌畏烟剂或异丙威烟剂进行熏烟,但要注意熏烟法对成虫外的虫态基本无效。

6.1.5　东方蝼蛄

东方蝼蛄属直翅目蝼蛄科害虫,多食性,别称包括拉拉蛄、地拉蛄、土狗子等。过去仅在南方发生严重,现属全国性害虫。

1. 为害特点

东方蝼蛄成虫、若虫均为害植物,啃食各种作物种子和幼苗,特别喜欢取食刚发芽的种子。该虫取食幼根和嫩茎时会造成缺苗断垄,被咬处呈乱麻状或丝状,幼苗生长受阻甚至死亡。并且,东方蝼蛄在土壤表层穿行取食,会造成种子架空、幼苗吊根,从而导致种子不能发芽,幼苗苗土分离失水而死,造成严重损失。

2. 形态特征

成虫:雌虫体长一般不超过 35 mm,雄虫体长一般不超过 32 mm。体灰褐色或灰黄色,体躯密被细毛。头部暗褐色,触角丝状,复眼红褐色,单眼 3 个。前胸背板俯视呈卵圆形,中间有 1 个明显的暗红色心脏形凹陷斑,约 5 mm。前翅灰褐色,长约 12 mm,仅达腹部中部。后翅卷缩如尾状,较长,超过腹部末端。前足发达(开掘足)。腹部纺锤形,腹末有 1 对尾须(图 6-7)。

图 6-7　东方蝼蛄成虫

卵:椭圆形,初产时为乳白色,长约 2.8 mm,宽 1.5 mm,孵化前变成暗紫色,此时卵长约 4.0 mm,宽约 2.3 mm。

若虫：若虫有8～9龄。形态与成虫相似，翅不发达，初孵若虫体长约4 mm，体乳白色，头、胸特别细，腹部肥大，头、胸、足会变为暗褐色，并逐步加深。末龄若虫体长约25 mm。

3. 发生规律

东方蝼蛄在北方两年左右完成1代，在长江流域及其以南各省、直辖市每年发生1代。可以成、若虫在40～60 cm深的土中越冬，在第二年气温回升到5 ℃左右时，东方蝼蛄开始苏醒，随气温上升活动加剧，当气温超过10 ℃时开始为害幼苗；当地温超过20 ℃时则活动频繁(4～5月)，此时也是为害严重时期，同时也进入交尾产卵期；当平均气温为23.5～29 ℃时(6～8月)，东方蝼蛄进入产卵盛期，对夏播作物影响大；当地温降至25 ℃以下时，新羽化的成虫以及当年孵化的若虫需积累营养准备越冬，所以开始大量取食，导致秋播作物受害严重。

东方蝼蛄对未腐烂的物质有很强的趋性，土壤大量施用未腐熟的厩肥、堆肥，易导致东方蝼蛄发生，导致为害加重。另外土壤温度和含水量也会影响东方蝼蛄的种群数量。

4. 防治方法

(1)农业防治　深耕和中耕对东方蝼蛄栖息和繁殖场所影响较大，耕、翻、耙等措施不仅能杀伤和杀死大量的越冬东方蝼蛄，还可招引食虫鸟寻食，减少越冬虫源基数。冬灌也可压低虫口基数，使翌年春季的为害减轻。另外，在条件允许地区，水旱轮作是一种很好的防治措施。

(2)生物防治　注意保护和利用鸟类、微生物等天敌，发挥天敌的自然控制作用，比如红脚隼、戴胜、喜鹊和红尾伯劳等食虫鸟，可以控制东方蝼蛄的数量。

(3)物理防治　因为东方蝼蛄具有很强的趋光性、趋化性、趋粪性，所以可在东方蝼蛄羽化期间，利用黑光灯诱集捕杀成虫；可将香甜物质制成毒饵，撒施在地里，也有较好的防治效果；可用厩肥、马粪或带水的鲜草进行诱集，然后集中捕杀。另外，可根据东方蝼蛄活动产生的新鲜隧道，进行人工捕杀。

(4)化学防治　化学防治主要包括以下方法。

①种子处理。可用辛硫磷稀释后浸种或喷洒在小麦、玉米、谷子等种子上，搅拌均匀。此外，可以直接选用包衣种子或自己做包衣处理。

②撒施。可用药剂有阿维·毒死蜱、毒死蜱等颗粒剂，撒施这些颗粒剂对东方蝼蛄有很好的防治效果；可用辛硫磷与过筛的细干土拌匀，将毒土撒施于种子表面。注意，毒死蜱等药剂禁止在蔬菜上使用。

③药液浇灌。可用福·甲·杀虫单进行苗床喷雾，或将毒死蜱稀释后进行灌根。

6.1.6 桃红颈天牛

二维码6-2
桃红颈天牛
识别与流行规律

桃红颈天牛属鞘翅目天牛科害虫，别称红脖子老牛、铁炮虫等。为害植物如桃、杏、李、梨、石榴、梅、樱桃、核桃、板栗、苹果、海棠、柳、垂柳、榆、栎、栾、柿、柰、杨、花椒、桑等，其中，桃、樱桃、李、杏等是主要为害植物。桃红颈天牛识别与流行规律见二维码6-2。

1. 为害特点

桃红颈天牛以幼虫蛀食树干，取食韧皮部、木质部和形成层，在树干内形成弯曲的孔道，且每隔一段距离会向外蛀一排粪孔，虫粪会堆积在树干或地面上。蛀食后会造成树干皮层脱落，加重树木流胶，叶片变小且发黄，削弱树势，造成减产，也会缩短树的寿命，严重时造成枝干枯死，甚至整株枯死。目前，桃红颈天牛是为害桃树比较严重的虫害之一，但主要为害十年以上的桃树。

2. 形态特征

成虫：体长 23～42 mm，宽 9 mm 左右。体黑色有光泽，成虫有两种颜色，"红颈型"前胸为棕红色，"黑颈型"全体为黑色。前胸背板前、后缘下陷且密布横皱，两侧各生 1 个刺突，背面有 4 个瘤突。前翅黑色，光滑且有光泽，基部较前胸宽，后端较狭。雄虫比雌虫小，前胸腹面有大量刻点，雌虫前胸腹面无刻点，但有横皱。雄虫触角超过虫体 4～5 节，雌虫为 2 节(图 6-8)。

卵：长椭圆形，乳白色。

幼虫：初龄幼虫为乳白色，老熟时略带黄色，老熟幼虫体长 42～52 mm。前胸较宽广，体侧密生有黄棕色细毛(图 6-9)。

蛹：体长 35 mm 左右，刚化蛹时为乳白色，后逐渐变为黄褐色。前胸两侧各有 1 个刺突，背板上有 2 排刺毛。

图 6-8　桃红颈天牛成虫

图 6-9　桃红颈天牛幼虫

3. 发生规律

桃红颈天牛整个世代大部分时间都以幼虫在树干内蛀食为害，一般 2～3 年完成 1 代，第一年以幼龄幼虫在蛀道内越冬，第二年以老熟幼虫在蛀道内越冬。生长发育温度范围为 7～39 ℃，31～36 ℃是其适宜发生温度，一般在温度超过 31 ℃时，成虫出现最多且活跃。成虫主要在树干基部或较大侧枝裂皮缝隙处产卵，产在树干上的卵多分布在距地面 17～50 cm 范围内；产在侧枝上的卵多分布在距主干 30 cm 内。雌虫平均产卵量可达 325 粒，卵孵化后，幼虫先在树皮下活动，然后蛀食到韧皮部。

4. 防治方法

(1)农业防治　加强田间管理，提高树势；及时刨除(连根挖掉)受害严重或死亡的植株，尽快处理(烧毁或剥皮后长时间浸水)，以消灭树干中的幼虫；用石硫合剂涂刷剩余植株的树干，以减少虫源；桃园周围不要栽植李、杏、梅、樱桃、苹果等树。

(2)生物防治　注意保护和利用鸟类、微生物等天敌，发挥天敌的自然控制作用，比如啄木鸟、喜鹊、肿腿蜂、壁虎和寄生线虫等。也可人工繁育，释放管氏肿腿蜂，以控制桃红颈天牛。

(3)物理防治　捕杀成虫，午间成虫静息在枝条上时可人工振落捕杀；成虫出洞前，用三合土或水泥封闭羽化孔，将其闷死在蛀道内；成虫产卵期，检查树体，及时处理主干或主枝基部缝隙处的卵；发现有新鲜虫粪或木屑处，用细钢丝或小刀挖出幼虫杀死；产卵前期，用塑料薄膜包扎树干着卵部位，阻隔其产卵。

(4)化学防治

采用化学药剂防治,一是在成虫发生期,用甲萘威或高效氯氰菊酯等农药与黏泥混合,然后涂刷主干和大枝基部(距地面 1.2 m 内),毒杀卵和初孵幼虫,也可直接用有机磷类农药喷干处理;二是在幼虫为害期,将具有熏蒸作用的药剂施入虫孔内,并封闭虫孔。

6.1.7 西花蓟马

西花蓟马属缨翅目蓟马科害虫,多食性,别称苜蓿蓟马。已知的寄主植物达 60 多科 500 余种,常见的为害植物有豆科、菊科、葫芦科、十字花科等,特别是温室中的花卉、蔬菜(茄果类)植物受害最重。

1. 为害特点

西花蓟马可刺吸植物的叶、芽、花及果的汁液,为害开始时叶片呈白色斑点,继续为害后斑点会连成片,叶片正面看着像斑点病害,叶背有黑色虫粪,严重时叶片会变小、皱缩,甚至黄化、凋萎。花器受害呈白斑点,后会变成褐色,看上去像溃疡一样。果实一般会留下创痕,甚至会形成伤疤。西花蓟马除通过取食植物汁液为害外,还能传播许多病害,如番茄斑点萎蔫病毒和凤仙花坏死斑病毒,有时传播病害造成的经济损失远大于取食本身的为害。

2. 形态特征

成虫:雌虫体长不到 1.5 mm,体黄色至深褐色。触角第 3~5 节黄色,端部棕色,单眼 3 个,呈三角形排列。单眼间鬃发达,位于前、后单眼中心连线上,其中 1 对长鬃与复眼后方的长鬃等长。前胸背板有 4 对长鬃,中后胸背板愈合,后胸背板中央有网状线纹。前翅黄色。雄虫体长一般短于雌虫,体黄色,特征与雌虫基本相似。

卵:不到 1 mm,肾形,半透明至白色。

若虫:初孵若虫细小,为半透明白色,蜕皮前变为黄色。2 龄若虫为金黄色,大小和形状与成虫相似,但无翅,眼睛为红色。3 龄若虫与 2 龄若虫相似,但可见短的翅芽,在羽化成成虫前,翅芽的长度超过腹部一半。

3. 发生规律

西花蓟马有较强的嗜食偏好,如喜食黄瓜、四季豆、茄子、萝卜和香菜等植物,而对芹菜嗜食程度低;在喜食植物上产卵量大,发育历期短;在北方主要以成虫在温室内越冬,在南方温度适宜地方无明显越冬现象。西花蓟马在 10~30 ℃均能够完成生长发育,对低温的耐受力比较强,在−5 ℃可存活 56~63 d,但当温度低于 5 ℃时,卵不能正常孵化;当温度达 35 ℃时不能完成生长发育,且在 45 ℃时的死亡率为 100%。

4. 防治方法

(1)农业防治　培育无虫苗;作物收获后及时清除残株,空棚 1 周以上再种植下茬作物;夏季可进行高温闷棚,棚室温度升至 40 ℃左右,保持 3 周,可杀灭多数西花蓟马;田间畦面覆盖黑色地膜可阻止西花蓟马入土化蛹。

(2)生物防治　西花蓟马的天敌有捕食螨、捕食性蝽、病原真菌和线虫等,注意保护和利用天敌,发挥天敌的自然控制作用。

(3)物理防治　悬挂蓝色粘板可诱杀西花蓟马;在通风口、门和窗处加设孔径为 280 μm 的防虫网,阻止西花蓟马随气流进入。

(4)化学防治　西花蓟马成虫达 20~50 头/(蓝板·d)或 3~5 头/花是进行化学防治的阈

值,防治西花蓟马的可用药剂较多,如氯氟氰菊酯、茚虫威、阿维菌素、吡虫啉、噻虫嗪、虫螨腈等,但目前有些地区已对某些药剂产生抗药性,注意交替用药,最好复配使用。

6.1.8 斜纹夜蛾

斜纹夜蛾属鳞翅目夜蛾科害虫,多食性,别称莲纹夜蛾,俗称夜盗虫、乌头虫等。过去是一种间歇性暴发的害虫,现为常发性农业害虫。

1. 为害特点

斜纹夜蛾是典型的多食性昆虫,我国已记载的寄主植物达 109 科近 400 种,如甘蓝、白菜、茄子、马铃薯、番茄、大豆、花生、芝麻、棉花、烟草、甜菜、萝卜、莲藕、玉米、高粱、莲花掌等。斜纹夜蛾以幼虫取食植物叶、花蕾、花及果实。初孵幼虫群集在叶背取食叶肉,只留一层表皮和叶脉;2 龄时会取食花蕾和花;3 龄后分散为害,把叶片啃成缺刻,严重时只留主脉,甚至咬食幼嫩茎秆;5～6 龄时可蛀食角果。

2. 形态特征

成虫:体长 14～19 mm,翅展 33～45 mm。胸部背面有白色丛毛。前翅灰褐色,内横线及外横线灰白色,环状纹不明显,肾状纹前部呈白色,后部呈黑色,环状纹和肾状纹之间有 3 条明显的较宽斜纹白线。后翅银白色,无斑纹,外缘暗褐色(图 6-10)。

卵:扁平的半球状(馒头形),直径不到 1 mm,表面有细的纵横脊纹,初产黄白色,近孵化时暗褐色,产卵成块,常不规则重叠排列 3、4 层,每块几十粒至几百粒,上覆黄褐色绒毛。

幼虫:共 6 龄,初龄幼虫体灰色,老熟幼虫体躯颜色多变,有黑褐色、土黄色、青黄色、灰褐色或暗绿色。背线、亚背线及气门下线均为暗黄色,亚背线上方每节两侧各有 1 个半月形或三角形黑斑,其中,腹部第 1 节和第 8 节上的最大,中胸至第 8 腹节气门上方各有 1 个黑褐色不规则斑点。气门线暗褐色,气门椭圆形,黑色,其上有黑点。腹足俱全,但 1 龄、2 龄幼虫有时会缺前两对腹足。胸足近黑色,腹足暗褐色(图 6-11)。

蛹:长 15～21 mm,赭红色,圆筒形,末端细小。胸部背面有细横皱纹,腹部光滑,尾部有 1 对短刺。

图 6-10 斜纹夜蛾成虫

图 6-11 斜纹夜蛾幼虫

3. 发生规律

斜纹夜蛾年发生世代数由南向北逐渐减少，南宁发生 9 代，南昌 6～7 代，南京、上海等发生 5～6 代，河南发生 4 代。福建以南无越冬现象，而其在江西以幼虫或蛹越冬。斜纹夜蛾是一种喜温性昆虫，不耐低温，长时间在 0 ℃左右环境中易死亡。有研究表明，在 18～34 ℃范围内，斜纹夜蛾发育速率与温度呈正相关，温度越高，其发育速率越快，最适发育温度为 28～32 ℃。初孵幼虫群集于卵块附近取食，2 龄开始分散取食，3 龄前仅食叶片下表皮及叶肉，幼虫老熟后入土 1～3 cm 化蛹，土壤干燥时，会在土缝中或枯枝落叶下化蛹。另外，斜纹夜蛾对寄主植物有嗜食偏好，比如，在取食莲藕或甘蓝后，其发育历期比非嗜食的短很多，发生量也大很多。

4. 防治方法

(1)农业防治　清洁田园(将残株落叶就地处理，杀灭部分幼虫和蛹)；摘除卵块和人工捕杀低龄幼虫；耕翻灭蛹；搭配种植诱集作物，种植斜纹夜蛾最喜欢产卵的芋、大豆、甘蓝等作物，在诱集斜纹夜蛾集中产卵后，集中歼灭。

(2)生物防治　保护、利用天敌，斜纹夜蛾的天敌种类很多，如瓢虫、蜘蛛、青蛙、姬蜂等；利用性引诱剂诱杀雄蛾。

(3)物理防治　斜纹夜蛾有较强的趋光性和趋化性，利用杀虫灯诱杀成虫；使用糖醋液诱杀成虫；可将残留菜叶剁碎，拌杀虫剂，撒施于菜田地面，以诱杀高龄幼虫。另外，防虫网的防治效果也比较好。

(4)化学防治　在药剂防治斜纹夜蛾时，应在低龄幼虫分散前施药，防治时间宜选傍晚。由于斜纹夜蛾抗药性产生较快，药剂可轮换选用：氯虫苯甲酰胺、甲氨基阿维菌素苯甲酸盐、氟虫脲、氟啶脲、氟铃脲、氰氟虫脲、虫酰肼、甲氧虫酰肼、虱螨脲、茚虫威、虫螨腈、高效氯氟氰菊酯等。从实践来看，单用这些药剂效果要差些，最好复配用药，比如甲氨基阿维菌素苯甲酸盐和虫螨腈、茚虫威和虫螨腈等。

6.1.9 油菜潜叶蝇

油菜潜叶蝇属双翅目潜蝇科害虫，食性多食性，别称豌豆彩潜蝇、豌豆潜叶蝇，俗称夹叶虫、拱叶虫、叶蛆等。目前已记载的寄主植物约 21 科 149 种，如豌豆、蚕豆、油菜、甘蓝、白菜、萝卜等。

1. 为害特点

油菜潜叶蝇成、幼虫均可为害，以幼虫为主。幼虫在叶片中取食叶肉，仅留上、下表皮，形成弯曲的细长潜道，潜道一般由叶片边缘开始，然后向中间盘旋伸展，且越来越宽。有时一片叶上有数十头幼虫，形成的潜道相互交错，布满叶片，最终全叶枯萎，造成受害植株生长不良，严重减产。雌虫产卵时会刺破叶片组织，叶片上会形成许多白点。为害油菜时，除为害叶片外，幼虫还可潜食花薹、嫩枝或角果。

2. 形态特征

成虫：雌虫体长不到 3 mm，翅展约 7 mm，雄虫体长比雌虫短，体灰色，有稀疏的刚毛。复眼红褐色至黑褐色，触角黑色，触角芒细长。中胸灰黑色，有 4 对大的背中鬃，小盾片后缘有 4 根长的盾鬃。足黑色，腿节端部黄褐色。翅面有紫色反光，平衡棒黄色。腹部淡黑色，各节背板及腹板的后缘为浅黄色(图 6-12)。

卵：长椭圆形，白色，长不到 0.5 mm，宽不到 0.2 mm。卵壳柔软，外表光滑。当快孵化时，可见到幼虫的黑色口器。

幼虫：蛆状，体长圆筒形。刚孵化时为乳白色，取食后渐变为黄色（图 6-13）。

蛹：长椭圆形，略扁，长不到 3 mm，宽不到 2 mm。蛹的颜色逐渐变化（乳白色、黄色、黄褐色或黑褐色）。雌蛹比雄蛹体长。

图 6-12　油菜潜叶蝇成虫

图 6-13　油菜潜叶蝇幼虫

3. 发生规律

油菜潜叶蝇的卵、幼虫、蛹都在叶片内生活。温度对其影响较大，17 ℃左右是成虫发生的适宜温度，幼虫发生的温度为 20 ℃左右，当温度超过 35 ℃时其不能生存。油菜潜叶蝇喜欢把卵产在高大、茂密的寄主植物叶片上。

4. 防治方法

（1）农业防治　清除收获后的残株败叶，可消灭大量残虫，降低虫口基数。

（2）生物防治　天敌利用，注意保护和利用蚂蚁、寄生蜂和瓢虫等天敌，发挥天敌的自然控制作用。在天敌大量发生的季节，尽量不用农药或用对天敌较安全的农药。

（3）化学防治　化学防治宜在卵孵高峰期至幼虫潜食始盛期进行，可选用的药剂有溴氰菊酯、阿维菌素等。选用药剂时尽量用渗透性好或内吸性类药剂，严重时可用触杀类和内吸类药剂复配施用。

6.2　病害

6.2.1　葡萄霜霉病

二维码 6-3

葡萄霜霉病识别与流行规律

葡萄霜霉病属于卵菌门单轴霉属类病菌，病原为葡萄生单轴霉，是专性寄生真菌。葡萄霜霉病识别与流行规律见二维码 6-3。

1. 为害特点

葡萄霜霉病能侵染葡萄的叶、茎、果等绿色部位，主要为害叶片。一般先侵染嫩叶，发病初期叶片正面(图 6-14)出现浅绿色的不规则斑点,继续发展会出现近似圆形或多角形黄色病斑,被侵染的部位逐渐变褐、枯死,严重时整个叶片枯黄。潮湿时,病叶背面(图 6-15)会出现白色霜霉状霉层(孢子囊及孢囊梗)。侵染老叶,叶正面多数出现黄色至红褐色的小角形病斑,叶背一样有白色霉层。侵染花序、嫩枝、叶柄、卷须及果梗后,侵染部位会出现淡黄色水渍状斑点,后会略凹陷变褐且扭曲、畸形,湿度大时,病斑表面会出现大量白色霉层。侵染果实后,果实颜色会发生变化,湿度大时,果实表面也会形成白色霉层。

图 6-14 葡萄霜霉病叶正面

图 6-15 葡萄霜霉病叶背面

2. 形态特征

葡萄霜霉病病原菌的菌丝管状、有瘤状吸器。在条件适宜时,4～6 根孢囊梗成簇从气孔伸出,单轴直角分枝 3～6 次,分枝末端有 2～4 个小梗,顶生 1 个孢子囊。孢子囊卵形,无色,顶端有乳头状突起,长不超过 30μm,宽不超过 20μm,每个孢子囊产生 4～8 个游动孢子;游动孢子侧生双鞭毛,肾形。病菌产生的有性孢子为卵孢子,其褐色、球形、壁厚,表面平滑,萌发时产生芽管,芽管顶端形成芽孢囊,当芽孢囊萌发时,可产生的游动孢子超过 60 个。

3. 发生规律

葡萄霜霉病的发生与温度、湿度密切相关,在温度适宜的情况下,湿度高、低决定葡萄霜霉病发生的严重程度。孢囊梗和孢子囊的产生,孢子囊和游动孢子的萌发和侵入,都需要水(雨、露珠),且孢子囊的形成需要 4 h 的黑暗。孢子囊在高温、干燥的情况下,只能存活 4～6 d,低温下可存活 14～16 d。在 9～36 ℃范围内都能产生孢子囊,15 ℃是最适温度;5～21 ℃是孢子囊能萌发的温度;10～15 ℃是最适温度,但孢子囊在阳光下暴露数小时即失去活力。病原菌以卵孢子在病组织中或随病残体在土壤中越冬,卵孢子在病残体腐烂后,仍可在土壤中存活两年以上。翌年春季,当土温在 13 ℃左右时,萌发产生芽孢囊,借风、雨传播到葡萄上后,萌发产生游动孢子。游动孢子在寄主表面有水膜时产生芽管,经气孔侵入,菌丝在细胞间隙生长,通过吸器伸入寄主细胞内吸取营养,然后从叶背气孔伸出孢囊梗,产生孢子囊,再借风、雨进行再侵染。

4. 防治方法

(1)农业防治　在长江流域及长江以南的地区(生长季节雨水多的地区)尽量选用抗病品种,一般欧美杂交种较抗病,欧亚种较易感病,如巨峰、玫瑰露、红富士、金星无核、森田尼无核等品种较抗病,而红地球、美人指、里扎马特、绯红、无核白鸡心、玫瑰香等品种较易感病。发现有病组织时及时清除深埋;收获及修剪后及时清除(烧毁或深埋)果园中的病僵果、枯枝、落叶等,可有效减少病原菌的侵染来源;加强栽培管理,提高植株抗病能力,注意田间排灌系统是否顺畅;科学修剪(及时摘心、抹梢、绑蔓及疏除近地面枝条),使架面通风且透光好。此外,采取避雨栽培措施,能有效预防和减少葡萄霜霉病的发生。

(2)化学防治　用化学药剂防治葡萄霜霉病,尽量选在病害发生前或初发阶段。一旦发生就要采取适宜的化学防治手段。

在落叶期至早春萌芽前,喷4～5波美度石硫合剂,降低越冬菌源基数;在发病前,喷施一些保护性杀菌剂,如波尔多液、代森锌、代森铁、福美双、代森锰锌、嘧菌酯、吡唑醚菌酯等;在发病后,每隔7～10 d喷1次,连喷2～3次,雨季最好连续使用杀菌剂(7～10 d喷1次),如精甲霜灵、三乙膦酸铝、氰霜唑、烯酰吗啉、嘧菌酯、吡唑醚菌酯、氟吗啉·锰锌、甲霜灵·锰锌、缬霉威·丙森锌、氟吡菌胺·霜霉威等。另外,需要注意的是,防治葡萄霜霉病的药剂很多,但有较多药剂容易使其产生抗药性,在选用时,应避开以前常用的药剂,替换成不经常使用或没使用过的药剂。

6.2.2　水稻稻瘟病

水稻稻瘟病病菌(有性态)属于子囊菌门大角间座壳属类,病原为灰色大角间座壳,无性态为梨孢霉属稻梨孢,别称稻热病、火烧瘟、叩头瘟。除侵染水稻外,还可侵染小麦、大麦、黍、画眉草、马唐及稗等植物。

1. 为害特点

水稻稻瘟病病菌可侵染水稻苗、叶、叶枕、穗、穗颈、枝梗及谷粒等。病菌侵染3叶期以前的水稻时,水稻芽和芽鞘上先出现水渍状斑点,随后病苗基部变黑褐色,上部变黄褐色或带点红,严重时枯死。在潮湿条件下,病部可长出灰绿色霉层。侵染3叶期以后的水稻叶片时,因品种和天气不同,病部会表现为慢性型、急性型、白点型和褐点型4种症状类型。图6-16是水稻稻瘟病叶瘟。

(1)慢性型　此类型比较常见,典型症状"三部一线"(病斑呈纺锤形,最外层黄色,内圈褐色,中央灰白色,病斑两端常有沿叶脉延伸成褐色长条状)。潮湿时,病斑背面可产生灰白色霉层。

图6-16　水稻稻瘟病叶瘟

(2)急性型　病斑多数近圆形,暗绿色,一般不超过绿豆的大小,后逐渐发展为纺锤形,叶正、反两面均可产生灰绿色霉层。发病后,如遇天气干燥或经药剂防治,就会转化为慢性型。

(3)白点型　一般在嫩叶上易出现,病斑初期白色,多为圆形,遇适宜温度、湿度能迅速转变为急性型病斑。如果条件继续不适,则会转成慢性型。

(4)褐点型　病斑为褐色小点,多限于叶脉间,中央褐色,外围黄色,褐点型叶瘟一般发生在抗病品种或下部老叶上。病菌侵染叶枕,初在叶耳呈暗绿色病斑,向叶环、叶舌、叶鞘及叶片不规则扩展后,病斑呈灰白色至灰褐色,常引起叶片早枯,且容易引起穗颈瘟,在潮湿条件下,会长出灰绿色霉层。侵染节间,发病部位主要在穗颈下第一节上，初期为褐色小点，后呈环状扩大至整个节部，严重时易折断，亦可造成白穗，潮湿时，节上会产生灰绿色霉层。侵染谷粒，发病部位主要在谷壳和护颖上，发病早的谷壳上的病斑大，病斑呈椭圆形，中部灰白色，后可蔓延整个谷粒，呈暗灰色或带点白的瘪谷，严重时，米粒会变黑。

2. 形态特征

在水稻叶片上，水稻稻瘟病菌产生的分生孢子梗 3～5 根成束或单根(很少)从气孔伸出，一般有 2～4 个隔膜，基部稍膨大，呈淡褐色，顶部较细，基本无色，在顶部产生分生孢子后，其侧方会生出小短枝，其上再生分生孢子。分生孢子洋梨形或倒棍棒形，基部圆润，顶部尖细，成熟后一般有 2 个隔膜。水稻稻瘟病病菌在自然状态很少产生子囊孢子，子囊壳为球形，黑色，子囊孢子为梭形，无色，稍微弯曲。

3. 发生规律

水稻稻瘟病的发生与温度、湿度和光照条件密切相关，菌丝生长的温度为 8～37 ℃，26～28 ℃是其生长的适宜温度。在 10～35 ℃范围内可产生分生孢子，产孢适宜温度为 25～28 ℃。分生孢子在 52 ℃水中 5～7 min 会死亡，但在干燥条件下，有些可在 60 ℃条件下存活 30 h。分生孢子在 20～30 ℃范围内都能萌发，在 10～15 ℃范围内不萌发，适宜萌发温度为 25～28 ℃。除温度适宜外，只有当空气相对湿度达 90%以上时，水稻叶片上的发病部位才可能产生分生孢子。分生孢子在水滴中可自由萌发，但在空气相对湿度 100%时不会萌发。孢子萌发时，需持续结水 6～7 h 且在适温条件下，病菌才能侵入。水稻稻瘟病病菌主要以菌丝体或分生孢子在病稻草或病谷上越冬，第二年气温到 20 ℃左右时(长江流域一般在 3 月下旬开始产生)，稻草上病菌遇降雨会不断产生分生孢子，分生孢子主要借风、雨传播，孢子落到秧苗上，遇适宜条件，会引起发病(初侵染)。

4. 防治方法

(1)农业防治　种植抗病品种，它是防治水稻稻瘟病非常经济、有效的方法；在播种之前，将田埂和房前、屋后堆积的病稻草用薄膜覆盖，以防越冬病菌传播，有条件的地区可在稻草收获后及时处理；施足基肥，不要过量或一次性施入速效氮肥，补施钾肥、硅肥；灌水应以深水返青、浅水分蘖、晒田拔节和后期浅水为原则。以上措施可以极大提高水稻抗病能力。

(2)化学防治　用化学药剂防治水稻稻瘟病，一是种子药剂处理，可选用多菌灵、咪鲜胺、稻瘟净等稀释液浸种；二是田间防治，勤查病情，抓住防治关键时期(苗瘟是 2～3 叶期、穗颈瘟是水稻破口期)，可用药剂有三环唑、稻瘟灵、咪鲜胺、氯啶菌酯、稻瘟酰胺、咪鲜·嘧菌酯等。

6.2.3 辣椒炭疽病

辣椒炭疽病病菌有性态属于子囊菌门小丛壳属真菌，无性态为炭疽菌属。病原主要有辣椒炭疽菌、胶孢炭疽菌、尖孢炭疽菌、束状炭疽菌等，其中，辣椒炭疽菌和胶孢炭疽菌引起的病害比较普遍，且为害较严重。近年来，尖孢炭疽菌和束状炭疽菌导致的病害有逐年上升趋势。

1. 为害特点

辣椒炭疽病病菌以为害果实为主，叶片、茎和果梗也可能发病，在田间，由于引起辣椒炭疽病的病菌可能是一种或几种混合发生，因此田间症状差异较大，目前常根据果实症状的差异分为黑色炭疽病、黑点炭疽病和红色炭疽病。

(1)黑色炭疽病　主要为害果实，其上病斑为褐色、水渍状(不规则形)，病斑上密生小点，中央可见同心环纹，干燥时常干缩，并且容易破裂。叶片上的病斑初表现为浅绿色、水渍状的斑点，后为褐色、近圆形病斑，其上有轮状排列小黑点。茎及果梗上也是褐色病斑，但会凹陷，形状不规则，干燥时容易裂开。

(2)黑点炭疽病　一般在成熟果实上表现严重，果实上的病斑和黑色炭疽病的较相似，不同之处在于黑点炭疽病的小黑点较大，颜色更黑，天气潮湿时，病斑表面会出现黏性物。叶片被害会形成圆形、中央灰白的病斑，上有轮状排列的小黑点。

(3)红色炭疽病　在幼果、成熟果上都容易发生，病斑呈黄褐色、水渍状，中央密生小红点，排列成的环状同心纹不太明显。湿润时，病斑上会出现粒状的粉红色黏稠状物。干燥时，病斑表面易破裂。

2. 形态特征

由于辣椒炭疽病病菌种类较多，且需要使用显微镜才能观察，本教材只简单介绍辣椒炭疽菌。辣椒炭疽菌的分生孢子盘初生于表皮下，后会突破表皮，颜色为黑色。分生孢子盘中刚毛散生，暗褐色，具隔膜。分生孢子为镰刀形，单胞，顶端尖，基部膨大，无色。

3. 发生规律

辣椒炭疽病的发生与温度、湿度和品种密切相关，温暖、多雨是诱发辣椒炭疽病的主要气象条件。病菌生长发育温度为 12～33 ℃，相对湿度不能低于 55%，最适温度为 27 ℃，最适相对湿度为 95%。分生孢子萌发适宜温度为 25～30 ℃，相对湿度要在 95%以上。辣椒炭疽病病菌以菌丝体在种子内、以分生孢子附在种子表面或以拟菌核和分生孢子盘在病残体上越冬，翌年产生分生孢子，借风、雨传播，从寄主伤口或表皮直接侵入。

如果辣椒生长发育不良、长势较差、抗病能力弱，病害就容易发生；结果期间多雾、多露或连绵细雨，病害会迅速蔓延；受日灼伤害以及受各种损伤的果实发病严重；成熟或过熟果实易发病，青果、幼果发病少。此外，地势低洼、排水不良、田间郁闭、通透性差、施肥不足或氮肥过多、管理粗放，或虫害、病害、曝晒等引起的表面伤口多等情况，都易于诱发病害。

另外，辣椒、甜椒品种间的抗病性也有差异，通常，甜椒比尖辣椒易感病。宽垄或套作的田块发病轻，安装频振式杀虫灯的田块发病往往也较轻。

4. 防治方法

(1)农业防治　种植抗病品种，它是防治该病非常经济、有效的方法；一般甜椒易感病，野山椒系列、朝天椒系列等辣椒抗病性好，选用无病苗，可减少病菌基数；尽量避免茄科作物连作，与葱蒜类轮作几年，可显著减少田间病菌数量；及时处理病叶、病果、病株；收获后及时处理(深埋或高温发酵制肥)病株残体，对土壤进行深翻。另外，加强田间管理，提高植物抗病性也是农业防治非常重要的一方面。

(2)化学防治　用化学药剂防治辣椒炭疽病，一是种子药剂处理，可用多菌灵稀释液浸种，也可直接选用包衣种子；二是田间防治，勤查病情，抓住防治关键时期(发病前或果实着色前)，可用药剂有代森锰锌、百菌清、甲基硫菌灵、多菌灵、异菌脲、腐霉利、氟硅唑、咪鲜胺、苯醚甲环唑等。根据田间表现来看，前四种药剂预防有一定效果，发病较重时复配制剂效果较好，一般视病情隔 7～10 d 喷洒 1 次，连续 2～3 次。

6.2.4　梨锈病

梨锈病病菌属于担子菌门胶锈菌属真菌，病原为亚洲胶锈菌，异名为梨胶锈菌。该病菌除侵染梨树外，还可侵染山楂、木瓜、贴梗海棠等植物。它是梨树上常发病害之一。梨锈病识别与流行规律见二维码 6-4。

二维码 6-4
梨锈病识别与流行规律

1. 为害特点

梨锈病病菌主要为害叶片和新梢，发病重时也可为害果实、果梗和叶柄。梨锈病病菌侵染叶片后，起初在叶片正面会出现橙黄色、鲜亮的小斑点，后逐渐扩大成近圆形病斑。在大约 30 d 后，病斑上面出现针尖大小、橙黄色小点。潮湿时，其上溢出淡黄色黏液，黏液干燥后，小点成为黑色。随着时间延长，病斑中间逐渐凹陷，叶背面病斑处会隆起（图 6-17）。隆起部位会长出黄褐色条状物，条状物会逐渐变长，像胡须一样。

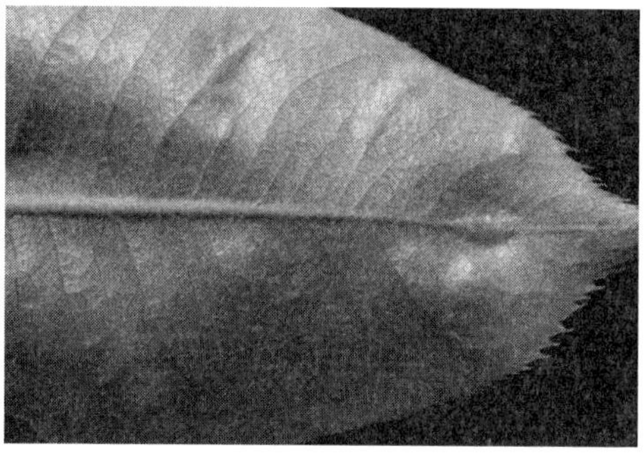

图 6-17　梨锈病早期叶背面

果实上的病斑前期与叶片相似，后期在病斑正面也会长出黄褐色条状物，条状物也会逐渐变长。

新梢、果梗和叶柄上的症状与果实上的表现差不多。

2. 形态特征

梨锈病病菌性孢子器为葫芦形或扁烧瓶形，长一般不超过 170 μm，宽一般在 120 μm 内，埋生于梨叶正面表皮下，孔口外露，内生许多性孢子。性孢子单胞、无色，形状为纺锤形或椭圆形。锈孢子器呈细长圆条状，且会不断生长，有的可达 10 mm。锈孢子单胞、黄色，形状为近球形至球形，表面有疣状细点。冬孢子角形状为楔形或圆锥形，干燥时为灰褐色，吸水后变成橙黄色果冻状。冬孢子一般为双胞、黄色，形状为纺锤形或长椭圆形，有无色长柄。担孢子单胞、黄褐色，形状为卵形。

3. 发生规律

梨锈病的发生与梨园周围 5 km 内转主寄主（桧柏类）植物的有无、远近密切相关。梨锈病病菌以多年生菌丝体在桧柏类植物病组织中越冬，当春季温度达 17 ℃以上时，桧柏上冬孢子角吸水膨胀胶化，产生冬孢子。冬孢子萌发出由 4 个细胞组成的担子，每个担子顶端产生 1 个担孢子。担孢子随气流落到有水膜的梨树幼嫩组织上，就会萌发侵入。在梨树上产生的锈孢子不会再侵染梨树，而侵染转主寄主的嫩叶或新梢，并在其上越夏和越冬。冬孢子角胶化需要 12～30 h 的水膜湿润，适宜胶化温度为 12.5～20 ℃。冬孢子发芽温度为 8～28 ℃，20 ℃是其最适宜温度。一般来说，梨园周围 5 km 范围内无转主寄主植物，梨树不会发病。

4. 防治方法

(1)农业防治　种植抗病品种，一般西洋梨系列的品种抗病最好，按抗病性大小排序：西洋梨＞新疆梨＞秋子梨和砂梨＞白梨；消灭桧柏上的病原菌，早春降雨前后，把距梨园较近（2.5 km 之内）的桧柏上的冬孢子角剪除。

(2)化学防治　用化学药剂防治梨锈病，一是对桧柏上的病原菌进行药剂处理，可用 2～3 波美度石硫合剂喷施；二是在梨树开始展叶至梨树落花后 20 d 时间段内，有阴雨天时，对梨树喷药防治，可用药剂有代森锌、三唑酮、烯唑醇、腈菌唑、氟硅唑、丙环唑等。

6.2.5　十字花科蔬菜软腐病

十字花科蔬菜软腐病病菌属于薄壁菌门果胶杆菌属，病原为胡萝卜果胶杆菌胡萝卜亚种，别称水烂、烂疙瘩。除侵染十字花科蔬菜外，还侵染番茄、辣椒、莴苣、芹菜、胡萝卜、大葱、洋葱、马铃薯及石刁柏等植物。

1. 为害特点

十字花科蔬菜软腐病病菌侵染十字花科蔬菜后，典型特征是病部腐烂后都会发出恶臭，一般会出现灰黄色或污白色黏液。常见症状有三种表现，第一种是外叶柄基部先发病，病部开始呈水渍状，后变褐腐，严重时菜株轻碰即倒；第二种是叶球顶部叶片开始发病，病部开始呈水渍状，后变褐腐，严重时叶球内也会软腐；第三种是叶球基部开始发病，开始症状与前一种一样，后叶心萎蔫，逐渐外叶的叶柄腐烂，发病组织又黏又滑。另外，也有些植株表现为外叶湿腐，干燥时病叶会变成薄纸状，紧贴叶球。白菜软腐病如图 6-18 所示。

图 6-18　白菜软腐病

2. 形态特征

十字花科蔬菜软腐病病菌菌体呈短杆状，周生鞭毛 2～8 根，不产生芽孢，阴性菌，在培养基上的菌落一般呈圆形、灰白色。

3. 发生规律

十字花科蔬菜软腐病的发生与品种、栽培管理水平、病菌侵染源的量、气象条件及植株伤口的有无等条件有关。一般来说，前茬作物为该病的寄主植物，且收获后田间没做处理，病害就可能发生重，如十字花科、茄科、瓜类等作物轮作发病重，而十字花科蔬菜与禾本科或豆科作物轮作发病轻。北方病原菌主要在病残体、土壤及没腐熟的农家肥中越冬，通过雨水、土壤、昆虫等多种途径传播，伤口与自然孔口是其侵入的重要途径，也可从自然裂口侵入；在温暖条件下或在设施菜区，无明显越冬期，主要在十字花科蔬菜上交替发病。生长发育温度为 4～36 ℃，适宜温度为 25～30 ℃。一般在低温、高湿的条件下，软腐病极易流行。

4. 防治方法

(1)农业防治　种植抗病品种，它是防治十字花科蔬菜软腐病非常经济、有效的方法；收获后翻耕暴晒，有利于减少菌量，减轻该病的发生；加强栽培管理，如在地势高及排水良好的壤土、沙壤土里种植十字花科蔬菜，合理施肥，雨季及时排水等；病田避免连作，可与麦类、豆类等作物轮作。

(2)化学防治　用化学药剂防治十字花科蔬菜软腐病，一是防治好害虫，如黄曲条跳甲、菜螨、菜粉蝶、地蛆、金针虫、蛴螬、蝼蛄及甘蓝蝇等害虫；二是田间防治，勤查病情，发病初期可用中生菌素、噻菌铜、络氨铜、氢氧化铜、氧化亚铜等药剂喷施，发病较重时可用水合霉素、噻唑锌等。

6.2.6　茄科蔬菜根结线虫病

茄科蔬菜根结线虫病病原属于线形动物门垫刃目根结线虫属，病原主要种类有：南方根结线虫、花生根结线虫、爪哇根结线虫、北方根结线虫等。根结线虫的寄主植物极多，如南方根结线虫的寄主植物超过 2 000 种，常见的有黄瓜、南瓜、苦瓜、西葫芦、辣椒、萝卜、白菜、西瓜、花生、烟草等植物。不同地区不同寄主植物上的主要病原种类有所不同，如南方露地蔬菜病病原主要为南方根结线虫，北方露地蔬菜病病原主要为北方根结线虫，大棚蔬菜病病原主要为南方根结线虫。在南方为害花生的主要是花生根结线虫，北方的以北方根结线虫为主。

1. 为害特点

茄科蔬菜根结线虫病病原主要侵染植物根部，侧根和须根受害较重。在发病根上会形成大小与形状各异的瘤状物（根结）。根结的大小因病原种类和寄主植物的不同而有所差异，一般南方根结线虫造成的根结较大，形状多样；北方根结线虫造成的根结较小，且近似球形。根结线虫为害根状如图 6-19 所示。

图 6-19　根结线虫为害根状

在番茄上形成的根结形如鸡爪，结节有时串生，使病根肿大、粗糙。根结开始为白色、光滑，后变暗褐色、粗糙，甚至龟裂，严重时病根腐烂。解剖根部的结节，在其组织内能见到白色的柠檬形雌虫或蠕虫形雄虫。

受到侵染的植株的地上器官发育受阻，严重时，一般会出现叶片发黄，长势似缺水、缺肥状，生长发育不良等症状。

2. 形态特征

根结线虫雌、雄成虫异形，一般雌成虫为梨形，雄成虫为线形。雌成虫虫体乳白色，中食道球发达，口针发育良好。每头雌虫能产卵 300～800 粒，卵淡褐色、长椭圆形。雄成虫细长，蠕虫形，头部圆锥状，尾端钝圆，具有粗大的交合刺。

3. 发生规律

茄科蔬菜根结线虫病的发生与气温、土质、土壤温度、栽培制度等密切相关。根结线虫主要以卵或雌虫随病残体在土壤或粪肥中越冬，生长温度在 10～35 ℃，24～30 ℃是其生长的适宜温度。当然，不同种类生长的适宜温度有所不同，北方根结线虫生长的适宜温度在 15～25 ℃，南方根结线虫生长的适宜温度在 25～30 ℃。由于南北气候差异大，不同根结线虫对气候的适应性不同，导致各地发生代数差异大，如南方根结线虫在南方黄瓜露地栽培中，根结线虫一年可发生 4 代左右，从 3 月上旬至 10 月下旬均可发生与为害，以 6 月中旬至 7 月下旬为害最为严重。另外，一般沙性土壤的根结线虫病要比黏性土壤的严重。

4. 防治方法

（1）农业防治　种植抗病品种，它是防治茄科蔬菜根结线虫病经济、有效的方法，在根结线虫多发地区，最好选择抗病性品种或嫁接抗病性砧木的苗；清洁田园，作物收获后，及时清理和销毁受线虫侵染的病株与病残体；改良土壤，一般有机质含量高的土壤根结线虫病往往较轻，可通过施用稻田土、鱼塘泥、腐熟农家肥或土壤改良剂等改良土壤；合理轮作，茄科蔬菜与油菜、葱、蒜、韭菜、芝麻等非寄主蔬菜或耐病作物轮作 2～4 年，可降低土壤虫口密度，有条件地区可以与水田植物轮作，如水稻、茭白、荸荠、慈姑、水芹、莲藕等水生作物，效果更好。

（2）物理防治　种植诱集植物可大量杀灭土壤中的根结线虫，可先种植 1～2 个月的菠菜、小白菜和小青菜等速生蔬菜，在线虫大量侵染植株后但还未产卵前连根拔除，然后再种植茄科蔬菜，可大量清除土壤中的根结线虫；大棚种植茄科蔬菜，可以利用太阳使土壤升温，通过高温杀灭土壤中的线虫，一般在棚内撒 3～5 cm 厚的碎稻秸或其他作物，并均匀洒石灰，翻耕土壤

(30 cm 深)后浇水，土面覆盖塑料薄膜(黑色薄膜更好)，同时封严大棚，闷棚半个月即可。露地蔬菜地参照此法杀灭线虫也有效果，关键是土壤温度升得越高效果越好，一般地温达 49 ℃以上，防效可达 80%。

(3)化学防治　防治茄科蔬菜根结线虫病的药剂不多，一般是通过撒施、穴施或沟施的方法，把药剂施入土壤中，目前常用药剂有阿维菌素、噻唑磷等，也可在种植前用棉隆对土壤进行消毒。

6.2.7　番茄病毒病

番茄病毒病是番茄上发生较为普遍的病害之一，病原主要为番茄花叶病毒和黄瓜花叶病毒，另外，还有马铃薯 X 病毒、马铃薯 Y 病毒、烟草花叶病毒、苜蓿花叶病毒等。每一种病毒侵染的寄主植物范围都很广泛，如黄瓜花叶病毒，除侵染番茄外，还能侵染超过 85 科 1 000 多种植物，如黄瓜、油菜、豇豆、烟草、繁缕、小酸浆等。

1. 为害特点

如图 6-20 所示，番茄病毒病病原引起的病害是全株系统性侵染，在苗期至成株期均可发生，常见症状主要有花叶型、条斑型、蕨叶型。花叶型较为常见，多发生在顶部嫩叶上，呈现花叶；条斑型在叶、茎及果实上均可表现症状，典型症状为褐色坏死条斑；蕨叶型在不同部位表现的症状不完全一样，顶部新叶呈细长的线状，中下部叶片的叶缘会卷成筒状。

图 6-20　番茄病毒病危害状

2. 形态特征

以黄瓜花叶病毒为例，黄瓜花叶病毒粒体球形，中间暗黑色，直径 28～35 nm。致死温度为 55～70 ℃，10 min，稀释限点为 10^{-4}，体外存活期为 3～6 d(20 ℃)。通过蚜虫、汁液和种子传播。

3. 发生规律

在南方蔬菜产区，番茄花叶病毒和黄瓜花叶病毒可终年发生。两种病毒的越冬场所有所不同，番茄花叶病毒可在病残体上越冬，而黄瓜花叶病毒一般不能在病株残体中越冬，但它们都可在蔬菜、多年生树木及农田杂草中越冬。番茄花叶病毒经汁液、种子等传播，黄瓜花叶病毒可通过蚜虫、汁液和种子传播，主要以蚜虫传播为主，其中，桃蚜传播最多。黄瓜花叶病毒引起的病害发生程度主要取决于带毒种子或带毒砧木的比例，带毒量越大，初侵染来源就越多，病害扩散与蔓延也就越快。而蚜虫传播在病害流行中起决定性作用，超过 70 种蚜虫(以桃蚜为主)可以传播这种病毒——蚜虫只需在病株上取食 1 min 就可以获毒，在健株上取食 15～120 s，就可以完成传毒过程。

4. 防治方法

(1)农业防治　种植抗病品种，它是防治番茄花叶病毒为害经济、有效的方法；选用无病毒种子及苗或者对种子进行消毒处理；由于田间传播虫媒主要以蚜虫为主，所以减少蚜虫，可以减轻该病的为害；接种黄瓜花叶病毒的弱毒株系，也能有效减轻该病毒的为害。

(2)化学防治　目前对该病毒的防治药剂较少，一般以提高番茄抗病能力为主。发病初期可选用药剂有 83 增抗剂、植病灵、宁南霉素、氨基寡糖素和盐酸吗啉胍等，施药时可和植物生长调节剂一起施用，能提高防病效果。

6.2.8 蔬菜苗期立枯病

蔬菜苗期立枯病病原有性态为担子菌门亡革菌属瓜亡革菌，无性态为丝核菌属立枯丝核菌，俗称“死苗”“立枯死”。该病原可侵染茄子、辣椒、番茄、白菜、甘蓝、花椰菜、黄瓜、南瓜、西葫芦、冬瓜、豇豆、毛豆、洋葱、芹菜、莴苣等。

1. 为害特点

如图6-21所示，蔬菜苗期立枯病病原主要侵染植物幼苗根茎部。立枯丝核菌先侵入幼苗近地面的根颈部，产生暗褐色、椭圆形的斑点。刚开始，受害株白天轻度萎蔫，夜晚恢复，随后病部略凹陷，在病斑绕茎一周时，病部缢缩，幼苗逐渐干枯，虽直立不倒但已死亡。在空气和土壤潮湿时，病部出现褐色、稀疏的蛛丝状菌丝体，后期会形成菌核。

图6-21 番茄立枯病为害状

2. 形态特征

菌丝有隔、无色，老熟时为黄褐色，直径8～12 μm，分枝多为直角且基部缢缩，不产生无性孢子。菌核褐色、棕褐色至暗褐色，直径为0.1～0.5 nm，质地疏松，表面粗糙。担子长椭圆形、无色，顶生2～4个小梗，每个小梗上着生一个担孢子。担孢子球形、无色。

3. 发生规律

蔬菜苗期立枯病的发生与土壤带菌量和环境因素等密切相关。立枯丝核菌以菌丝体或菌核在土壤或病组织中越冬，该病原菌腐生性很强，一般可在土壤中存活2～3年，通过雨水、农事操作及带菌粪肥传播。立枯丝核菌生长的温度在10～42 ℃，20～30 ℃是其生长的适宜温度。播种过密、土壤湿度大易诱发立枯病。在育苗期间，天气闷热或雨水多会导致发病较重。

4. 防治方法

(1)农业防治　适期播种，培育壮苗；苗床应选择地势高，地下水位低及无病的地块；加强苗床管理，加强通风透光(防止幼苗嫩弱徒长)；避免苗床温度、湿度过高，湿度过高时，可撒施一些干草木灰；用新土育苗，以防治土壤带菌。

(2)化学防治　用化学药剂防治蔬菜苗期立枯病，一是对育苗床土进行消毒处理，可用药剂有甲霜灵、代森锰锌、多菌灵等，一般将药剂和细干土充分拌匀后撒施在苗床上；二是田间防治，勤查病情，苗床初现萎蔫症状时，及时拔除并施药防治，可选用噁霉灵、甲基硫菌灵、多菌灵、甲霜灵、百菌清、戊唑醇、异菌脲、多抗霉素、嘧菌酯等药剂，一般视病情隔5～7d喷洒1次，连续2～3次。

第7章

常见植物病虫害综合防治

7.1 水稻病虫害综合防治

二维码 7-1 水稻病害

二维码 7-2 水稻虫害

近年来，随着种植结构的调整和气候条件的变化，水稻病虫害发生也相应发生变化。总体上，水稻病虫害发生态势是病虫并重、混合发生，其中，二化螟、稻飞虱、稻纵卷叶螟、纹枯病、稻瘟病、稻曲病（水稻“三虫三病”）等重大病虫是水稻为害最重的病虫害，同时，水稻蓟马、大螟、三化螟、稻秆潜蝇、南方水稻黑条矮缩病、恶苗病、细菌性基腐病、穗腐病、根结线虫病等病虫害在不同区域、不同年份也会发生严重，造成重大损失。常见的水稻病虫害见二维码 7-1、二维码 7-2。

水稻病虫害防治突出绿色控害，减药增效。以稻田生态系统和健康水稻为中心，以抗（耐）病虫品种、生态调控为基础，优先采用农艺措施、昆虫信息素、生物防治等非化学防治措施，增强稻田生态系统自然控害能力，降低病虫发生基数。应用高效、生态友好型农药应急防治，控制为害。推进绿色防治专业化服务，适时开展应急防治，促进水稻重大病虫害可持续治理，保障水稻生产绿色高质量发展。

7.1.1 生态调控

推广应用健身栽培技术、种子消毒与带药移栽预防病虫害技术、生态调控技术，防治早期病虫害。

1. 种植抗（耐）性品种

因地制宜选用抗（耐）稻瘟病、稻曲病、南方水稻黑条矮缩病、褐飞虱、白背飞虱等水稻品种，避免种植高（易）感品种，合理布局，种植不同遗传背景的水稻品种。推广种植水稻抗性品种：广两优 476、鄂中 5 号、黄华占、天优华占、C 两优华占、隆两优 534、晶两优华占、晶两优 534、福优 325、Ⅱ优 264、全优 527 和川谷优 202。

2. 农艺措施

①翻耕、灌水灭蛹。提前翻耕冬闲田、冬作物田，耕后灌水闷浸，将越冬螟虫杀死，降低基

数。3 月下旬至 4 月初是越冬代二化螟化蛹高峰期，翻耕冬闲田，灌深水 7～10 d，完全淹没稻桩，可使稻桩内越冬蛹缺氧死亡。同时，打捞浮在稻田水面上的纹枯病菌核及杂草种子，集中销毁，可减轻后期纹枯病及杂草发生与为害。

②健身栽培技术。适时晒田，进行科学的肥水管理。分蘖末期至幼穗分化初期晒田，具体时期主要根据苗数决定，即“够苗晒田”，当全田总茎蘖数达到计划穗数时晒田，或者根据有效分蘖临界叶龄期晒田。施肥原则：适当减施氮肥，增施磷钾硅肥，避免重施、偏施氮肥。

③推行低茬收割，秸秆粉碎后还田，以降低螟虫残虫量。

④清洁田园，螟虫、细菌性病害重发田稻草，离田后综合利用。

3. 培育壮秧

①酸性氧化电解水浸种技术。能快速杀死附着在种子表面的病原微生物，促进种子发芽及幼苗生长，提高成苗率，缩短育秧周期，并减轻苗期病害发生频率。浸种前晒种 1 d，提高种子活力。浸泡工具以塑料桶为宜，当天生产当天使用，剩余的密封保存于深色塑料桶内，3 d 内用完。种、水比例为 1∶1.5～1∶1.2。浸泡后搅拌均匀，暗处静置数小时。早稻浸泡 12 h，中、晚稻浸泡 6 h。浸种结束后，进行常规的催芽和育秧流程。

②药剂拌种或浸种(包衣)防病虫技术。

机插秧、抛秧、旱育秧：27%噻虫・咯・霜灵悬浮种衣剂 400～600 mL，加水稀释至 1～2 L，搅拌包衣干谷稻种 100 kg，阴凉通风处，晾 2 h，充分吸收药液，然后直接播种苗盘或苗床，省工省力。

直播稻田：水稻稻种浸种 24～48 h，催芽露白后，将 27%噻虫・咯・霜灵悬浮种衣剂 400～600 mL，直接包衣稻种 100 kg，轻轻搅拌均匀后，放在阴凉通风处晾 2 h，充分吸收药液，直接播种。亦可按照同样的处理剂量，先包衣晾干后再浸种催芽。在拌种或浸种(包衣)的药剂选择上，也可采用咪鲜胺进行种子处理，预防恶苗病和稻瘟病；采用吡虫啉进行种子处理，预防秧苗期稻飞虱传播的南方水稻黑条矮缩病；采用赤・吲乙・芸薹、芸苔素内酯进行种子处理或苗期喷雾，提高秧苗素质和抗病性，培育无病虫壮秧。

4. 生物多样性控害技术

采用生态工程技术，在田埂、路边、沟边、机耕道旁种植芝麻、大豆、波斯菊、硫华菊、紫花苜蓿等显花植物，繁殖和保护寄生蜂、蜘蛛等天敌，提高稻田生物多样性。利用香根草引诱稻螟雌成虫产卵的特性防治稻螟。种植方法：3 月底至 4 月初，在稻田四周的田埂处种植香根草，每丛栽 3～4 蘖，丛距 3～5 m，行间距 50～60 m，施钙镁磷肥做底肥，在 7—8 月对香根草刈割、追肥。当植株生长过旺和入冬之前，可在近地面处刈割，次年开春后，会自然萌发生长。

7.1.2　物理防治措施

推广应用性诱剂诱杀技术和杀虫灯诱杀技术，降低害虫的虫源基数。

1. 性诱剂诱杀技术

在各代次二化螟和稻纵卷叶螟，尤其是越冬代二化螟始蛾期集中、连片使用性诱剂，通过群集诱杀或干扰交配来控制害虫基数。选用持效期 2 个月以上的诱芯和干式飞蛾诱捕器，平均每亩放置 1 个，放置高度以水稻分蘖期距地面 50 cm、穗期高于植株顶端 10 cm 为宜。

2. 杀虫灯诱杀技术

每 30～50 亩安装 1 盏频振式杀虫灯，杀虫灯底部距离地面 1.5 m，诱杀二化螟、稻纵卷叶螟、稻飞虱等害虫。4 月中旬到 10 月上旬在种植区域每天天黑至 24:00 开灯。

7.1.3 生物防治措施

推广应用生物农药防治病虫害技术、赤眼蜂寄生技术、稻田养鸭技术防治病虫害。

1. 生物农药防治虫害技术

防治二化螟选用苏云金杆菌、金龟子绿僵菌CQMa421、印楝素等；防治稻纵卷叶螟选用苏云金杆菌、金龟子绿僵菌CQMa421、短稳杆菌、甘蓝夜蛾核型多角体病毒、球孢白僵菌、稻纵卷叶螟颗粒体病毒等；防治稻飞虱选用金龟子绿僵菌CQMa421、球孢白僵菌、苦参碱等，于卵孵化始盛期施用。

2. 生物农药防治病害技术

防治稻瘟病采用枯草芽孢杆菌、春雷霉素、多抗霉素、申嗪霉素、井冈·蜡芽菌等；预防稻曲病采用井冈·蜡芽菌、井冈霉素A(选用24%高含量制剂)、申嗪霉素、蛇床子素等，并可兼治纹枯病，与芸苔素内酯或赤·吲乙·芸薹混用，可提高防病效果；预防病毒病选用宁南霉素。

3. 赤眼蜂寄生技术

于二化螟越冬代蛾高峰期和稻纵卷叶螟迁入代蛾高峰期开始释放稻螟赤眼蜂，每代放蜂2～3次，间隔3～5 d，每亩均匀放置5～8个点，每次放蜂量8 000～10 000头/亩。高温季节宜在傍晚放蜂，蜂卡放置高度以分蘖期高于植株顶端5～20 cm、穗期低于植株顶端5～10 cm为宜。

4. 稻田养鸭技术

水稻分蘖初期，将15～20 d的雏鸭放入稻田，每亩放鸭12～15只，水稻齐穗时收鸭。通过鸭子的取食活动，减轻纹枯病、稻飞虱、福寿螺和杂草等病虫草的发生与为害。

7.1.4 化学防治措施

推行统防统治，减少盲目打药、施药次数；推广先进、高效的施药器械，提高农药的利用率；推广应用有效成分含量低、毒性低、残留量低的化学农药防治病虫害，降低化学农药使用量。

1. 送嫁药技术

送嫁药技术适合用于抛秧、机插和大田移栽前秧田处理，主攻目标是水稻稻瘟病、螟虫等病虫害，通过治小田保大田，可大幅度减少施药，降低用工成本，有利于农药减量增效，保护田间天敌。

秧田移栽前2～3 d进行秧田用药，药剂要广谱、高效、持效期长、渗透性好、安全性高，预防虫害还需加入具有杀卵作用的杀虫剂。预防稻瘟病可选用三环唑或春雷霉素等。主防二化螟可选择氯虫苯甲酰胺、四氯虫酰胺、阿维菌素·杀虫单、阿维菌素+虱螨脲，杀虫单、虱螨脲有杀卵作用。水稻根结线虫病发生田，移栽前药剂浸根处理，可选用噻唑膦、氟吡菌酰胺、淡紫拟青霉等。防治稻蓟马可用噻虫嗪。防治稻飞虱及水稻南方黑条矮缩病可用吡蚜酮加宁南霉素。确保喷雾的质量，要保证每一株秧苗都能够均匀着药。使用"送嫁药"的同时可根据秧苗生长情况加入适量的尿素、磷酸二氢钾、芸苔素内酯等，促进稻叶转绿和根系发生，利于秧苗生根活棵，及早恢复生长和分蘖。

2. 分蘖至孕穗期防治

分蘖至孕穗期，以防治螟虫为重点，兼治纹枯病和稻飞虱等其他病虫害。

(1)二化螟　实行达标施药防治，分蘖期于枯鞘丛率达到8%～10%或枯鞘株率3%时施药。5月中下旬防治第一代二化螟，可在中稻和晚稻栽后半个月，对枯鞘严重的田块喷药1次。

(2)稻飞虱　采取“治前控后”的防治策略，中稻实施“压三控四”、晚稻实施“压四控五”的防治对策，重点防治褐飞虱和白背飞虱，即中稻7月下旬至8月中旬防治第三代，8月下旬至9月中旬适时防治第四代；晚稻则8月下旬至9月中旬防治第四代，9月下旬以后适时防治第五代。应急控害重点在水稻生长中后期，对孕穗期百丛虫量1 000头的稻田施药。

(3)纹枯病　坚持“以防为主”原则，发生初期提早防病，对水稻分蘖末期病株率达3%，或拔节到孕穗期病株率达10%的田块用药防治。

(4)稻纵卷叶螟　防治适期为幼虫卵孵期(田间出现新卷叶尖时)。防治指标：水稻分蘖期至孕穗期，每百丛束叶小苞数40～50个；孕穗期至抽穗期，每百丛束叶小苞数30～40个。

(5)稻瘟病　防治叶瘟，在田间初见病斑时施药。发现叶瘟发病中心或急性病斑，要及时加药混合防治。

3. 破口抽穗初期防治

破口抽穗初期，要混合用药保穗，重点防治穗瘟、稻曲病和螟虫，同时兼治纹枯病、卷叶螟和稻飞虱。预防穗瘟、稻曲病要实行分类防治，做到达标一块用药一块。如果破口阶段遇连续低温阴雨天气，在第1次用药后5～7 d用第2次药。

(1)穗瘟　预防穗瘟，在破口抽穗初期施药，在齐穗期间，气候适宜、病害流行时，隔7 d第2次施药。

(2)稻曲病　在水稻破口前7～10 d(10%水稻剑叶叶枕与倒二叶叶枕齐平时)施药预防，如遇多雨天气，7 d后第2次施药。可兼治纹枯病和穗腐病。

(3)二化螟　实行达标施药防治，在穗期于卵孵化高峰期施药，重点防治上代残虫量大、当代螟卵盛孵期与水稻破口抽穗期相吻合的稻田。

(4)稻飞虱　实行达标施药防治，对百丛虫量1 500头以上的稻田施药。

(5)稻纵卷叶螟　实行达标施药防治，对每百丛束叶小苞数30～40个的稻田施药。

4. 化学农药技术

(1)稻飞虱　可选用醚菊酯、烯啶虫胺、吡蚜酮、呋虫胺、氟啶虫酰胺、三氟苯嘧啶等。

(2)二化螟　可选用甲氧虫酰肼、氯虫苯甲酰胺、乙基多杀菌素等。

(3)稻纵卷叶螟　可选用四氯虫酰胺、茚虫威、多杀霉素、氯虫苯甲酰胺等。

(4)稻瘟病　可选用三环唑、丙硫唑、咪铜·氟环唑、肟菌·戊唑醇、吡唑醚菌酯、嘧菌酯等。

(5)稻曲病和穗腐病　可选用氟环唑、咪铜·氟环唑、苯甲·丙环唑、肟菌酯·戊唑醇等。

(6)纹枯病　可选用醚菌·氟环唑、戊唑·嘧菌酯、噻呋·戊唑醇、噻呋酰胺、苯甲丙环唑等。

(7)病毒病　可选用宁南霉素、大黄素甲醚、毒氟磷等药剂。

(8)细菌性病害　可选用三氯异氰尿酸、氯溴异氰尿酸、噻霉酮等药剂。

(9)水稻扬花期慎用新烟碱类杀虫剂，减少对授粉昆虫的影响。

7.2 小麦病虫害综合防治

受春季连续低温降雨天气影响，小麦病虫害发生的形势是病害(二维码 7-3)重于虫害(二维码 7-4)，所以防治要以赤霉病、条锈病为主，兼治纹枯病、白粉病、麦蚜、麦圆蜘蛛，同时要关注孢囊线虫病、全蚀病、根部病害和黏虫。以湖北为例，小麦病虫害防治的主攻对象分别是：鄂西北、鄂西南、江汉平原地区以赤霉病、条锈病、纹枯病、白粉病、麦蚜为重点，兼治麦红蜘蛛，其中，鄂西北地区同时要关注孢囊线虫病、全蚀病、根部病害和黏虫；鄂东、鄂东南、鄂东北以小麦赤霉病、纹枯病、白粉病、蚜虫、麦蜘蛛等病虫害为主，兼治条锈病。

二维码 7-3　小麦病害

二维码 7-4　小麦虫害

小麦病虫害防治坚持“预防为主，综合防治”的植保方针，科学运用农业、物理、生物、化学等综合防治措施，有效控制小麦病虫为害，确保农产品质量安全，保护农业生态安全，促进农业可持续发展，为小麦稳产丰收保驾护航。

7.2.1 种植抗(耐)病虫品种

条锈病常发区，应在常年早发重发区域种植华麦 1168、鄂麦 DH16、鄂麦 006、鄂麦 572、鄂麦 18 号、鄂麦 596、襄麦 25、襄麦 55、绵杂麦 168、绵麦 37、川麦 42、川农 18、西科麦 2 号、周麦 17、豫麦 34、豫麦 49、郑麦 103、新麦 19、西农 979、小偃 6 号、偃丰 21 等抗锈、耐锈品种。

鄂麦 006、鄂麦 572、辐麦 368、鄂麦 170、鄂麦 580、襄麦 35、郑麦 9023 等耐条锈病、耐赤霉病品种，适合鄂西北地区条锈病常发区种植。

太空 6 号、中育 6 号、新麦 11 等品种对胞囊线虫病具有一定抗性，适合在鄂西北局部地方胞囊线虫病常年早发重发区域种植。

7.2.2 农业防治措施

播种期落实好农业防治措施是控制或延缓病虫发生、为害的重要措施，主要包括以下几方面：

①赤霉病、根腐病、茎基腐病以及其他土传病害发生区推行精细整地、尽量深耕，将玉米秸秆埋于土壤中，减少病菌基数。有条件的地区提倡秸秆回收利用，降低菌源基数，减轻抽穗扬花期防治压力。

②胞囊线虫病严重发生区域田块，要重点推广播种后和秋苗期镇压控病、及时灌溉等措施，力争一播全苗、壮苗，增强植株抗病虫能力。

③小麦条锈病常发区要用人工铲除和喷施除草剂的方法清除杂草。

④播种时期根据墒情，采取适期晚播，减轻苗期条锈病的侵染，减轻苗期发病，降低秋苗菌源基数。

⑤合理换茬轮作，在赤霉病重发区，如江汉平原、鄂东南等地区，禾本科作物与其他作物(油菜等)换茬轮作，以减轻小麦赤霉病、纹枯病等病害的发生。

7.2.3　药剂拌种

小麦秋播药剂拌种或种子包衣处理是预防和控制土传、种传、气传和苗期病虫害发生、为害的关键措施。

小麦以条锈病、黑穗病和地下害虫为防治对象，兼治根腐病、全蚀病、纹枯病、蚜虫等病虫。“杀菌剂＋杀虫剂＋调节剂/菌剂/微肥”的组合最科学，但在农药成分上，尤其是杀菌剂成分，应根据当地小麦病害的种类来选择。各类病虫害应选择的农药成分选择如下：

①条锈病。可选用戊唑醇、三唑酮、枯草芽孢杆菌。

②根腐病。可选用苯醚甲环唑、咯菌腈、福美双、嘧菌酯、戊唑醇。

③纹枯病。可选用苯醚甲环唑、咯菌腈、戊唑醇、嘧菌酯、多粘类芽孢杆菌、枯草芽孢杆菌。

④黑穗病。可选用苯醚甲环唑、咯菌腈、福美双、戊唑醇、萎锈灵。

⑤全蚀病。可选用硅噻菌胺、苯醚甲环唑。

⑥茎基腐病。可选用戊唑醇、苯醚甲环唑、多粘类芽孢杆菌。

⑦地下害虫及蚜虫。可选用噻虫嗪、吡虫啉、绿僵菌。

拌种时可以加入芸苔素内酯、碧护（0.136％赤・吲乙・芸薹 WP）、海岛素（氨基寡糖素），以增强小麦的抗病性和抗逆能力。

鄂西北旱地是条锈病冬繁区，也是全蚀病、根腐病、胞囊线虫病等土传和种传病害重发区，同时结合蚜虫、地下害虫的防治，选用相应的杀菌剂、杀虫剂进行复配，然后进行包衣或拌种。推行选用戊唑醇/苯醚甲环唑＋咯菌腈/硅噻菌胺＋吡虫啉/噻虫嗪/辛硫磷等进行包衣或拌种。复配拌种时，有效成分应与单剂剂量大致相同。也可选用复配制剂直接拌种，如戊唑・吡虫啉、苯醚・咯・噻虫、烯肟・苯・噻虫等。

江汉平原、鄂东南等地是赤霉病、纹枯病、白粉病、蚜虫等病虫害的重发区，重点推荐戊唑醇/苯醚甲环唑＋吡虫啉/噻虫嗪进行拌种或包衣。拌种时要严格按照产品说明书使用药剂。

有条件的地区推行绿色防治技术，采取以科微康（多粘类芽孢杆菌）、枯草芽孢杆菌为主的微生物杀菌剂，和白僵菌、绿僵菌等微生物杀虫剂，防治土传、种传病害和地下害虫。

同时，可加入碧护、芸苔素内酯、海岛素等植物免疫诱抗剂进行拌种或土壤处理，可以促进小麦根系发育，提高小麦抗逆性（抗冻、抗病、抗旱、抗涝等），从而提高作物抗病虫能力，达到农药减量、控害、增产的目的。

7.2.4　秋冬苗病虫害防治

秋冬苗病虫害防治主要采取秋冬季挑治，重点监控小麦条锈病。鄂西北麦区是小麦条锈病冬繁区，发现田间单片病叶时，应以病点为中心及时对病点 2 m 区域喷药防治；发现单个发病中心时，及时对周围 20 m 区域喷药防治。

采取“带药侦察，打点保面”“发现一片，防治一面”的预防措施，及时控制条锈病发病中心，可选用酸性氧化电解水、枯草芽孢杆菌、三唑类杀菌剂喷雾防治。

纹枯病、白粉病，在苗期要加强监测，达标开展防治，防治药剂可选用井冈霉素、枯草芽孢杆菌、戊唑醇、己唑醇等。

早期有翅蚜虫可用黄板诱杀，也可选用生物农药金龟子绿僵菌或吡虫啉、吡蚜酮等高效、低毒杀虫剂喷雾防治。

7.2.5 春季统防统治

在发病初期或轻发生时，尽量选择生物农药井冈·蜡芽菌、枯草芽孢杆菌等防治；在重发时，选择化学农药防治，尽量选择单剂。

1. 小麦返青拔节期

下述重病田隔 7～10 d 再防治 1 次。几种病虫同时发生时，优先选用有兼治作用的药剂，并根据需要混配，实行"一喷多防"。推荐使用先进的植保机械，如自走式长杆喷雾机、低空无人机等开展统防统治。

①当条锈病发病中心出现明显扩散，田间条锈病平均病叶率达到 0.5%时，可选用戊唑醇、氟环唑、烯唑醇等三唑类杀菌剂防治。

②当白粉病茎病率在 15%～20%或病叶率达到 5%～10%时，可选用大黄素甲醚、嘧啶核苷、硝苯菌脂、丙硫菌唑、叶菌唑、奎氧灵等药剂，及时开展大面积统防统治。

③当田间纹枯病病株率达到 10%时，可选用井冈霉素、井冈·蜡芽菌、枯草芽孢杆菌等生物药剂对植株中下部进行均匀喷雾防治。

④当红蜘蛛平均 33 cm 单行 200 头以上时，可选用阿维菌素、联苯菊酯、哒螨灵进行喷雾防治。

2. 抽穗扬花期

重点防治对象是赤霉病，同时兼治条锈病、白粉病、蚜虫等。遇有阴雨、露水和多雾天气且持续 2 d 以上时，对赤霉病采取统防统治的方式，对小麦实施"一喷多防"。

预防小麦赤霉病，全面落实"见花打药"预防措施，施药后如遇连续阴雨、长时间结露等适宜病害流行的天气，应在第 1 次用药后 5～7 d 进行第 2 次防治。在对多菌灵产生抗药性的地区，可选用氰烯菌酯、丙硫菌唑、氟唑菌酰羟胺、戊唑醇、咪鲜胺等用量少、防效好的高效药剂及其复配制剂防治，以提高预防、控制的效果，降低呕吐毒素污染风险，同时兼治其他病虫害，如锈病、白粉病、蚜虫等，做到扬花一块，防治一块。

防治药剂根据病害发生程度进行合理选择。

①小麦赤霉病、条锈病等病害发生轻的年份，尤其是鄂西北旱地麦区，可选择多粘类芽孢杆菌、枯草芽孢杆菌、申嗪霉素、四霉素等防治 1 次。

②小麦赤霉病、条锈病等病害发生中等的年份，可选择多粘类芽孢杆菌、枯草芽孢杆菌、申嗪霉素、四霉素等防治 2 次，或选用丙唑·戊唑醇、氟唑菌酰羟胺、氰烯菌酯、咪铜·氟环唑等高效低毒化学农药防治 1 次。

③小麦赤霉病、条锈病等病害发生中等偏重的年份，可选择多粘类芽孢杆菌、枯草芽孢杆菌、申嗪霉素、四霉素防治 1 次，隔 5～7 d，选择其他有兼治作用的化学药剂再防治 1 次，如丙唑·戊唑醇、氟唑菌酰羟胺、咪鲜胺·戊唑醇、氰烯·戊唑醇等。

④小麦赤霉病、条锈病等病害大发生年份，选用丙唑·戊唑醇、氟唑菌酰羟胺、咪铜·氟环唑、氰烯·戊唑醇等防治 2 次。

防治计量按照产品说明书使用。该时期最好选择先进的植保机械，如自走式喷杆喷雾机、低空无人机等开展统防统治。

在小麦齐穗至扬花初期，赤霉病高感品种的首次施药时间可适当提前。若施药后 3～6 h

内遇雨，雨后应及时补治。如遇持续阴雨，在第 1 次防治结束后，5～7 d 后进行第 2 次防治。

在穗期，当百株蚜虫量达 800 头以上，益害比低于 1：150 时，防治赤霉病可增加相应药剂，如金龟子绿僵菌 CQMa421、吡虫啉等一起喷雾防治，达到“一喷多防”的目的。

在小麦赤霉病等病虫害发生不重的年份（中等以下），在喷施农药时加入激健、麦霸等助剂，可以减少化学农药的使用量 30%。但在小麦赤霉病等病虫害大发生的年份（中等偏重以上），在防治时即使添加激健、麦霸等助剂，也仅是提高小麦防治效果，不能减少农药使用量。

在小麦成熟后，要根据天气情况及时收获，防止因雨未及时收获而造成穗发芽和霉变。收获后要及时晾晒或烘干，防止赤霉病麦粒上病原菌进一步产生毒素为害。

7.2.6　免疫诱抗

应用海岛素、芸苔素内酯、碧护等植物免疫诱抗剂或植物生长调节剂在分蘖期、拔节期、孕穗期喷施，能增强植株的抗病和抗逆能力，提高产量。

7.3　玉米病虫害综合防治

受耕作栽培制度、品种更新、气候变暖等因素影响，玉米病虫害发生呈现逐年加重的趋势，虫害重于病害，草地贪夜蛾、玉米螟、黏虫、玉米蚜虫、南方锈病、纹枯病、大斑病等病虫发生程度重。其中，玉米螟造成的损失最大，草地贪夜蛾是玉米常发性害虫，黏虫暴发频率增加，桃蛀螟、棉铃虫为害加重，发生区域不断扩大，地下害虫为害程度持续加重，灰斑病、小斑病等病害风险较大。

玉米病虫害防治按照因地制宜、分区施策的原则，针对玉米不同种植区域和生育期的重点病虫害，以绿色防治技术为支撑，大力推进专业化统防统治与绿色防治融合。实施秸秆粉碎还田、选用抗耐病虫品种，实施种子处理、苗期病虫害防治、赤眼蜂防螟和中后期病虫防治技术，实现节本增效，保障玉米生产安全。例如，湖北省地处我国中部，重点防治草地贪夜蛾、玉米螟、黏虫、玉米蚜虫、南方锈病、纹枯病、大斑病，密切关注地下害虫、桃蛀螟、灰斑病、小斑病。

7.3.1　农业防治措施

①选用抗（耐）病虫品种，合理密植，进行科学水肥管理。根据当时病虫害发生情况，针对性选择抗性品种，特别是根腐病、丝黑穗病、茎腐病、纹枯病等病害，要选用健康、优质的种子。

②采取秸秆综合利用、粉碎还田、深耕土壤、播前灭茬等措施，降低病虫源基数。针对草地贪夜蛾、玉米螟、黏虫、棉铃虫、桃蛀螟等蛀食性害虫，实行秸秆粉碎还田，降低虫源基数。针对二点委夜蛾，实行深耕冬闲田，播前灭茬或清茬，清除玉米播种沟上的覆盖物，或在播种机上配置清垄器，播种时直接清除播种沟上的覆盖物。

7.3.2　种子处理技术

根据地下害虫、土传病害和苗期病虫害种类，选择适宜的种衣剂实施种子统一包衣，预防控制地下害虫、蓟马、蚜虫、灰飞虱、甜菜夜蛾和草地贪夜蛾等苗期虫害，以及根腐病、茎腐病等土传病害。

①对于地下害虫及蓟马、蚜虫、灰飞虱、甜菜夜蛾、黏虫、棉铃虫等苗期害虫，选用含有噻虫嗪、吡虫啉、氯虫苯甲酰胺、溴氰虫酰胺等成分的种衣剂进行种子包衣。蚜虫常年发生重的地区，利用噻虫嗪种衣剂包衣，对后期玉米蚜虫具有很好的防控作用。

②对于玉米纹枯病，选用含有噻呋酰胺的种子处理剂进行拌种或包衣。

③对于根腐病、丝黑穗病和茎腐病等土传病害，选用包含咯菌腈·精甲霜、苯醚甲环唑、吡唑醚菌酯或戊唑醇等成分的种衣剂进行种子包衣。

7.3.3 理化诱控

①性诱剂。在草地贪夜蛾、玉米螟等鳞翅目害虫成虫羽化前，在田间布置性诱捕器，按每亩 1 只的密度，布局上按照外围密度高、内圈和中心位置密度适当降低进行设置。诱捕器距离地面 1.5 m 左右。性信息素诱杀技术应大面积连片应用，不能将不同害虫的诱芯置于同一诱捕器内。

②杀虫灯。在草地贪夜蛾、玉米螟、黏虫、棉铃虫等多种鳞翅目害虫成虫的羽化期，使用杀虫灯诱杀。按照每盏灯间隔 100 m 的距离进行安装，开灯时间为 20:00 至次日 4:00。注意，要在害虫成虫羽化高峰期和夜间活跃时段使用杀虫灯，加强对天敌的保护，保护好田间生态。

③食诱剂。将配制好的草地贪夜蛾生物食诱剂药液加入专用诱捕器中，诱捕器离地 1.2～1.5 m 高，均匀悬挂于田间，每亩悬挂 1～3 个，诱杀成虫。也可进行茎叶处理，通过飞防、机械喷漆或人工滴洒将药液施入田间，每行条带滴洒 10～20 m 长度，滴洒的条带相互间隔约 50～100 m。

④其他。用糖醋液或谷草把诱集黏虫成虫，可用鲜马粪诱捕蝼蛄，然后进行统一灭杀；将鲜嫩的青草或菜叶切碎，用辛硫磷喷洒在切好的草料上，拌匀后于傍晚分成小堆放置田间，诱杀地老虎幼虫；用炒好的谷子、谷糠等制成毒饵，于苗期撒施田间，诱杀金针虫和蝼蛄等地下害虫。

7.3.4 白僵菌封垛灭螟

北方玉米产区在越冬代玉米螟化蛹前 15～20 d，进行白僵菌封垛。4 月中旬开始，每天对玉米秸秆垛进行检查，发现有越冬幼虫爬出洞口开始活动，即可进行封垛。在玉米秸秆垛的茬口侧面，用木棍向垛内捣洞 20 cm，启动机器将喷管插入洞内，加大油门进行喷粉，待对面冒出白烟为止，再喷其他位置，直到全垛喷完为止，做到喷透、喷好、不漏垛。

7.3.5 赤眼蜂防虫技术

在草地贪夜蛾、玉米螟、棉铃虫、桃蛀螟等害虫产卵初期至卵盛期，选用当地优势蜂种，每亩放蜂 1.5 万～2 万头，每亩设置 3～5 个释放点，分 2 次、间隔 7 d 统一释放灭卵。

7.3.6 科学用药

1. 选用生物农药

草地贪夜蛾、玉米螟、棉铃虫、桃蛀螟等鳞翅目害虫幼虫期优先选用苏云金杆菌、球孢白僵菌、甘蓝夜蛾核型多角体病毒、金龟子绿僵菌等生物农药。纹枯病和大、小斑病可选用枯草芽孢杆菌、24%井冈霉素A防治。

生物农药应适当提前施用，以确保防效。施药宜在清晨或傍晚，用水量要足，施药部位要精准。

2. 苗期病虫害防治技术

①玉米根腐病。发病后加强栽培管理，喷施叶面肥，湿度大的地块中耕散湿，促进根系生长发育，严重地块可选用代森锰锌、霜脲氰、甲霜灵等药剂喷施玉米苗基部或灌施根部。

②玉米顶腐病。在发病初期可选用多菌灵、代森锰锌、菌毒清、农用链霉素等药剂对心喷雾，扭曲心叶需用刀纵向剖开。

③苗期黏虫、蓟马、灰飞虱、甜菜夜蛾、棉铃虫。选用适宜的杀虫剂喷雾防治。

3. 中后期病虫害绿色防治技术

心叶末期，统一喷洒苏云金杆菌、球孢白僵菌等生物制剂防治玉米螟、棉铃虫和草地贪夜蛾。根据叶斑病、玉米螟、棉铃虫、蚜虫等病虫害发生情况，合理使用杀虫剂和杀菌剂，控制后期病虫为害。宜使用高秆作物喷雾机和航化作业提升防治效率和效果。注重农药的交替使用、轮换使用、安全使用，延缓抗药性的产生。

虫害防治：

①草地贪夜蛾、玉米螟、黏虫、棉铃虫、桃蛀螟等蛀食性害虫。心叶期幼虫低龄阶段优先选用苏云金杆菌、球孢白僵菌、甘蓝夜蛾核型多角体病毒、金龟子绿僵菌等生物农药，或选用四氯虫酰胺、氯虫苯甲酰胺等酰胺类药剂，甲氨基阿维菌素苯甲酸盐、乙基多杀菌素、茚虫威等杀虫剂喷雾防治。抓住低龄幼虫防治最佳时期，实施统防统治和联防联控。

②玉米蚜虫。玉米抽雄期，蚜虫盛发初期喷施噻虫嗪、吡虫啉、吡蚜酮等药剂。

③玉米叶螨。点片发生时，选用哒螨灵、噻螨酮、克螨特、阿维菌素等，重点喷洒田块周边玉米中下部叶背及地头杂草。

④双斑长跗萤叶甲。在玉米吐丝授粉期，花丝上平均单穗超过5头时就要进行防治，选用吡虫啉、噻虫嗪、高效氯氟氰菊酯、氯氰菊酯等杀虫剂喷施，直接将药液喷在果穗花丝上。喷药时间选在10:00前和17:00后。

⑤二点委夜蛾。可选用氯虫苯甲酰胺、甲氨基阿维菌素苯甲酸盐等，可采用喷雾、毒饵诱杀或撒毒土等方式。

病害防治：

①玉米叶斑类病害。在玉米心叶末期，选用枯草芽孢杆菌、井冈霉素A、苯醚甲环唑、丁香菌酯、吡唑醚菌酯、丙环·嘧菌酯等杀菌剂喷施，视发病情况隔7～10 d再喷施1次。褐斑病重发区，在玉米8～10叶期用药防治。

②玉米纹枯病。发病初期，剥除茎基部发病叶鞘，喷施井冈霉素A等杀菌剂，视发病情况隔7～10 d再喷施1次。

7.4 葡萄病虫害综合防治

二维码 7-5 葡萄病害

二维码 7-6 葡萄虫害

葡萄在我国的栽培历史非常悠久，它的品种众多，栽培范围广泛。葡萄不仅可以鲜食，还可以酿制成葡萄酒，深受消费者的欢迎。随着规模种植面积不断扩大，病虫为害的威胁也不断增加。葡萄病虫害的发生形势是病害重于虫害，霜霉病是葡萄上最重要的病害，其他比较重要的病害有灰霉病、白腐病、黑痘病、炭疽病、白粉病、溃疡病等，见二维码7-5；虫害主要有绿盲蝽、叶蝉、葡萄透翅蛾、蓟马、害螨、介壳虫等，见二维码 7-6。

葡萄病虫害防治要遵循“预防为主，综合防治”的植保方针，以健身栽培技术为基础，采取良好的生态治理、农业防治、生物控制、物理诱杀等综合防治措施，增强生物多样性，保护和利用天敌，选用高效、低毒农药，应用先进的施药器械和科学的施药技术，最大限度地减少化学农药的使用，保障生产安全、环境安全和生态安全。防治早期可通过非化学防治措施降低田间病虫基数，减轻后期防治压力。

7.4.1 农业防治措施

(1)避雨栽培　为有效防止葡萄病害的发生，在葡萄种植区建造避雨棚，形成独特小气候条件，使葡萄在生长和开花结果期不受雨水影响。避雨设施栽培可有效降低园内湿度，避免霜霉病、灰霉病、黑痘病等病害的发生或减轻发生程度。

(2)增施有机肥　在葡萄果实采收后，尽早挖沟施入充分腐熟的有机肥。葡萄生长期用腐熟的鸡粪、食用菌菌渣等开沟追肥，对增强树势、提高树体抗病能力有很好的促进作用。

(3)土壤耕翻　结合秋冬季施肥，对土壤表层进行耕翻，耕翻深度为 15～20 cm，靠近根基部的 10～15 cm。通过耕翻，可以将土壤内部的病原菌和落地越冬的虫害暴露于表层，利用紫外线、低温、生物等进行杀灭。耕翻应当在果园清理后到土壤封冻前完成。

(4)清洁田园　葡萄生长季节，及时清除枯枝叶和病果叶，保持果园清洁。选择晴天整理树势、及时剪除病虫枝蔓与病果、修剪枯老枝蔓，修剪口应使用广谱性杀菌类药物涂抹防护，修剪后对果园进行彻底清理。修剪后彻底清扫枯枝落叶，并清除挂在架面上的枝蔓，集中销毁以减少菌源。加强秋冬季清园管理，剥去老树皮，主干涂白，将枯残枝、叶、果和剪掉的枝条带出果园外集中处理，或采用枝条粉碎机进行粉碎，减少果园内越冬病虫基数。

(5)合理整枝　严格限制果枝留量，在架面分布均匀，形成合理的结果带，适当提高结果部位(距地面 50 cm 以内不留果枝)，形成通风带。同时注意夏季修剪，及时绑蔓、摘心、去副梢、摘老叶，保持树体通风透光，枝蔓不郁闭，减轻病害程度。标准化管理，适期疏花疏果，保持合理叶果比，加强水肥管理，雨后及时排水降渍，增强植株抗病、抗逆能力。

(6)排水降渍　地势低洼、地下水位高的葡萄园，必须起垄栽培，垄高 20～30 cm，沟深 40～50 cm，做到沟沟相通，有利于排水。

7.4.2 诱杀技术

(1)杀虫灯诱杀　在金龟子、夜蛾类害虫、葡萄透翅蛾等发生较重的果园，利用害虫的趋光性，于葡萄转色期始在夜晚开灯诱杀，每 20～30 亩悬挂 1 盏灯，灯距约 120 m。从 4 月初越冬代或一代成虫活跃初期至 10 月底入冬前使用，优先选择智能风吸式太阳能杀虫灯，在捕杀鳞翅目害虫的同时更好地保护天敌。杀虫灯宜安装在果园的制高点和外围，此外，要及时处理灯里的死虫。

(2)性诱剂诱杀　从 4 月份开始悬挂绿盲蝽、葡萄透翅蛾、桔小实蝇等性诱产品，每亩悬挂 2～3 个，每月定期更换诱芯，以减少园内虫量。

(3)色板诱杀　从 4 月底开始，每亩悬挂 20～30 张黄板、10～20 张蓝板，用于诱杀蚜虫、葡萄透翅蛾、小绿叶蝉、蓟马等害虫，虫量多时要及时更换色板。

(4)食诱剂诱杀　有果蝇发生的果园，在果实采收前 1 周使用装有引诱剂的诱捕桶，每亩悬挂 1 个。

7.4.3 生物、物理防治措施

(1)生草栽培　实行果园生草栽培，吸引天敌。在葡萄园行间或全园长期种植多年生植物，改良土壤结构，提高土壤有机质含量，保肥、保水、抗旱，防止水土流失，改善葡萄园生态环境，为天敌提供良好的生长环境，为病虫害的生物防治和绿色果品生产创造条件。在选择葡萄园生草种类时，一般应选用与葡萄树体争水、争肥矛盾小，对葡萄郁闭程度低且不易感染病虫害，能吸引或适于葡萄害虫天敌寄宿，耐阴性和耐践踏性强，有一定产草量且覆盖率高的草种。

(2)释放捕食螨　通过在果园释放生物天敌捕食螨，控制葡萄害螨的发生与为害。3～9 月份，在平均每叶虫卵量少于 2 头时可使用本措施，但在害螨发生严重的果园，要在药剂清园 15 d 后再释放。

(3)覆膜控草　为减轻霜霉病、黑痘病的为害，在果园局部覆盖地膜或园艺地布，实行膜下暗灌控湿，降低大棚内空气相对湿度，同时抑制田间杂草过度生长。

(4)果实套袋　为有效控制黑痘病、炭疽病、白腐病、灰霉病等葡萄果实期病害，在果实坐果稳定，及整穗、疏果结束后，全园喷施 1 次保护性杀菌剂，重点喷施果穗，待药液晾干后开始套袋，减少病虫害对果实的侵染机会。

(5)应用防鸟网或网袋　在棚栽葡萄棚四周安装防鸟网。在金龟子、夜蛾类害虫为害严重区域，安装孔径在 20～80 目的防虫网，同时在出入口和通风口加装一层防虫网。

7.4.4 化学防治措施

抓住葡萄生长关键物候期用药，提前预防保护，优化药剂结构，提高化学防治效果。

1. 主要防治对象

(1)避雨栽培　白粉病、炭疽病、穗轴褐枯病、绿盲蝽、害螨、蓟马、叶蝉、蜡蝉。

(2)露地栽培　霜霉病、灰霉病、黑痘病、炭疽病、绿盲蝽、蓟马。

2. 关键物候期的化学防控

(1)绒球期　喷施 3～5 波美度石硫合剂 1 次。石硫合剂在葡萄幼嫩组织上易产生药害，因此在葡萄的生长季节和花果期慎用。

(2)萌芽展叶期　主要针对霜霉病、灰霉病、蚜虫等病虫害，露地葡萄防治 2～3 次；避雨设施葡萄防治 1 次。优先选用生物农药，灰霉病可选用苦参碱等；炭疽病可选用苦参碱、多抗霉素等；霜霉病可选用丁子香酚等。

可选用吡唑醚菌酯、烯酰吗啉、咪鲜胺、氟吡菌酰胺、环酰菌胺、咯菌腈、啶酰菌胺、代森联、福美双等杀菌剂及复配剂；氟啶虫胺腈、噻虫嗪、螺虫乙酯、高效氟氯氰菊酯、阿维菌素等杀虫剂及复配剂。有条件的果园可选用哈茨木霉菌、苦参碱、丁子香酚、苦皮藤素、金龟子绿僵菌等生物药剂。

(3)花期　主要针对灰霉病、黑痘病、蚜虫、绿盲蝽、红蜘蛛等病虫害，露地葡萄花前、花后各防治 1 次；避雨设施葡萄可采用免疫诱抗剂＋化学药剂来预防病虫害发生。

可选用吡唑醚菌酯、烯酰吗啉、咪鲜胺、氟吡菌酰胺、环酰菌胺、咯菌腈、啶酰菌胺、代森联、福美双等杀菌剂及复配剂；氟啶虫胺腈、噻虫嗪、螺虫乙酯、高效氟氯氰菊酯、阿维菌素等杀虫剂及复配剂。

(4)幼果期(套袋前)　主要针对白粉病、炭疽病、绿盲蝽、叶蝉、蓟马等病虫害，露地葡萄防治 1～2 次；避雨设施葡萄防治 1 次。

可选用吡唑醚菌酯、苯醚甲环唑、啶酰菌胺、肟菌酯、氟唑菌酰羟胺、吡唑萘菌胺、蛇床子素、大黄素甲醚、枯草芽孢杆菌等杀菌剂及复配剂；氟啶虫胺腈、噻虫嗪、螺虫乙酯、高效氟氯氰菊酯、联苯肼酯、阿维菌素、苦参碱、苦皮藤素、金龟子绿僵菌、乙基多杀菌素等杀虫剂及复配剂。

(5)套袋后　避雨设施葡萄重点监测螨类害虫和叶蝉为害，必要时使用生物杀虫剂 1～2 次；露地葡萄视病虫害发生情况选用生物药剂。降雨前后重视霜霉病防治。

(6)采收后　施用 1 次杀菌剂，降低果园病原基数，可选用百菌清、甲基硫菌灵、代森锰锌、代森联、嘧菌酯、烯酰吗啉等药剂。休眠期，用 3～5 波美度石硫合剂清园 1 次，喷施所有植株、地面和周边杂草。

3. 主要病虫害防治方法

(1)霜霉病　在发病初期喷药防治，有效药剂为波尔多液、乙膦铝、霜脲锰锌、硫酸铜钙、嘧菌酯、氰霜唑、噁酮・锰锌、霜脲・锰锌、烯酰吗啉等。药剂轮换使用，避免病菌产生抗药性。

(2)灰霉病　葡萄开花前后和果实近成熟期是防治的关键时期，开花前 5～7 d 喷洒药剂，谢花后 2 d 开始喷洒第 2 次药剂，生物农药有苦参碱、木霉菌、解淀粉芽孢杆菌等；化学农药有异菌脲、嘧菌环胺、啶酰菌胺、腐霉利、唑醚・啶酰菌、吡唑醚菌酯等。

(3)炭疽病　在葡萄早春萌芽前，用石硫合剂喷洒枝蔓。葡萄谢花后 7～10 d 开始结合防治其他病害定期喷洒杀菌剂，15 d 左右 1 次，生物农药有苦参碱、木霉菌、多抗霉素、解淀粉芽孢杆菌等；化学农药有吡唑醚菌酯、苯醚甲环唑、氯氟醚菌唑、戊唑醇、甲基硫菌灵、波尔多液等。葡萄采收前 15 d 停止喷药。

(4)黑痘病　葡萄开花前、落花后是防治的关键时期，可选用啶氧菌酯、代森锰锌、苯醚甲环唑、烯唑醇、亚胺唑、氟硅唑、嘧菌酯等药剂喷雾防治。

(5)白腐病　在有伤口等适合白腐病发生时期，可选用代森锰锌、福美双、克菌・戊唑醇、苯甲・嘧菌酯、肟菌・戊唑醇、氟菌・肟菌酯、唑醚・代森联等药剂喷雾防治。

(6)白粉病　葡萄发芽前后和开花前后，是控制病害流行的关键时期，可选用蛇床子素、大黄素甲醚、嘧啶核苷类抗生素、多抗霉素、苯甲・吡唑酯、己唑醇、戊菌唑等药剂喷雾防治。

(7)穗轴褐枯病　在花序分离期、开花前、落花后 3 个时期施药防治，可选用多抗霉素、丙硫唑、代森锰锌、福美双、苯甲・氟酰胺、醚菌・啶酰菌等药剂喷雾防治。

(8)绿盲蝽　在葡萄早春萌芽时，葡萄树上喷施吡虫啉或苦皮藤素，消灭初孵若虫。葡萄开花前，树上均匀喷洒螺虫乙酯＋菊酯类药剂的混合液，同时喷洒地面杂草，可有效防治绿盲蝽对葡萄的为害。

7.5 梨树病虫害综合防治

梨是我国原产果树之一，栽培历史悠久、分布地区广泛。在梨树的生产和管理过程中，病虫害的发生和为害会直接造成减产，降低果品品质，病虫防治工作意义重大。当前，梨树病虫害主要以黑星病、黑斑病、锈病、轮纹病、梨小食心虫、蚜虫、梨木虱、梨茎蜂等为主，同时，桔小实蝇、红蜘蛛、金龟子、梨瘿蚊、腐烂病、早期落叶病、炭疽病等病虫害发生也较为严重。常见梨树虫害见二维码 7-7。

二维码 7-7 梨树虫害

梨树病虫害防治工作要落实“预防为主，综合防治”的植保方针，以农业和物理防治为基础，以保护、利用天敌，维护果园生态平衡为出发点，积极推行绿色防治五大技术：基数控制、免疫提高、害虫诱杀、安全药剂防治和高效施药器械，使病虫害得到有效控制，提高果品品质，保护果园生态。

7.5.1 农业防治措施

合理修剪，加强间伐，保持树冠通风、透光良好，合理负载，保持树体健壮，进行科学的肥水管理，加强栽培管理，增施有机肥，增强树势，提高树体自身抗病虫能力。

7.5.2 保护、利用天敌

实行果园生草栽培，吸引天敌。秋季种植油菜，春季进行果园清耕、翻青，适度留草或人工种草，草种有黑麦草、三叶草、紫花苜蓿、百喜草等；夏季种黄豆，在开花前用割草机将黄豆蔓割掉覆盖果园，即可抑制田间杂草，给天敌提供良好的生存环境，同时提高土壤有机质。尽量不用或少用广谱性杀虫剂，充分利用瓢虫、蚜茧蜂、虎甲、草蛉、蜘蛛等天敌。

7.5.3 诱杀技术

（1）杀虫灯诱杀　可利用害虫的趋光性诱杀梨小食心虫成虫、梨茎蜂成虫、梨木虱成虫等。在梨树萌发期开灯，到 9 月份采收期关灯。每 15～20 亩安装 1 盏频振式杀虫灯。

（2）黄板诱杀　在梨树花序分离期（3 月中旬）悬挂黄板，可有效诱杀梨茎蜂、蚜虫、梨瘿蚊、梨小食心虫、梨实蜂。密度为每 3～5 棵树悬挂 1 张，均匀分布，悬挂高度 1.5～1.8 m，黄板规格 20 cm×18 cm。根据黄板诱杀害虫情况及板面粘性及时更换黄板，一般 15～20 d 更换 1 次，至 4 月底结束。

（3）粘虫带诱杀　4 月中旬，将树干涂抹粘虫胶、粘虫带。在梨树主杆分叉处下面或大枝上涂抹粘虫胶或粘虫带，粘虫胶以 12～15 cm 宽为宜；粘虫带要扎紧，可以预防各种螨类、黄粉虫、康氏粉蚧等。8 月份开始在树干上捆绑粘虫带，把粘虫带绕树干一周，对接后用胶带或扎绳绑裹于树体分叉下面的 5～10 cm 处，绑扎时粘虫带接口必须对接严实，以防害虫从接口缝隙逃逸。粘虫带可以吸引螨类、食心虫类、梨木虱等，在春节前后取下带出果园集中烧毁。

(4)性诱剂诱杀　利用梨小食心虫性诱剂诱杀雄性成虫，破坏其雌、雄比例平衡，达到减少产卵、降低虫口基数的目的。每亩悬挂 6 个诱捕器，就能取得理想的防治效果。

7.5.4　果实套袋

给果实套袋一般在花后 40 d 进行，可有效防止病虫对果实的为害及农药残留。

7.5.5　及时清园

二维码 7-8　梨树病害

落花后，及时剪除梨茎蜂为害的枝条和梨黑星病病果、病梢，常见梨树病害见二维码 7-8。9 月中旬采收后，使用阿维菌素＋吡虫啉＋腈菌唑进行全园防治，降低越冬虫基数。在越冬休眠期，彻底剪除并清理果园内的枯枝、落叶及废旧套袋，结合修剪去除病虫枝，如腐烂病、梨茎蜂、蚱蝉、天牛等为害的枝条，刮除粗皮、老皮、翘皮，并集中烧毁或深埋 40～60 cm。在萌芽前喷施石硫合剂。在萌芽前后到开花前，刮除翘皮，结合春季修剪，剪除病虫枝，集中烧毁。可刮治腐烂病，要求病斑刮治彻底，达到木质部，剔除病斑时向外扩展 0.5～1 cm 正常树皮。病斑一般刮成“枣核形”，左右及上部刮成立茬，减少伤口与空气接触面，防止风干，下部刮成平茬，有利于排药水或雨水。促进愈合，可使用丁香菌酯、吡唑醚菌酯等具有促生作用的内吸性药剂。

7.5.6　化学防治措施

在病虫害防治的关键时期，使用高效、低毒、低残留农药，大力推广生物农药，减少用药次数，降低农药残留。

在采果结束后，喷施农药降低越冬病虫基数。在花序分离期、落花 80％时喷施农药，降低生长季节病虫基数。

防治梨木虱，在开花前 3～5 d 选用吡丙醚防治。

在落花 80％时，及时防治梨黑星病、梨木虱等病虫害，同时注意保果。防治梨黑星病、梨黑点病，可选用醚菌酯、吡唑醚菌酯、嘧菌酯等具有诱导作物产生抗逆性的药剂，在套袋前喷施 2～3 次。防治梨木虱、蚜虫，可选用噻虫嗪、螺虫乙酯、阿维菌素、吡蚜酮、吡虫啉等高效、低毒的药剂。

5 月上中旬(落花后 30 d)是一代梨木虱成虫和二代梨木虱卵的混发期，喷施 20％吡丙醚，可起到减少成虫产卵和降低卵孵化率的作用，同时兼治梨小食心虫。此外，对梨树病害可进行补治。

落花后，可通过性诱剂进行田间监测(梨小食心虫、桃小食心虫)，发现虫量出现高峰后要及时喷药防治，药剂可选用高效氯氟氰·氯虫苯甲酰胺、甲维·吡丙醚、甲维·氟铃脲等。

果实采收后要预防腐烂病。使用丁香菌酯涂抹梨树主杆或大枝夹角等腐烂病常发部位，或使用丁香菌酯＋有机硅助剂对上述部位进行喷雾。

7.5.7　免疫诱抗

免疫诱抗作用可预防花期冻害(花序分离期)，提高植物的抗病性(幼果期)，预防弱寄生菌

(黑头病)。并且,可以通过喷施壳寡糖、碧护、海藻酸等生长激素、植物激活蛋白、益微菌预防冻害、提高坐果率并增强作物抗逆性。

7.6　柑橘病虫害综合防治

二维码 7-9　柑橘虫害

二维码 7-10　柑橘病害

柑橘是湖北省第一大水果,全省柑橘面积 349 万亩,产量 510 万吨(2023 年 1 月 20 日),种类主要有蜜柑、脐橙、椪柑等。柑橘为常绿果树,生长期长,病虫害种类多,虫害主要有红蜘蛛、锈壁虱、柑橘大实蝇、潜叶蛾、吸果夜蛾、柑橘凤蝶、蚜虫、介壳虫、粉蚧、粉虱、花蕾蛆、恶性叶甲、潜叶甲、天牛、吉丁虫、金龟子等,常见柑橘虫害见二维码 7-9;病害主要有炭疽病、疮痂病、煤烟病、树脂病、砂皮病、根腐病、溃疡病等,常见柑橘病害见二维码 7-10。柑橘病虫害具有分布广、发生量大、为害重的特点,给柑橘生产造成严重威胁。

柑橘病虫害防治要以健身栽培技术为基础,综合运用农业防治、物理防治、生物防治等措施,选用高效、低毒、低残留、环境友好型农药进行防治。

7.6.1　农业防治措施

(1)控制橘园密度和树体大小　按照每亩不超过 60 株的数量种植,对树冠高大的柑橘树采取大枝修剪的办法,控制树冠高度在 2.5 m,改善橘园通风透光条件。

(2)科学施肥　大量施用充分腐熟的有机肥,氮、磷、钾合理搭配,及时补充中微量元素,增强树势,采果后 7～10 d 内施用,以速效性肥料为主,化肥(尿素、硫酸铵、碳酸铵、复合肥等)或充分腐熟的人畜粪液和饼肥水均可。

(3)加强水管理　冬、春干旱时及时灌水,可促进春梢抽发,有利于寄生菌、捕食螨的发生和流行,造成对害螨不利的生态环境。

(4)减少病虫越冬、越夏基数　如清除杂草,可减少柑橘潜叶蛾基数;处理虫果和冬耕灭蛹,可减少实蝇害虫;将修剪下的带病虫枝条移出园外烧毁,可降低炭疽病、疮痂病、砂皮病等菌类及蚧类害虫的基数。

7.6.2　物理防治措施

(1)杀虫灯诱杀　利用害虫的趋光性,采用频振灯诱杀金龟子、椿象、吸果夜蛾等害虫,一般每灯间距以 120～150 m 为宜,悬挂高度为 2.5～3.0 m。开灯时间为春(秋)季 20：00 至 24：00、夏季 19：00 至翌日 1：00。

(2)黄板诱杀　4—10 月,每亩放置黄板 15～20 张,隔 2 株挂 1 张,悬挂于树高 2/3 处的树冠边缘枝条上,每月更换 1 次。诱杀橘园内蚜虫、柑橘粉虱、叶甲类、锈壁虱等害虫。

(3)食诱剂诱杀(糖醋毒液)　在柑橘花期结束、鳞翅目害虫发生为害始期,投放生物食诱剂。每亩均匀布置 3 个方盒诱捕器,悬挂在柑橘中上部树枝处,每月更换 1 次食诱剂。诱杀橘园内斜纹夜蛾、柑橘凤蝶与金龟类等害虫。

当然，现在已开发出各种方便的实蝇诱集产品，可根据果园情况参照说明书进行使用。

(4)性诱剂诱杀　如根据柑橘潜叶蛾秋季发生情况，6 月下旬投放 1 次柑橘潜叶蛾性诱剂，将诱芯安放在船型诱捕器上。每亩放置 1 个，悬挂于树高 2/3 处的树冠边缘。

(5)人工扑杀　如利用钢丝钩杀天牛幼虫，闷热天气或暴雨后也可在果园中捕捉成虫。当钩不出幼虫时，用蘸过 80%敌敌畏乳油的棉花塞住洞口，外封黏泥，可达到熏死幼虫的目的。

7.6.3　生物防治措施

保护和利用天敌，对害螨有显著的控制作用。

1. 果园生草

果园生草可有效改善橘园内小气候，与其他不生草果园比较，可降低园区温度 3～5 ℃，提高湿度 5%～10%，并对喜高温、干旱的红蜘蛛有抑制作用。肥水水平高的园区可在橘园种草，4 月下旬至 5 月份，在果园周围人工种植良性杂草，如三叶草、苜蓿、蝶形花科等，植被多样性有利于多毛菌、蓟马和捕食螨等自然天敌的繁衍，保护区域生物多样性，给天敌提供替代寄主、食料和庇护所，保持天敌种群稳定。

2. 释放捕食螨

春季释放应在日均气温 20 ℃以上，以 4 月下旬至 5 月初为宜。晴天、多云天，应在 16:00 后释放；阴天，可全天进行；雨天或近期有连续大雨日，不宜进行。释放捕食螨前两天，如果果园有草，就要进行放前割草。割草作用：防止树上的捕食螨跑到草里吃花粉、蜜露或捕食其他小型节肢动物。释放时，先将包有捕食螨的包装袋上部的角剪开，然后套上长度和宽度大于捕食螨包装袋的薄膜(用于防雨)，再用图钉或订书机固定在树冠中上部的枝杈荫蔽处，与枝干充分接触。放后留草作用：树上害螨几乎被捕食完，捕食螨种群数量越来越多，而红蜘蛛越来越少，这时捕食螨面临食物短缺的情况，通过留草，草里有花粉、蜜露或其他小型节肢动物，捕食螨从树上转移到地表，以维持它自身的种群，如此形成一个良性循环，柑橘树上的红蜘蛛将被控制在一个较低的水平，因此，生草栽培对生物防治有重要的意义。

释放时间：成年树，在每年的 3～9 月均可释放；幼龄树，建议在每年的 7～8 月释放。释放时，每叶害螨数量控制在 2 只以内，害虫少于 1 只(均为百叶平均)。按要求使用，控害期 60～90 d。

7.6.4　化学防治措施

(1)关键期药剂保护　在做好冬季清园去除病残枝叶果、加强果园管理基础上，重点做好三个关键期的药剂保护：在春芽长至 1～2 mm 时保梢，在花落 2/3 时和幼果豆粒大小时保果。可选用 60%唑醚代森联水分散粒剂 1 000～1 500 倍液、20%噻菌铜 500～700 倍液、10%苯醚甲环唑水分散粒剂 1 500 倍液等喷药防治疮痂病和炭疽病。

(2)嫩梢叶药剂保护　在萌发后 20～55 d，可选用 20%/30%噻唑锌悬浮剂、77%氢氧化铜可湿性粉剂、33.5%喹啉铜悬浮剂、20%噻菌铜悬浮剂、20%噻森铜悬浮剂、80%波尔多液可湿性粉剂、27.12%碱式硫酸铜悬浮剂和 4%春雷霉素等防治柑橘溃疡病。

(3)柑橘红蜘蛛药剂防治　当柑橘红蜘蛛每叶有虫达 6 头时应施药防治，药剂可选用 99%矿物油乳油 200～250 倍液、2.0%阿维菌素乳油 1 000～1 500 倍液、0.3%印楝素乳油 600～800 倍液、22.4%螺虫乙酯悬浮剂等喷雾防治。

(4)花蕾蛆药剂防治　花蕾蛆是柑橘花蕾的主要害虫，两个花蕾生理变化期用药：一是花蕾刚刚开始现白、成虫开始羽化出土时，选用 20%氰戊菊酯乳油 3 000～5 000 倍液、2.5%溴氰菊酯乳油 3 000～4 000 倍液等进行地面施药防治，5～7 d 1 次，连喷 2 次；二是在花蕾大部分现白（直径 2～3 mm）、成虫已出土上树而未产卵之前，立即进行树冠喷药防治，可选用 40%甲氰菊酯乳油 1 500 倍液、10%氯氰菊酯乳油 1 500～2 000 倍液等。

（5）矿物源、植物源药剂清园　在柑橘萌芽前，选用农用矿物油或石硫合剂清园防治病虫害。

（6）化学药剂　在柑橘生长期，根据病虫害发生情况选用环境友好型农药防治病虫害。具体根据相应病虫害，参照农药一章进行选用。

7.7　番茄病虫害综合防治

二维码 7-11　番茄病害

二维码 7-12　番茄虫害

番茄是喜温、喜光的短日照蔬菜，营养价值高，又有很好的保健作用，种植范围广，面积大。在番茄露地种植时，容易发生青枯病、晚疫病、灰霉病、叶霉病、棉铃虫、斜纹夜蛾、小菜蛾、白粉虱、蚜虫、斑潜蝇等病虫害；温室种植的番茄，容易发生灰霉病、叶霉病、晚疫病、早疫病、黄化曲叶病毒病、烟粉虱、蚜虫、斑潜蝇等病虫害，这些病虫害对番茄的生产影响极大。温室内，多数病虫为害时期长，发生期明显提前，为害加重，造成的损失大。常见番茄病虫害见二维码 7-11、二维码 7-12。

番茄病虫害防治坚持“预防为主，综合防治”的原则，通过协调应用健身栽培技术、生物防治、理化诱控和科学用药等植物保护措施，实现番茄主要病虫害的有效控制。

7.7.1　健身栽培技术

（1）选用抗（耐）性品种　宜选用适合当地的抗（耐）性品种。

（2）轮作　不应与其他茄科蔬菜轮作，可与水稻、玉米等作物轮作。

（3）清洁田园　生长期、采收后及时清理残株、败叶，集中深埋或堆沤处理。

（4）翻耕晒垡　播种前，清洁田园，深翻土壤 30 cm，晒垡 5～7 d，在沟渠和保护地边缘撒生石灰。

（5）科学施肥　结合深耕，施足基肥，合理追肥。宜施用商品有机肥或充分腐熟的农家肥。

（6）控温控湿　白天棚室温度宜控制在 15～20 ℃，高于 25 ℃应及时放风，降温降湿，相对湿度控制在 50%～60%。夜间温度不低于 10 ℃，相对湿度不高于 80%。

7.7.2　种子处理技术

播种前进行日光晒种 1～2 d，剔除病种。把种子放入 55 ℃热水，浸泡 15 min 后捞出，可防治叶霉病、溃疡病、早疫病等；用清水浸种 3～4 h，后放入 10%磷酸三钠溶液中，浸泡种子 20 min，捞出洗净催芽，可防治病毒病等。

7.7.3　高温闷棚消毒

利用夏季高温时间，将粉碎的稻草或玉米秸秆按照 500 kg/亩，鸡粪、猪粪、牛粪等未腐熟的有机肥按照 4～5 m^3/亩，石灰氮 70～80 kg/亩，均匀铺撒在棚室内的土壤表面，然后用旋耕机深翻地 25～40 cm，起垄后覆膜、浇水，同时封闭棚膜。保持高温闷棚 20～30 d。处理结束后揭膜，翻耕土壤，即可进行定植等操作。

7.7.4 生物防治措施

1. 施用生物制剂

播种或定植前，对土传病害较重的地块，选用木霉菌、芽孢杆菌等微生物杀菌剂进行土壤处理；发病初期，选用枯草芽孢杆菌、多粘类芽孢杆菌等微生物杀菌剂进行灌根。

2. 利用天敌

保护、利用自然天敌或释放天敌。苗期喷施生物农药降低虫源基数，施药 7 d 后棚内释放姬小蜂或潜蝇茧蜂等防治斑潜蝇，释放食蚜蝇、瓢虫等防治蚜虫。释放天敌后做好病虫害监测，及时施药防治，并注意保护天敌。

当在粘虫板上发现粉虱、蚜虫等害虫时或在棚室内肉眼发现粉虱、蚜虫后，开始释放天敌。可在番茄植株中上部的分枝上悬挂丽蚜小蜂蜂卡防治粉虱，每隔 7～10 d 释放 1 次，连续释放 4～5 次，每次每亩释放 2 000～3 500 头，使丽蚜小蜂顺利建立种群，有效控制白粉虱为害。注意均匀释放，将蜂卡均匀地挂在田间，温室温度白天控制在 20～35 ℃，夜间控制在 15 ℃以上；要防止高湿或水滴润湿蜂卡，致使丽蚜小蜂窒息或霉变，不能羽化。

蚜虫发生初期，可在田间释放食蚜瘿蚊防治蚜虫，一般比化学防治提前 5～6 d 为宜，每隔 5～7 d 释放 1 次，每次每亩释放 500～1 000 头，20 d 内连续释放 2～3 次。

3. 免疫诱抗措施

在苗期、伸蔓期、开花结荚期，喷施氨基寡糖素等免疫诱抗剂，以提高植株抗病虫能力。

7.7.5 理化诱控

（1）防虫网阻隔　育苗、定植前在日光温室通风口选用 40～60 目的防虫网进行覆盖，可有效防止蚜虫、烟粉虱、蓟马等害虫的为害。

（2）粘虫板诱杀　在非天敌释放的地块，悬挂黄色粘虫板诱杀斑潜蝇、粉虱、蚜虫等成虫。每亩悬挂 20～30 张。根据番茄生长期调整粘虫板的高度，苗期高出植株顶部 15～20 cm，生长中后期悬挂在植株中上部。

（3）杀虫灯诱杀　安装杀虫灯，成虫发生期开灯诱杀斜纹夜蛾、甜菜夜蛾等鳞翅目害虫和蝼蛄等地下害虫。

（4）昆虫性信息素诱杀　安装斜纹夜蛾、甜菜夜蛾、棉铃虫、小菜蛾性信息素诱捕器诱杀成虫。根据番茄生长期调整诱捕器进虫口的高度，苗期高出植株顶部 15～20 cm，生长中后期高出地面 1～1.5 m。

（5）地膜覆盖　覆盖黑色或银、黑双色地膜，银色朝上驱避蓟马、蚜虫等害虫，同时防止害虫落土化蛹、阻止土中害虫羽化出来；黑色朝下防治杂草，四周用土封严盖实。优先选用可降解膜。

7.7.6 科学用药

科学选用高效、低风险药剂。根据病虫发生情况，及时精准用药防治。轮换使用不同作用机制的农药，并严格遵守用药剂量、用药方法、用药次数和安全间隔期。

1. 虫害防治

（1）甜菜夜蛾、斜纹夜蛾、棉铃虫　可选用苏云金杆菌、核多角体病毒、金龟子绿僵菌CQMa421、甜核・苏云菌、多杀霉素、乙基多杀菌素、虱螨脲、茚虫威、灭幼脲、虫酰肼、甲维盐等药剂。

（2）斑潜蝇　可选用乙基多杀菌素、溴氰虫酰胺等药剂。

（3）烟粉虱、蚜虫　可选用金龟子绿僵菌CQMa421、苦参碱、双丙环虫酯、溴氰虫酰胺、噻虫嗪、联苯菊酯、高效氯氰菊酯、啶虫脒等药剂。

2. 病害防治

（1）叶霉病　可选用多抗霉素B、春雷霉素、枯草芽孢杆菌、地衣芽孢杆菌等药剂。

（2）早、晚疫病　可选用多抗霉素B、枯草芽孢杆菌、地衣芽孢杆菌等药剂。

（3）病毒病　可选用香菇多糖、氨基寡糖素、宁南霉素、盐酸吗啉胍、丙森锌、毒氟磷、霜脲・锰锌、霜霉威盐酸盐等药剂。

（4）灰霉病　可选用枯草芽孢杆菌、地衣芽孢杆菌、丁子香酚、腐霉利、嘧霉胺、异菌脲、丙森锌、霜脲・锰锌、霜霉威盐酸盐等药剂。

（5）猝倒病、立枯病　可选用霜霉威盐酸盐灌根。

7.8 辣椒病虫害综合防治

辣椒苗期病害主要有猝倒病和立枯病，虫害主要是蚜虫。营养生长期主要病害为疫病、病毒病，主要虫害为茶黄螨、甜菜夜蛾、斜纹夜蛾等，设施栽培还会出现白粉虱。开花坐果期，蚜虫繁殖力明显增强，易造成病毒病暴发，同时，斜纹夜蛾、甜菜夜蛾开始侵害果实，病害以炭疽病为主。

根据“预防为主、综合防治”的植保方针，结合实际应用绿色防治技术，综合利用农业防治、理化诱控、生物防治等措施，科学、合理、安全地使用农药，保障辣椒生产的安全性。

7.8.1 农业防治措施

（1）选用抗病品种　选用抗病品种是减轻辣椒栽培过程中病害发生的有效方法，可根据当地栽培习惯和气候条件选择抗病辣椒品种。

（2）种子处理　播种前进行种子处理，如晒种、温汤浸种等。晒种可将种子平摊在凉席或簸箕上，于太阳下晒3 h左右；温汤浸种是将种子浸泡在55 ℃温水中，并不断搅拌，待水温下降后洗净晾干备用。

（3）田间管理　辣椒栽培宜选择排灌良好的地块，可与非茄果类作物，特别是与葱蒜类蔬菜轮作，或用生石灰对土壤消毒，减少病虫害的发生。育苗前对苗床消毒，培育壮苗，或采用工厂化育苗，确保定植的辣椒苗健壮。栽培期间合理追施水肥或采用水肥一体化技术，满足辣椒对肥水的需求，使植株健壮生长，增强植株抵抗力。

7.8.2 理化诱控

(1)性诱剂诱杀　将害虫性诱剂诱捕器安置于田间合适位置，捕杀鳞翅目害虫雄蛾，实现集中捕杀靶标害虫的目标。这种方式主要借助害虫的性信息素，如烟青虫、斜纹夜蛾、棉铃虫等，将其引诱至诱剂诱捕器里，进而集中捕杀。一般情况下，选取水盆式诱捕器，塑料盆直径20～30 cm，用1根细铁丝横穿盆口，把性信息素诱芯挂在细铁丝上并悬空放置于盆口中心，往盆内灌水至八分满，然后添加洗衣粉。诱芯和水面保持1～2 cm的距离，随后将水盆置于三脚架上，诱盆的放置高度应超过辣椒植株20～30 cm。诱芯的有效期一般为20～30 d，注意更换。每亩宜设置2～3个诱捕器。

(2)杀虫灯诱杀　基于害虫趋色性、趋光性以及趋波性，借助频振高压、光源和波长可以捕杀诸多类型的害虫，其中，诱杀鳞翅目害虫的效果最好。采用光控型频振式杀虫灯，单个频振灯的影响范围为40～50亩，辐射半径100～120 m，灯与灯之间的距离保持在200 m左右，灯与地面的距离控制在1.2～1.5 m。每年4月上旬至11月下旬虫害发生期间，以周为单位集中清理灯具及虫袋，虫害发生高峰期则应每隔2～3 d清理1次，清理时间选择在早上关灯后。

(3)黄板诱杀　规格通常是20 cm×24 cm，每亩设置15～20张，高度应超过辣椒植株15～20 cm。由于白粉虱和蚜虫均有趋黄性，利用这种方式能够显著降低蚜虫和白粉虱的数量，同时还能起到捕杀斑潜蝇等害虫的作用，有效防止害虫入侵。

7.8.3 生物防治措施

(1)天敌释放　释放草蛉、丽蚜小蜂等天敌防治白粉虱。针对斜纹夜蛾、棉铃虫、菜青虫等害虫，可在其产卵期释放赤眼蜂，冬暖大棚每亩释放1.5万头，两次放蜂间隔时间控制在3～5 d，连续释放3～4次。

(2)生物制剂　利用生物制剂也是防治病虫害的重要措施，用苏云金杆菌(Bt)或阿维菌素防治小菜蛾、菜青虫、斑潜蝇等，用斜纹夜蛾核型多角体病毒液防治菜青虫、斜纹夜蛾、甜菜夜蛾等。大黄素甲醚水剂能够促进植物成长，有效抑制CMV(黄瓜花叶病毒)以及TMV(烟草花叶病毒)等不同病毒病的侵害。因此，在病毒病暴发初期，可用大黄素甲醚喷雾，每15 d喷1次，连续2～3次。

7.8.4 化学防治措施

(1)苗期病害　苗期病害以猝倒病和立枯病为主，无论是苗床还是育苗棚室都会出现，发病前可每亩用百菌清或腐霉利闭棚熏烟预防。穴盘或营养钵育苗的，营养土添加噁霉灵，充分拌匀后装盘(钵)。发病初期，可用腐霉利、百菌清或代森锰锌喷雾防治。

(2)疫病　定植前对土壤消毒，定植后每10～15 d喷1次波尔多液。发病初期，用代森锰锌浇根或用霜脲·锰锌喷雾防治，每3～5 d喷1次，连续2～3次。

(3)病毒病　预防是应对病毒病的有力措施，辣椒栽培时应及时切断传染源，消灭传播媒介。发病后，可用吗胍·乙酸铜喷雾防治，每5～7 d喷1次。

(4)炭疽病　定植前对土壤消毒，翻耕后撒甲霜·锰锌。定植后，每10～15 d喷1次波尔多液。发病期，可选择甲基硫菌灵、多菌灵或氟硅唑喷雾防治，每 5～7 d 喷 1 次。

(5)虫害　辣椒虫害应做到早发现、早处理，轮换使用不同类型的药剂(生物制剂、化学农药等)进行防治。茶黄螨可用哒螨酮防治；斜纹夜蛾、棉铃虫以及甜菜夜蛾可用溴氰菊酯喷雾防治；蚜虫、粉虱、斑潜蝇等用溴氰虫酰胺防治。采收前 15 d 停止用药。

7.9　甘蓝病虫害综合防治

甘蓝是十字花科芸薹属的植物，又称莲花白、卷心菜、圆白菜等。病虫害种类多，为害重，主要发生的病虫害有霜霉病、叶斑病、黑斑病、软腐病、黑腐病、病毒病、根肿病、小菜蛾、菜青虫、斜纹夜蛾、甜菜夜蛾、蚜虫、黄条跳甲等。

甘蓝病虫害防治主要是生产安全、产品质量安全和生产环境安全，以实施绿色防治技术为抓手，采用生态调控、免疫诱抗、理化诱控、生物防治和科学用药等技术措施，切实提高防治效果。

7.9.1　生态调控

(1)合理轮作　与非十字花科作物轮作倒茬，避免十字花科蔬菜作物大面积连片或连茬种植。甘蓝的栽培最好与豆科、禾本科作物、葱蒜类蔬菜进行轮作，忌选择前茬种过萝卜、苤蓝、白菜等十字花科蔬菜的地块种植。

(2)田园清洁　甘蓝收获后，清除田间残株，消灭田间残留的幼虫和蛹。早春可通过覆盖地膜，将春甘蓝的定植期提前，避过第二代菜青虫的为害。

(3)精耕整地　在甘蓝定植前进行土壤深耕，改善土壤肥力和通气性，促进作物根系发达，增强作物适应性、抗性和对病害的免疫力。土壤深耕深度需达到 20 cm，可有效杀死土壤中大量的有害病菌和害虫虫卵。

(4)品种选择　根据不同的栽培类型，选用抗病、优质、丰产、抗逆性强的品种。种子质量符合国家相关规定要求，植物检疫合格。

(5)种子消毒　温汤浸种，将种子放入 55 ℃温水，使水温稳定在 53～56 ℃，维持 15～30 min，可基本杀死种子表面附带的病菌。采用唑醚·甲菌灵拌种，可适量加水稀释，阴干后播种，预防土传病害。

(6)土壤调理　针对根肿病等土传病害发生严重地块，每亩用糖醇钙镁土壤调理剂 20 kg+10 亿孢子/克枯草芽孢杆菌可湿性粉剂 500 g+蚯蚓激酶-T18 颗粒剂 10 kg，与有机肥、复合肥等一起混匀撒施，可以调理土壤、调节根部周围的酸碱度、补充中微量元素。

7.9.2　免疫诱抗

移栽前一周，可选用赤·吲乙·芸薹、丙酰芸苔素内酯、氨基寡糖、几丁聚糖喷雾防治，提高抗逆性。

7.9.3 理化诱控

(1)杀虫灯诱控　于害虫发生前,在田间每 15 亩安装 1 盏太阳能杀虫灯或害虫诱捕器诱杀鳞翅目、鞘翅目害虫成虫,减少田间落卵量。

(2)性诱剂诱控　小菜蛾性诱剂按棋盘式悬挂于田间,高度以高出作物 10～15 cm 为宜,按照 1 套/亩集中连片使用。斜纹夜蛾、甜菜夜蛾,以 1 套/亩的密度连片大面积使用诱捕器;诱捕时间从见到越冬代雄蛾开始;诱捕器进虫口高于地面 1.2～1.5 m。

7.9.4 生物防治措施

针对小菜蛾、菜青虫、斜纹夜蛾、甜菜夜蛾等鳞翅目害虫,在害虫成虫产卵初期,每亩释放赤眼蜂 1 万头,每代放蜂 2～3 次,间隔 5～7 d 放 1 次。

7.9.5 科学用药

优先选择植物源、微生物源农药,科学选择高效、低毒、低风险化学农药,注意轮换用药,严格执行安全间隔期用药规定。

(1)黑腐病、软腐病　在发病初期,选用噻菌铜、噻唑锌、氯溴异氰尿酸等药剂,轮换用药。

(2)病毒病　发病前,选用香菇多糖、宁南霉素、甾烯醇、寡糖·噻霉酮等药剂喷雾防治。

(3)霜霉病　在发病初期,选用甲霜·锰锌、霜霉威盐酸盐、氰霜·百菌清、吡唑醚菌酯、噁酮·氟噻唑、代森锰锌等药剂喷雾防治。

(4)根肿病　大田发病初期,选用氟啶胺、氰霜唑悬浮剂加赤·吲乙·芸薹/氨基寡糖素/丙酰芸苔素内酯,灌根或喷淋茎基部。

(5)斜纹夜蛾、甜菜夜蛾、小菜蛾、菜青虫　在卵孵化盛期,选用核型多角体病毒、短稳杆菌、苦皮藤素、金龟子绿僵菌、苏云金杆菌等生物农药喷雾防治。在低龄幼虫高峰期,选用阿维·氯苯酰、氯虫苯甲酰胺等药剂喷雾防治。

(6)蚜虫、黄条跳甲　选用金龟子绿僵菌、乙基多杀菌素等药剂喷雾防治。

参考文献

[1] 郭予元.中国农作物病虫害[M].3版.北京:中国农业出版社,2015.

[2] 彩万志,庞雄飞,花保祯,等.普通昆虫学[M].2版.北京:中国农业大学出版社,2011.

[3] 谢联辉.普通植物病理学[M].2版.北京:科学出版社,2013.

[4] 农业部种植业管理司,农业部农药检定所.新编农药手册[M].2版.北京:中国农业出版社,2015.

[5] 赖传雅,袁高庆.农业植物病理学[M].2版.北京:科学出版社,2008.

[6] 许志刚.普通植物病理学[M].4版.北京:高等教育出版社,2009.

[7] 杨普云,赵中华,梁俊敏.农作物病虫害绿色防控技术模式[M].北京:中国农业出版社,2014.

[8] 郑乐怡,归鸿.昆虫分类:上[M].南京:南京师范大学出版社,1999.

[9] 郑乐怡,归鸿.昆虫分类:下[M].南京:南京师范大学出版社,1999.

[10] 雷朝亮,荣秀兰.普通昆虫学[M].北京:中国农业出版社,2003.

[11] 蔡邦华.昆虫分类学[M].蔡晓敏,黄复生,修订.北京:化学工业出版社,2015.

[12] 王江柱,王勤英,仇贵生.现代落叶果树病虫害诊断与防控原色图鉴[M].北京:化学工业出版社,2018.

[13] 刘红彦.果树病虫害诊治原色图鉴[M].北京:中国农业科学出版社,2013.

[14] 鄢洪海,李洪连,薛春生.植物病理学[M].北京:中国农业大学出版社,2017.

[15] 侯明生,黄俊斌.农业植物病理学[M].北京:科学出版社,2006.

[16] 陈利锋,徐敬友.农业植物病理学[M].北京:中国农业大学出版社,2001.

[17] 吴小芹,叶建仁.树木病原菌物学[M].北京:中国林业出版社,2020.

[18] 孙斌.园林植物病虫害防治[M].3版.北京:中国农业大学出版社,2023.